土木工程科技创新与发展研究前沿丛书

国家自然科学基金（51178332、51678432）资助

空间结构连续性倒塌机制与设计对策

赵宪忠　闫　伸　著

中国建筑工业出版社

图书在版编目（CIP）数据

空间结构连续性倒塌机制与设计对策/赵宪忠，闫伸著.
—北京：中国建筑工业出版社，2018.12
（土木工程科技创新与发展研究前沿丛书）
ISBN 978-7-112-23027-3

Ⅰ.①空… Ⅱ.①赵… ②闫… Ⅲ.①空间结构-抗震结构-设计②空间结构-抗灾结构-设计 Ⅳ.①TU352

中国版本图书馆 CIP 数据核字（2018）第 266425 号

建筑结构在非预期荷载作用下的连续性倒塌研究多集中于框架结构体系，对大跨空间结构的研究却相对较少。但是，大跨空间结构承载的人群密集或配置的设施重要，其连续倒塌不仅会造成重大的人身伤亡和财产损失，而且将产生巨大的社会影响和心理恐慌。为此，本书构建了空间结构连续性倒塌试验系统、建立了基于空穴理论的韧性金属断裂模型和基于多尺度方法的空间结构倒塌反演数值算法，完善了空间结构连续性倒塌研究方法；以此为基础，以平面桁架结构、桁架结构体系、张弦结构、单层网壳结构等典型空间结构为对象，探究空间结构连续性倒塌机制，提出大跨空间结构的抗倒塌设计对策。

本书可供建筑结构设计工程技术人员以及相关专业科研人员、研究生应用参考。

责任编辑：吉万旺　王　跃
责任校对：焦　乐

土木工程科技创新与发展研究前沿丛书
空间结构连续性倒塌机制与设计对策
赵宪忠　闫　伸　著
*
中国建筑工业出版社出版、发行（北京海淀三里河路9号）
各地新华书店、建筑书店经销
北京佳捷真科技发展有限公司制版
北京京华铭诚工贸有限公司印刷
*
开本：787×960 毫米　1/16　印张：11½　字数：221 千字
2018 年 9 月第一版　　2018 年 9 月第一次印刷
定价：**36.00** 元
ISBN 978-7-112-23027-3
（33112）

▪前　　言▪

自2001年“9·11”恐怖袭击导致美国纽约世贸中心发生连续性倒塌以来，建筑结构因偶然作用引起连续性倒塌的机制和抗连续倒塌的设计方法越来越受到土木工程学术界和工程界的重视。但迄今为止，研究成果主要集中于框架结构体系，而针对大跨空间结构的连续性倒塌问题的研究则相对较少。究其原因，一方面是因为历次典型的造成重大社会影响和巨大伤亡的连续性倒塌事故多来自于框架结构，另一方面则是基于大跨空间结构自身质量和荷载较轻、杆件众多导致备用传力路径多的普遍认识，认为单根杆件的失效不足以显著削弱整体结构的承载能力储备。但近年来，人群密集或配置重要设施的大跨空间结构的倒塌事件却经常见诸于报端，其不仅会造成重大的人身伤亡和财产损失，而且将产生巨大的社会影响和心理恐慌。因此，有必要研究大跨空间结构在非预期荷载作用下由结构局部失效引发的整体连续性破坏过程与抗倒塌机制以及设计方法和控制策略，以提高空间结构的鲁棒（Robust）性，确保空间结构的安全。

同济大学自2007年由陈以一、赵宪忠主持翻译日本钢结构协会、美国高层建筑和城市住宅理事会编著的《高冗余度钢结构倒塌控制设计指南》以来，即开始关注平面桁架结构、桁架结构体系、网架结构、张弦结构、单层网壳结构等空间结构的连续性倒塌问题。十年来，笔者在国家自然科学基金项目“大跨空间钢结构的连续性破坏试验与倒塌机制研究（51178332）”、“基于节点行为的空间索杆结构连续性倒塌机制与设计对策（51678432）”，以及高等学校博士学科点专项科研基金、科技部土木工程防灾国家重点实验室基金的资助下，与参加相关研究工作的研究生闫伸、徐振宇、刘炘鹭等一起，先后构建了空间结构连续性倒塌试验系统、建立了基于空穴理论的韧性金属断裂模型和基于多尺度方法的空间结构倒塌反演数值算法，力图揭示典型空间结构连续性倒塌机制并提出相应的抗倒塌设计对策。本书即为上述研究成果的一个总结，由赵宪忠、闫伸共同撰写并统一定稿。

由于作者水平有限，结构倒塌分析技术和设计方法又发展迅速，故书中难免存在不足之处，敬请读者批评指正。

2018年6月于同济大学

目　录

第1章 绪论

1.1 空间结构的连续性倒塌问题

建筑结构的连续性倒塌是指由非预期荷载或作用诱致局部破坏、不平衡力使其邻域单元内力变化而失效，并促使构件破坏连续性扩展下去，从而造成与初始破坏不成比例的部分或全部结构的倒塌，其主要特点是破坏的连续扩展性与不成比例性[1]。迄今为止，研究成果主要集中于框架结构体系，而针对大跨空间结构倒塌问题的研究则相对较少。究其原因，一方面是因为历次典型的造成重大社会影响和巨大伤亡的连续性倒塌事故多来自于框架结构，另一方面则是基于大跨空间结构质量较轻、超静定次数较高的普遍认识，认为单根杆件的失效不足以显著削弱整体结构的承载能力储备。

但近年来，大跨空间结构的倒塌事件却经常见诸报端。除了那些由于设计或施工缺陷导致正常使用或建造过程中整体或局部失稳的结构外，空间结构的倒塌大多数可以纳入连续性倒塌范畴或是由构件连续失效导致的最终失稳破坏。如发生在美国的哈特福德市体育馆网架倒塌事故和堪萨斯市肯普体育馆空间钢桁架屋顶结构倒塌事故，都是典型的由局部失效（单根压杆屈曲和单根吊件连接螺栓脱落）而致整体垮塌的案例[2]。仅在2005～2006年，欧洲各国因普遍遭遇暴雪袭击便发生了德国巴特赖兴哈尔溜冰场屋盖结构倒塌、波兰卡托维茨国际博览会会场屋盖结构倒塌、俄罗斯莫斯科鲍曼市场屋盖结构倒塌等事故，并造成了重大人员伤亡。尽管这些倒塌事故的直接诱因是结构不堪积雪之重，但更深层原因却是结构中没有备用的荷载路径可以阻止初始破坏的连续扩展。由此可见，这些具有很高超静定次数的刚性空间结构在某些关键构件失效后都能发生连续性倒塌，毋庸说那些在空间造型和传力特性上都给人以强烈视觉震撼的缺乏稳重感和冗余度的空间索杆结构了；其一旦在强震、强风、暴雪、爆炸等作用下发生关键部位局部失效（如杆件失稳/破断、节点连接/锚固失效），极易引发多米诺骨牌似的连续性倒塌。考虑到大跨空间结构多为人群密集或配置重要设施的场所和公共建筑，其倒塌不仅会造成重大的人身伤亡和财产损失，而且将产生巨大的社会影响和心理恐慌。因此，研究大跨空间结构在非预期荷载作用下由结构局部失效引发的整体连续性破坏过程与抗倒塌机制以及设计方法和控制策略，对保障此类结构的安全性和鲁棒性是十分必要和紧迫的。

连续性倒塌现象按成因与过程不同可细分为拉链型或截面型的荷载重分布致倒塌、薄饼型或多米诺型的冲击作用致倒塌、失稳致倒塌和多种效应综合致倒塌等6类[3]；不同类型的倒塌应有不同的研究方法、分析参数和防止措施。故对大跨空间结构的连续性倒塌研究不能简单地套用框架结构体系的已有成果。同时，鉴于结构的空间特性和造型与结构的稳重感和冗余度在本质上的相互矛盾，设计师也不应该采用仅仅确保结构冗余度的超安全设计方法[4]。

1.2 空间结构连续性倒塌研究现状

1.2.1 连续性倒塌试验研究

结构连续性倒塌试验研究主要集中于典型框架结构，且按研究对象可分为整体结构（模型）试验和“子结构”试验。

着眼于结构整体抗倒塌能力的整体结构试验方面，易伟建等[5~8]采用准静力卸载方式，系统地进行了平面、空间及考虑楼板作用的钢筋混凝土框架结构模型的连续性倒塌试验。但准静力方法不能反映倒塌试验所应具有的动力本质，通过对框架进行竖向推覆加载直至倒塌的试验[9]亦是如此。Sasani 等[10,11]、Song 和 Sezen[12]以实际建筑为研究对象，分别进行了钢筋混凝土框架和钢框架的动力倒塌试验，获得了剩余结构动力响应的时程变化与空间分布。但以建成历时已久的实际结构为试验对象，存在时变效应导致材料材性变异及不可重复性带来的无法进行比对试验等问题，故在后续分析及机理解释方面存在先天的缺陷。同时，上述两学者完成的动力倒塌试验在初始局部破坏的实现方式上也有不足：前者以炸药爆破触发动力倒塌，必然对试验模型产生难以估计的能量输入，给后期数据分析及数值比对带来困难，陈俊岭等[13]借助外部撞击力去除承重柱完成的空间钢框架动力倒塌试验也面临同样的问题；后者通过切割截面后使用外力（推土机）拉出切割段实现柱子的破断，但预先切割截面的方法提前改变了常规荷载下构件的受力，对未损结构的（局部）受力状态产生影响。

子结构试验以失效柱正上方节点及其连接的梁（或包括楼板）为试验对象，研究框架节点在连续性倒塌工况下的性能。同整体模型试验一样，子结构试验也可采用静力或动力的方式进行。典型的静力试验为竖向推覆试验。美国 NIST[14]、Rölle 和 Kuhlmann[15]、Yang[16]分别采用此方法对钢筋混凝土框架、钢框架、钢-混凝土组合结构的节点子结构进行研究。静力试验也可采用准静力卸载的方式，Demonceau 和 Jaspart[17]、Kozlowski 等[18]使用此方法分别对带混凝土楼板的钢框架节点和钢-混组合节点子结构进行研究。动力试验可考虑柱子突然失效对节点的冲击作用。Liu 等[19] 使用支承装置代替失效柱，通过瞬时去除支承装置模拟柱子失效过程。对腹板角钢连接节点分别采用静力与动力方式去除下方柱子的结果表明，节点在两种加载条件下的破坏模式是一致的，均为腹板角钢趾部断裂；但动力试验的竖向动位移明显大于静力试验，据此可以确定动力放大系数。Karns 等[20~22] 对节点焊接连接的钢框架分别进行了爆炸破坏试验和拟静力加载试验，结果表明，由于爆炸破坏瞬间的高应变率使得材料强度与刚度得到提高，节点在爆炸破坏试验中的承载力及变形能力稍高于拟静力加载试验。总体来看，动力试验涉及动态应变和动态位移的测量，难度较大，而竖向推覆静力加载虽无法考察竖向承重构件失效瞬时的冲击作用，但其操作简便，且可较为稳定地控制试验过程，便于观察试验现象，因此仍为大多数试验所选择。

空间结构静力加载试验中，制造安装带来的初始缺陷和构件超载将诱发单根构件的率先失稳，而这一失稳引发的荷载重分布相当迅速并可能带来后续破坏；因此，此类探究空间结构承载能力的静力试验在某种程度上也具有连续性倒塌试验的性质。如 Schmidt 等[23] 的空间双层网架试验，荷载持续增加使受压失稳的上弦构件数量与位置逐渐扩展，直至形成两条相互垂直的压杆失稳线，结构丧失承载能力；但此类试验显然不能被称之为连续性倒塌试验。

陈以一等[24、25] 完成的桁架模型结构连续性倒塌试验在杆件初始破断触发装置的研发和动态位移采集等方面具有开创意义（图 1-1）。试验在材料性能试验、组合式连接拉伸试验、整体结构刚度静力试验和用以测试模型结构频率、阻尼等参数的动力试验基础上，进行了 4 组不同模型参数的桁架结构连续性倒塌试验，从而为倒塌数值模拟提供了基准模型。试验结果证实了桁架结构构件承载能力富余对提高结构抗倒塌能力的有益影响，以及空间效应对结构在空间方向进行内力重分布的有效作用。但试验亦有若干缺陷：首先，初始破断装置设计较为简易，仅适用于受力较小、杆端为铰接的情况；其次，动应变采集测点少，不能获得模

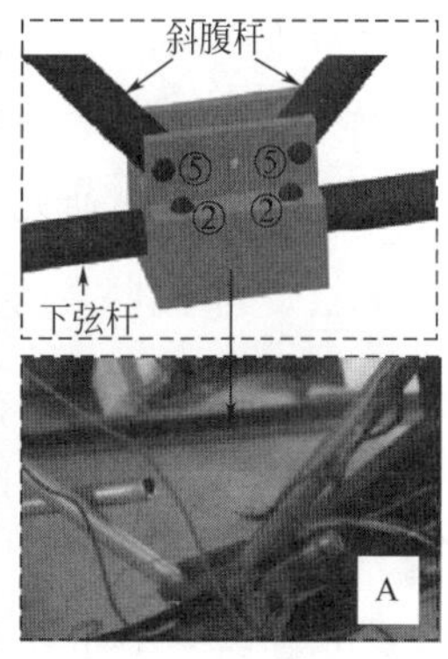

图 1-1 陈以一等完成的桁架连续性倒塌试验[24、25]

型结构的完整力流变化；再次，动位移采集采用单相机平面拍摄后查找像素位置的方法，该方法实际上不能保证拍摄角度的绝对正视且存在由相机镜头曲率造成的像素格畸变，故模型两侧测点的精度较差；最后也是最重要的是，模型下弦节点构造存在明显的薄弱环节，与实际桁架结构不符，以至最后的破坏就出现在下弦节点处，使试验结果的可靠性降低。

熊进刚[26] 和周列武[27] 完成了网架结构的连续性倒塌试验，但亦存在一些不足。前者试验使用钢筋代替圆钢管等常用截面形式的杆件制作模型，初始破坏采用锯断杆件的方式实现，且仅采集了稳态的静态应变和位移；而后者试验使用分配梁（盘）施加外荷载的方式将会造成局部初始失效后周围节点的卸载，试验过程中也难以采集模型的三维空间位移。

空间索杆结构的连续性倒塌试验方面，武啸龙[28] 完成了一个张弦桁架结构的缩尺模型倒塌试验，探究其在下部拉索失效情况下的动力响应。但采用的初始失效装置重量偏大，对结构初始受力性能造成了较大影响；同时，支座处存在摩擦力，导致试验结果与滑动支座假定的数值模拟结果存在偏差。王霄翔等[29] 进行了弦支穹顶模型的局部环索破断试验。试验表明，断索附近的杆件受断索影响发生一定的运动和振荡，且索力越大、节点约束越弱，振动幅度越大。但由于试验模型未发生倒塌，无法对弦支穹顶结构的抗倒塌性能进行研究。Liu 等[30] 对索桁架模型进行了索破断试验，结构未发生连续性倒塌，证实所研究的索桁架结构的抗连续性倒塌性能较好。Shekastehband 等[31] 对张拉整体结构模型进行了索破断的试验，整体结构发生了连续性倒塌。相应的有限元分析结果表明，结构阻尼吸收的能量对结构抗倒塌性能有重要影响，即阻尼比过小时更易发生连续性倒塌。

总体而言，目前完成的空间结构连续性倒塌试验多以单独个例的形式完成，且在模型的设计与外荷载的施加、初始局部破坏的触发和动态数据的测量等方面存在一些不足。正确地处理这些关键技术问题是进一步深入地研究各类型空间结构抵抗连续性倒塌性能的前提。本书 2.1 节对空间结构连续性倒塌试验系统进行了关键问题的初探，并对局部初始失效装置和试验高频动态数据采集等关键技术进行研究，构建了适用性广、精度高、可靠性好的连续性倒塌试验系统。

1.2.2 连续性倒塌数值模拟

随着动力非线性有限元理论的发展和计算机计算能力的迅速提高，基于杆系的结构连续性倒塌模拟已可实现，使得数值模拟成为结构连续性倒塌研究中的必要且是主要的研究手段。

借助此类通用有限元程序完成的结构连续性倒塌分析已有很多，其中绝大多数是对框架结构体系的倒塌模拟。陆新征和江见鲸[32] 使用 LS-DYNA 对世贸中心受飞机撞击后的倒塌过程进行了力学分析和仿真；陆新征等[33] 采用纤维梁单元和分层壳单元模型、并以 MARC 二次开发的方式对我国典型的混凝土框架结构进行了连续性倒塌仿真研究；马人乐等[34] 使用 LS-DYNA 对某 10 层钢框架进行分析，着重研究水平支撑对结构抗连续性倒塌能力的影响；Tsai 和 Liu[35] 使用 SAP2000，分别采用线性静力、非线性静力和非线性动力法对某 11 层钢筋混凝土框架进行连续性倒塌分析；Fu[36] 使用 ABAQUS 对某 20 层钢框架进行连续性倒塌分析，并与试验结果进行对比。上述倒塌模拟均未考虑节点的刚度和承载力对结构抗倒塌能力及倒塌路径扩展的影响。李玲[37] 对钢管柱-H 形钢梁连接节点在倒塌工况下的力学模型进行研究，提出该类型节点的简化模型，并利用 ABAQUS 对某 6 跨 4 层钢框架进行了连续性倒塌分析，模拟了节点局部断裂后框架传力路径的转变。

近年来，以大跨度空间结构为对象的数值模拟研究逐渐开展，结构类型亦渐为拓广，涵盖了桁架、网架等刚性空间结构和张弦梁/桁架、弦支穹顶等刚柔性组合空间结构的多种结构类型。江晓峰[38]、丁阳[39] 等对桁架、网架等刚性空间结构进行连续性倒塌数值模拟，并据此提出特定类型结构的连续性倒塌机理及抗倒塌设计建议。江晓峰[38]、蔡建国[40]、余佳亮[41]、朱奕锋[42] 等对张弦结构进行了连续性倒塌数值模拟，认为：张弦结构平面体系的冗余度较低，在没有托架提供侧向支承或檩条耗能的情况下，钢索的破断极易导致整体结构的倒塌，故保证钢索的有效传力及索头的可靠锚固是提高张弦结构安全承载的根本措施；对于张弦结构空间体系，同桁架体系一样，檩条或连系桁架等平面外拉结部件对遏制或阻断结构的连续性倒塌是重要的、甚至关键性的。张微敬和张鹏[43]、陈志华和孙国军[44] 等对弦支穹顶结构进行了连续性倒塌数值模拟，结果表明：拉索对结构整体稳定的重要性由外圈拉索向里圈拉索递减，且由于弦支穹顶结构的“弦支”部分呈现空间受力特征，拉索失效后结构有一定的内力重分布能力。

总体而言，已有空间结构的连续性倒塌模拟多是基于动力非线性有限元分析程序的应用，在计算效率与计算精度上仍存在一定的不足。本书 2.2 节针对空间结构的连续性倒塌模拟，指出了倒塌分析中的关键问题，并提出了新的结构倒塌数值分析流程以提升计算效率，以及改进的构件断裂算法以提高模拟精度，最终实现更为高效、准确的空间结构连续性倒塌数值模拟。

1.2.3 结构抗连续性倒塌机理

目前对框架结构抵抗连续性倒塌的机制已基本达成共识，即认为初始失效构件产生的不平衡力将通过三种内力重分布机制在结构内重新分配：压力拱机制、框架机制和悬链线机制。压力拱机制[8] 是抵抗倒塌的第一道防线，框架梁依靠端部相连构件对其横向变形的约束发展轴向压力以抵抗倒塌；在混凝土框架中，压力拱效应会因沿梁长度方向上不同截面处混凝土开裂位置的不同而更加显著。框架机制[10,11,45]是一种框架整体弯曲效应，当边柱或角柱发生初始破坏且梁柱节点刚度和梁的抗剪能力良好，梁柱将发生双曲变形而有效地减小梁端弯矩与失效柱端的位移，形成抗倒塌框架机制。悬链线机制[5,46,47]是在框架梁竖向变形末端出现的以梁内拉力抵抗倒塌的效应，是结构抵御连续性倒塌的最后一道防线。此时框架梁的受力模式已从受弯为主转向受拉为主，故悬链线机制的前提是梁柱节点具有发展“梁－梁”拉结的能力，这一点对于钢框架尤其重要[48]。

如前所述，近年来基于数值模拟的多种类型的空间结构连续性倒塌研究已不断推进[38~44]，研究结构在局部失稳或破断后的力学响应与破坏路径；但上述研究对结构的破坏机理及抗倒塌机制却鲜有论述。现阶段，对大跨度空间结构抗连续性倒塌机制的研究仅局限于桁架结构或以桁架为主体的空间结构。

江晓峰[38,49]通过理论分析与数值计算，认为平面大跨桁架结构在初始破坏发生后有三种内力局部重分布机制（表 1-1）。当上、下弦杆发生初始破坏时，将在相对的下、上弦节点处形成转动刚度相对完整结构弱得多的转动铰，甚至发展为完全的塑性铰；此时结构受力如同交点处各构件铰接时的情形，整体桁架结构以铰接方式进行整体内力重分布。当桁架结构中传递剪力的主要构件（如斜腹杆）发生初始破坏时，上下弦杆仍可传递弯矩，但此处抗剪刚度已被严重削弱；整体桁架将以无抗剪能力但可承受弯矩作用的形式重分布内力，出现相对滑移面。当发生竖腹杆的初始破坏时，将形成一种增加无支撑长度的状态；如果上弦杆受拉或不致受压失稳，该状态不会显著影响结构的内力重分布。但如果上弦杆受压失稳并退出工作，则内力重分布机制极有可能转化为转动铰形式。然而，江晓峰的研究中将局部重分布定义为局部破坏临近杆件杆端形成塑性铰或向塑性铰发展过程中的重分布特性，并认为局部重分布与局部塑性铰发展后的结构整体变化互为独立过程。此种假定虽可简化分析，使局部重分布的分析与计算建立在大变形发生以前，进而不考虑几何非线性；但此种局部重分布的定义更多的是一种时间尺度上的“局部”，且实际上局部不平衡力的重新分配方式很大程度、甚至完全取决于按结构整体内力重分布需求所构建的平衡构形，故其局部重分布机制的正确性与适用性值得商榷。另外，决定整体结构倒塌与否的整体内力重分布机制尚未清楚。

桁架结构五种可能的局部初始破坏及其局部重分布机制[38]　　表 1-1

项次	初始破坏	局部重分布机制	图示说明
1	上弦杆	转动铰机制（下方）	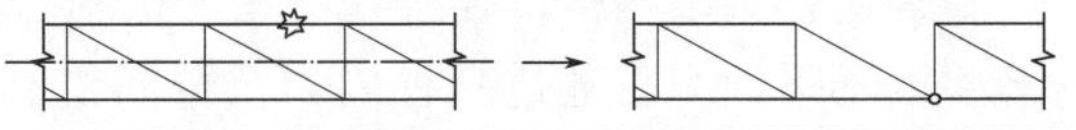
2	下弦杆	转动铰机制（上方）	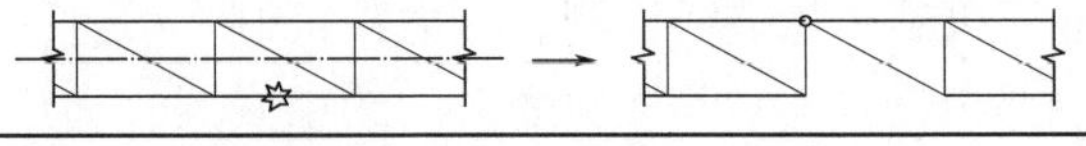

续表

项次	初始破坏	局部重分布机制	图示说明
3	斜腹杆	滑移面机制	
4	竖腹杆	滑移面机制	
5	竖腹杆	长压杆机制（增加无支撑长度）	

空间桁架体系的抵抗连续性倒塌能力则主要由结构的空间作用提供。由于空间桁架中的诸多单榀平面桁架由檩条或系杆等连接构件相互拉结，因而当某一榀桁架发生初始破坏时，拉结作用将会把部分受损桁架上的荷载转移到相邻桁架上，完成不平衡力在空间的重分布。王磊[25] 通过试验证实了这种空间作用的存在。

总体而言，空间结构的传力机制与框架结构迥然不同，故倒塌机制也理应不同；不同类型的空间结构体系空间拓扑差异显著，其倒塌机制一般亦不相同。目前仅有的桁架结构抗倒塌机制研究存在着计算模型过于简化、倒塌工况下的几何大变形和全局内力重分布机制尚未清楚等不足。本书将以平面桁架结构、桁架结构体系、张弦结构和单层球面网壳结构等典型空间结构为对象，通过模型试验和数值模拟等手段，阐释这些空间结构抗连续性倒塌机制，为抗连续性倒塌设计提供依据。

1.2.4 结构鲁棒性和构件重要性

传统设计方法仍存在重计算而轻概念、重构件计算而轻结构设计等问题，是以忽视了结构层面所需的抵抗连续性倒塌的鲁棒性要求。结构鲁棒性主要是指结构构件分布拓扑关系的稳健性[50]，是以避免结构垮塌为目标的整体结构安全性[51]。与结构安全性相比，鲁棒性强调的是结构中构件分布的拓扑关系要合理，侧重于在局部突发损伤状态下保证系统安全的能力。因此，对于具有相同安全性的建筑结构，鲁棒性的优劣是决定结构能否抵御连续性倒塌的关键，特别是对依赖形态作用的大跨空间结构。

在过去，结构鲁棒性往往依靠结构工程师对结构整体性能的把握和判断，通过加强局部关键构件等方式进行概念设计保证[52~54]。然而随着建筑结构倒塌事故的频发，迫切地需要建立定量评估结构鲁棒性的方法。现阶段，面向广义受损结构的鲁棒性理论研究，无论是基于失效概率[55,56]，基于不确定信息熵[57,58]，基于结构易损性理论[59]，还是基于决策分析[60]，都还处于探索阶段，没有形成统一的理论[61]。而应用于设计、体现在各国规范中的定量计算通常落于对构件应力和变形的计算，又使问题重新回到倒塌过程的数值模拟手段上来。

从原理上讲，基于结构吸收能量思想的方法能更好地解释结构作为整体抵抗连续性倒塌的能力。能量平衡原理认为忽略系统阻尼的耗能影响时，倒塌过程中的外力做功将完全转化为结构的变形能与动能。因此，若能判定存在外力功与结构变形能相等的状态，则说明结构可以抵抗外力荷载的作用而不发生进一步的破坏，即结构可以抵抗连续性倒塌，Beeby[62]、方召欣和李惠强[63] 等关于鲁棒性的能量解释正源于此。以上方法虽然容易理解，但是获得用以计算结构变形能的剩余结构荷载位移曲线是一个复杂的过程。Kim 和 Park[64] 采用理想的集中塑性铰模型进行系统简化，并简单地将相关能量的计算与控制自由度-初始失效位置竖向位移联系起来，同时引入梁端转角与初始失效位置竖向位移的协调条件。但该集中塑性铰简化模型仅适用于单自由度体系，且过高地估计了结构的变形能。为此，Dusenberry 和 Hamburger[65] 提出了更具普遍意义的竖向推覆分析方法和考虑弯曲/悬链线状态能量耗散的弹塑性评估方法。前者是单自由度集中塑性铰方法的推广和延伸，采用增量方法追踪整体结构塑性铰的发展过程，可以较好地解决塑性铰形成之前变形能的求解问题；后者建立了梁在跨中集中荷载作用下处于受弯状态与悬链线状态时的荷载位移曲线计算公式，进而考虑结构的几何非线性性能，是竖向推覆分析方法的进一步提高。采用类似方法的还有 Lee 等[66] 的研究。Lee 在论文中提出了作为简化评估方法设计目标曲线的“倒塌谱”的思想，即如果最大动态位移与重力荷载水平的关系可以得知，那么就可以如抗震反应谱一样直观地了解结构发生倒塌的可能性。Izzuddin 等[67、68] 提出的基于子结构的方法在求解思路上又有了一定的创新。该方法根据框架结构所具有的层次结构特征，根据结构布置、荷载分布等信息将对体系的评估简化到对子结构的评估上去，有效地减小了工作量。通过比较不同子结构层次的伪静力荷载位移曲线上的峰值与实际荷载的大小完成承载能力评估，比较实际荷载对应的位移值与结构允许变形限制完成变形性能的评估。实际上，伪静力荷载位移曲线就是一种倒塌谱。

上述基于能量平衡原理进行的结构抗倒塌能力评估主要应用于框架及以框架为主的结果类型，而相关大跨度空间结构的研究及应用成果甚少。其原因不仅来自于空间结构倒塌研究的相对滞后，也因为空间结构杆件众多、拓扑关系复杂，结构倒塌过程中的重力势能释放难于计算。事实上，轻质化的大跨度空间结构重力势能的释放和结构耗能相较于框架结构都是非常有限的，结构倒塌更大程度上源自于空间拓扑变化的过程中竖向刚度的丧失。同时，抗倒塌机制的失效原因是多样的，且多伴随杆件的失稳，因此大跨度空间结构抗倒塌设计也并不宜采用基于能量平衡原理的方法。

对于空间结构，已有研究[69、70] 采用的鲁棒性评价方法多采用 Fragopol 和 Curley[71] 提出的结构冗余度参数 R_s 的计算公式（式 1-1）或 Pandey 和 Barai[72] 基于结构冗余度与其结构单元的敏感性 $S.I.$ 呈反比的概念（式 1-2）提出的结构敏感性评价方法。Pandey 等的分析方法原理上是直接根据矩阵推导和响应计算进行的线性分析，日本钢结构协会[4] 在此基础上提出了基于结构非线性承载力分析的关于敏感性分析的一般概念和方法，并考虑网壳类结构单一构件的屈曲以用于大跨度空间结构。此种方法从结构单元的敏感性入手，概念上类似下面将述及的构件重要性评价方法；但由于采用非线性承载力计算，该方法往往需要复杂的计算和耗费大量的时间。

$$R_s = \frac{L_{\text{intact}}}{L_{\text{intact}} - L_{\text{damage}}} \tag{1-1}$$

$$S.I. = \frac{1}{R_s} \tag{1-2}$$

式中 L_{intact}、L_{damage}——分别为初始结构与结构构件受损后的倒塌荷载。

从结构工程应用的角度考虑，研究系统中构件的重要性似乎是更简单的处理方法。如果某根构件的失效比较容易引起结构大范围的破坏，则该构件在结构中的作用过于重要，其存在增加了结构的易损性。反之当结构中不存在个别突出重要的构件时，结构具有较好的鲁棒性。这样，对结构整体性能的评价就从基于鲁棒性的整体考量转移到了基于构件重要性的构件布置问题上来。

Blockley 等[73～76] 发表了一批研究成果，从图论的角度寻找结构中可能因为很小的损伤引起不成比例破坏的潜在损伤源，实际上是一种结构刚度的判断。与此类似，柳承茂和刘西拉[61] 提出了计算构件刚度重要性系数的概念。这类方法单纯依赖于结构刚度的拓扑判断而与荷载效应相脱离，对研究结构在重力作用驱动下发生的连续性倒塌意义有限。因此，真正适用于结构连续性倒塌分析的方法应该是能考虑结构所承受的常规荷载，并能与“拆除构件方法”的概念相衔接的方法，具有工程实用性。例如江晓峰和陈以一[38,77]、胡晓斌和钱稼茹[78] 基于线性静力分析方法，分别给出了基于《钢结构设计规范》GB50017—2003 内力计算（本质上是剩余结构构件最大应力计算）和剩余结构平均应力比的构件重要性判断方法。从概念上讲，两者都是各国规范线弹性拆除构件法流程的简化版，文献[25] 对文献 [38、77] 进行检验，认为该方法基于线弹性静力计算，不考虑几何、材料非线性以及动力效应，初始局部破坏后剩余构件内力重分布是不能反映结构真实受力情况的，导致大部分计算结果偏于保守。因此，结果从线性模型至非线性实际结构推广的实用性仍需研究。张雷明和刘西拉[79] 从考察荷载作用下框架结构内的能量流动出发，取能量流动大的路径为结构最大传力路径判别构件的重要性；然而该方法不进行材料抗力计算，故无重要性阈值与触发连续性倒塌的可能性相对应。也有采用经验和理论分析相结合的判断方法[80]，采用“专家打分”的方式确定影响构件关键系数的各个分项因素权重，虽具有较好的工程实用性，却由于缺乏充足的统计数据和原始资料，导致关键系数的计算过于依赖人的主观干预。

1.3 空间结构防连续倒塌设计方法

对建筑结构连续性倒塌问题的研究成果，最终形成可定性、定量评估建筑结构抗连续性倒塌能力的规范和专门性指南[81~83]。现阶段，比较有代表性的建筑结构抵抗连续性倒塌的设计规范或指南有：美国总务管理局 GSA 于 2003 年制定的《新联邦办公大楼与大都市建筑的连续性倒塌分析与设计指南》[81]，该指南除给出了政府建筑的风险评价原则外，还提出了抗连续性倒塌的分析与设计方法，并成为政府建筑加固与设计的主要依据；美国国防部 DoD 于 2005 年颁布了《建筑抗连续性倒塌设计》[82]，并于 2009 年进行较大调整后颁布了新版本[83]；日本钢结构协会 JSSC 和美国高层建筑与城市住宅理事会于 2005 年共同出版了《高冗余度钢结构倒塌控制设计指南》[4]；中国工程质量协会 CECS 于 2014 年推出了《建筑结构抗倒塌设计规范》CECS392，是我国第一本专门性的抗连续性倒塌规范。此外，隶属于美国商务部的美国国家标准与技术研究所先后发布了多项报告，为建筑物抗连续性倒塌和防火抗爆等设计提供建议[84、85]。上述规范、指南给出的设计与建议可分为三大类，概念设计方法、间接定量设计方法和直接定量设计方法。概念设计方法是一种定性的设计方法，主要强调突发事件控制、建筑的合理布局、保证结构的连续性、提高冗余度和采用延性构造措施等，没有具体的指导步骤和定量规定；其设计依赖于设计人员的经验和水平，设计结果相对主观。间接定量设计方法指的是不直接体现局部失效的具体影响，而通过定量规定结构的最低强度、冗余特性和延性来保证结构具有一定的抗连续性倒塌能力；间接设计法主要是拉结力设计法（Tie Force Method）。直接定量设计方法直接考虑意外荷载或局部失效导致的后果，并据此进行设计；直接定量设计方法可分为局部抗力设计法（Enhanced Local Resistance Method）和备用荷载路径法（Alternate Path Method）。下面将对三种定量设计方法进行详细介绍。

1.3.1 概念设计法

目前阶段，结构抗连续性倒塌的概念设计方法主要从以下几个方面进行考虑。

事件控制。消除引起建筑结构连续性倒塌的直接诱因。建筑结构发生连续性倒塌的直接诱因可分为意外灾害与人为失误。对于意外灾害，如狂风、暴雨、暴雪等灾害是不可避免的，而爆炸、大火、撞击等灾害可以通过加强监管、设置防护栏等措施减小发生的可能性。对于人为失误，可在设计、施工和使用维护三个方面采用合理措施来尽量避免。

增加结构冗余度。提高结构水平和竖向受力体系的冗余度，一方面可以显著增强结构的坚固性，保证结构在局部失效后仍能提供有效的荷载传递路径，另一方面可以提供更多的可能屈服位置，从而避免结构倒塌。

加强梁柱节点连接。当框架的一根柱失效后，其上部支承的梁能否越过此柱、横跨两个开间而不塌落，对于抵抗连续性倒塌非常关键，这就要求梁柱连接应具有较好的连续性与足够的转动能力，能提供直接的备用荷载传递路径，以抵抗随柱失效的内力重分布而不发生脆性破裂。

截面和构件承载力设计。对于框架结构，在进行构件截面设计时需要考虑截面内力可能出现与正常荷载作用下的方向相反的情况。特别是对于混凝土结构，当梁柱节点附近梁端所承受的弯矩反向时，若梁底面未配筋或配筋不够，则可能引起梁失效而形成连续破坏。

1.3.2 定量设计方法

(1) 拉结力设计法

拉结力设计法通过将结构构件和节点进行直线的、连续的、满足最低的拉结强度要求的拉结，以增强结构的连续性、延性和发展备用荷载路径的能力，从而增强结构抵抗连续性倒塌的能力。英国结构规范[86,87] 和 DoD 2005 指南[82]、DoD 2009 指南[83] 均明确地提出了这一设计要求。

DoD 2009 指南[84] 规定，拉结力设计要求建筑结构具有纵向拉结、横向拉结和周边拉结三种水平拉结力和由柱及承重墙提供的竖向拉结力（图 1-2）。同时，内部和周边拉结设计只能利用楼板提供的拉结力，仅当节点在转角达到 0.2rad 后仍可实现完全承载时才能计入梁的拉结力；这是考虑到很多节点在梁达到其设计的最小拉结力之前便已失效，无法保证拉结力的发挥。

拉结力设计虽着眼于增加结构的整体性，但将整体结构离散为单独的静定悬索构件计算，无需对整体结构进行分析，因而操作简易。然而，该方法计算模型过于简化，对于复杂结构其可靠性与经济性存疑[88]。也有学者指出，对于依靠拉结力抵抗连续性倒塌的结构，局部破坏后拉结力有时可能将原本不会倒塌的相邻结构部分拉倒，反而增大结构发生连续性倒塌的风险；此时，应对结构进行分段或隔离，通过增强或减弱体系各部分边界的连续性将破坏限制在独立的区域内，才是防止发生连续性倒塌的有效方法[89,90]。

(2) 局部抗力设计法

局部抗力设计法是针对破坏后容易引起结构连续性倒塌的局部关键构件的加

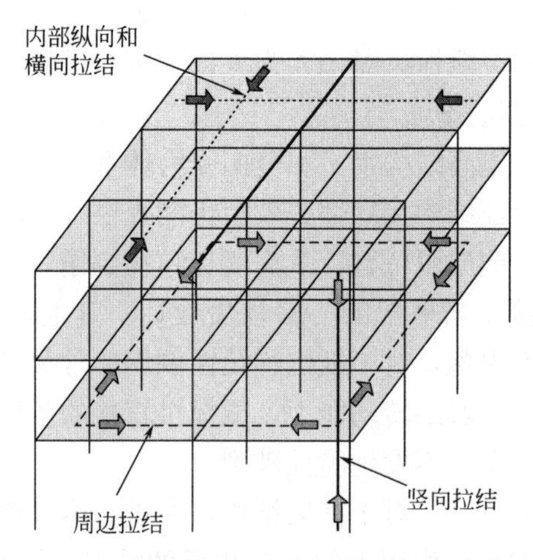

图 1-2 框架结构的拉结力设计示意[83]

强设计方法，目的在于使初始局部破坏被阻断或减轻，以消除或降低结构发生连续性破坏的可能性。此设计方法起源于英国伦敦 Ronan Point 公寓倒塌事故，在英国及欧洲规范中规定的关键构件及其连接应能抵抗水平向和竖向的大小为 $34\mathrm{kN/m^2}$ 的偶然事故荷载，该数值便是参考使 Ronan Point 公寓承重墙失效的爆炸荷载而定。

局部抗力设计法计算简单，节省了设计费用和周期；特别是对于既有建筑结构的抗连续性倒塌设计，按备用荷载路径法进行设计的结果进行改造的成本太高，业主更倾向于使用局部抗力设计法选择性地对关键部位或者薄弱承重构件进行加固。然而，该设计方法的最早思想是避免局部破坏的发生，与后来学界形成的允许结构在突发事件下发生局部破坏这一普遍认识相悖；且对于新建建筑，使用该方法的设计往往增加了不少工程造价，故加拿大等国先后删除了规范中的修订条款。但是在“9·11”事件后，局部抗力设计方法在美国又以抗爆和防火设计为主要形式迅速发展起来[84、91]，DoD 2005 指南[82] 尚未包含此方法，但 DoD 2009 指南[83] 已将此方法纳入。

(3) 备用荷载路径法

备用荷载路径法（Alternate Path Method）假定结构出现初始局部破坏，通过确定剩余结构的响应来评估结构抗连续性倒塌的能力。该方法不依赖于引起初始局部破坏的原因，适用于任何突发事件下的结构抗倒塌设计。

具体操作时，将发生局部初始破坏的构件从结构中“删除”，但应保留相连构件间的连接（图 1-3），并通过线性静力分析、非线性静力分析或者非线性动力分析确定初始破坏在剩余结构中的扩展程度，判定结构是否发生连续性倒塌；若判定为倒塌发生，则修改设计后重新计算直至结构不发生连续性倒塌为止。一般认为，应允许初始局部破坏在剩余结构中的适当扩展，例如 GSA 指南[81] 规定了框架柱失效后，破坏应被限制在框架柱正上方的一跨与 334m^2（中柱失效）或 167m^2（边柱失效）两者中较小的面积范围内；DoD 2005 指南[82] 规定，中柱失效导致的破坏应被限制在 30％框架柱正上方面积与 140m^2 两者较小的面积范围内，边柱失效时上述面积均减小一半。但 DoD 2009 指南[83] 给出了更严格的限制，已明确要求不允许局部破坏的扩展，即要求原本由失效构件承受的荷载应能经相邻结构完全传递到周边承重构件上，否则视为结构抗倒塌能力不足。

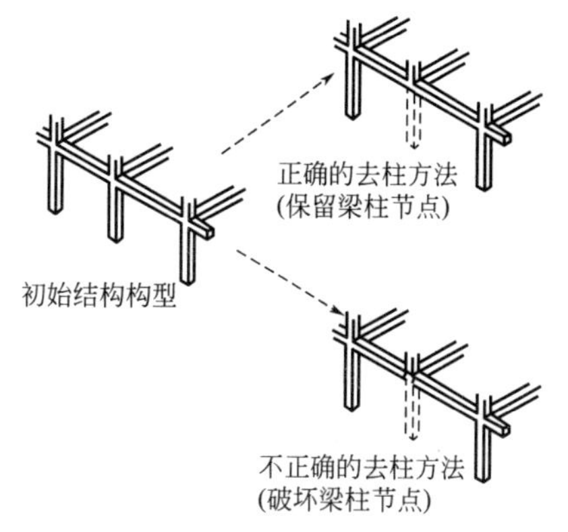

图 1-3　框架结构通过去除柱进行备用荷载路径研究[83]

为减少设计工作量，各规范并不要求分别删除每一根构件并据此进行设计，而是规定了将那些失效将对结构产生相对更不利影响的构件（本文称之为敏感构件）作为删除对象。GSA 指南[81] 规定删除的构件包括：第一层长边的跨中框架柱、短边的跨中框架柱和第一层所有的角柱；DoD 2009 指南[83] 也作出了类似的规定，区别在于该指南要求对所有层的这些位置的框架柱都作为删除对象。

事实上，当充分考虑动力与非线性等因素后，备用荷载路径法可直观地表现结构的整体破坏扩展和倒塌情况，是一种接近于模拟剩余结构真实力学响应的数值方法，故也被视为一种分析方法，为现阶段的绝大多数结构连续性倒塌研究所采用。

(4) 空间结构的抗倒塌定量设计

具体到特定建筑物的抗倒塌设计，需视该建筑物的具体情况决定采用何种设计方法。英国规范[86、87] 主张在采用拉结力设计和备用荷载路径设计均不满足要求的情况下才进行局部抗力设计；而 DoD 2009 指南[83] 则依据居住人口水平评估建筑物倒塌风险，将建筑物分为四个等级（OC Ⅰ～OC Ⅳ），OC Ⅰ级建筑无需进行结构抗连续性倒塌设计，OC Ⅱ级建筑可采用拉结力设计和局部抗力设计的组合设计或备用荷载路径设计，OC Ⅲ级建筑需进行备用荷载路径法设计和局部抗力设计，OC Ⅳ级建筑则需采用以上三种方法分别设计。

但现阶段，以上三种设计方法的使用范围仍仅限于框架和框架-剪力墙结构体系，尚未有针对大跨度空间结构的相关设计条款。JSSC 指南[4] 中给出了大型空间结构冗余度的设计建议，却仅限于概念设计。总体而言，拉结力设计的基本思想是在结构内形成直线的拉结，但空间结构依靠空间拓扑传力，几何构型多变，显然不适于采用拉结力设计方法。局部抗力设计方法的设计结果通常导致非常大的构件截面和节点构造，与空间结构荷载小、质量轻的特点相悖。备用荷载路径方法不依赖于结构形式、不依赖于局部破坏产生的原因，故最适于为大跨度空间结构抗连续性倒塌设计所采用。但该方法应用的局限在于，大跨度空间结构杆件众多，在目前尚无可靠的敏感构件确定方法的情况下，分别“删除”每一根构件往往会导致难以承受的计算量。因此，在进行计算之前，建立正确、可靠的关键杆件识别方法可大幅减少倒塌工况算例，对分析效率的提高是显而易见的。本书将提出平面桁架、单层球面网壳等空间结构的敏感杆件识别方法，为空间结构抗连续性倒塌设计方法的广泛应用奠定基础。同时，2.2.2节中提出的改进的连续性倒塌数值分析流程是一种基于备用荷载路径分析的流程，可用以进行空间结构的备用荷载路径分析，提高空间结构抗倒塌设计效率。

需要说明的是，现有建筑结构的抗连续性倒塌设计方法可分为不针对灾害荷载作用的抗连续性倒塌设计和针对灾害荷载作用的抗连续性倒塌设计两类。尽管后者更接近于结构真实的倒塌性态控制，但由于其对灾害荷载的类型、幅值、计算方法以及灾害荷载与结构的相互作用等内容有诸多要求，结构抗倒塌分析的复杂度与设计的难度显著提升；另外，从把握空间结构自身的倒塌性态尤其是作为Benchmark基准模型的角度看，需要空间结构有明确的边界条件和倒塌诱致能量输入，目前尚不宜将灾害荷载与空间结构倒塌耦合起来考虑。事实上，目前除面向国防工程设施的UFC系列抗连续性倒塌设计规范外[33]，多数规范仍采用不针对灾害荷载作用的抗连续性倒塌设计方法，尽管一些规范推荐了部分灾害荷载的计算方法。基于上述考虑，本书内容主要针对空间结构局部失效后的连续性倒塌性态与设计对策研究，而不关注诱致结构倒塌的灾害荷载类型及其作用效应。

第2章 空间结构连续性倒塌研究方法

工欲善其事，必先利其器。从基本方法与具体手段上讲，空间结构的连续性倒塌研究可以从已经较为成熟的框架结构研究中汲取经验；然而，空间结构在体系构成上与框架结构毕竟存在显著差别，故在研究过程中，有一些特有的关键问题需给予特殊注意。因此，本章从试验研究与数值模拟两方面入手，阐述空间结构倒塌研究中的要点，并解决其中的关键问题，从而为空间结构连续性倒塌研究奠定方法基础。

2.1 空间结构连续性倒塌试验研究方法

2.1.1 连续性倒塌试验系统

整体结构（模型）的连续性倒塌动力试验中，其试验激励来自于模型自身局部杆件的突然破断，结构（模型）的后续响应具有高频、大变形变位的特点，故此类试验与传统的静力试验、拟静力试验和振动台试验均有较大差别。这种差别主要体现在模型的设计与外荷载施加、初始局部破坏的触发和动态数据的测量等几个方面。正确地处理这些关键技术问题，构建适用性广、精度高、可靠性好的连续性倒塌试验系统是准确完成空间结构连续性倒塌试验的基础，也是进一步深入研究空间结构抵抗连续性倒塌数值模拟算法和倒塌机制的前提。连续性倒塌试验系统的建立需关注以下问题：

(1) 模型设计与外荷载施加

空间结构具有非常大的几何尺度，且结构的整体工作性能主要由其结构形态决定，故模型设计与制作时，其空间形体、组成及几何尺寸应保证与原型结构严格相似，从而确保模型结构与原型结构的整体刚度和质量分布相似、空间工作性能相似、最危险部位及控制截面应力相似等[92]。同时，几何尺寸相似不仅包括结构构件的缩尺制作，还包括各构件的组装精度及连接强度是否与原型相似。特别地，空间结构杆件众多，其倒塌路径有多种可能性；因此，模型结构的加工精度，包括整体结构的尺寸精度、空间拓扑的位形精度、连接节点的转动刚度精度、边界条件的模拟精度（如网壳结构的万向转动支座节点）等，对空间结构的连续性倒塌试验极为重要。上述模型加工精度的偏差，均可能引发空间结构非预期的倒塌路径发生，并最终导致试验目的无法达到。

大跨空间结构节点众多、荷载复杂，试验时通常按内力等效相似或变形相似原则将节间荷载统一归并为节点荷载。由于空间结构在连续性倒塌过程中将产生一定的水平位移和很大的竖向位移及位移跃动，因此要求所施加的节点荷载相对于模型结构应具有很好的随动性。

（2）初始局部破坏的触发

建筑结构的连续性倒塌是由结构局部的初始破坏扩展造成的，因此相应地，连续性倒塌试验应以结构模型的局部初始破坏作为开端。结构构件的破坏失效有多种实现方式，目前使用较多的为各种动力冲击方法，如通过爆炸炸断或外力撞击撞断特定构件。然而，此类局部初始破坏的触发方式存在着诸多弊端。首先，尽管此类动力冲击方法是实际建筑结构可能面临的不可预期的极端荷载作用的试验室再现，但它们却与结构抗倒塌设计中的构件撤除法截然不同，尤其是爆炸等动力冲击带来的能量输入常是不可控的且对于数值模拟的难度很大；其次，若要减少动力冲击的能量输入，则需要使用玻璃等脆性材料制作被炸断/撞断的构件，或使初始失效构件与剩余结构采用承压式的连接而易于脱离，但此两种方式都明显地改变了原有结构的局部受力特征而使试验模拟存在或多或少的失真；最后，爆炸破断方法会产生大量烟尘，降低非接触式摄像测量的精度甚至影响试验现象的观测。基于此，开发一种可控的、安全的、无能量输入的全新机械式初始破断装置有着特别重要的意义。

总体来说，触发装置应满足以下基本要求：①初始破坏装置对拟破坏构件性能的非干扰性[25]，即结构发生破坏前的刚度特性和内力状态与是否安装该装置无关；②结构破坏的瞬时性[25]，即装置被触发后能使结构在很短的时间内破坏，以有效模拟实际构件断裂产生的动力效应；③破坏的稳定性和可控性[25]，即装置应用于不同试验时具有接近相同的破断时间，这样试验的结果才具有可比性；④应用的广泛性，装置可用于破断多种类型的构件，受压或受拉，两端刚接或铰接；⑤不产生干扰试验观测的烟尘；⑥不对剩余结构产生额外的能量输入，以便建立一个与“备用荷载路径”方法相应的与事件无关的倒塌工况；⑦试验安全性，初始失效的触发开关应远离试验模型，确保试验人员在可能发生连续性倒塌破坏时的安全。

（3）高频、高速数据测量

为了测定模型结构在连续性倒塌过程中的高频振动和巨大变形，稳定可靠的动态应变与动态位移测试手段至关重要。高频应变的测量相对简单，已有一些经过验证的动应变测试系统被开发出来。而对于动态大位移的测量，常用的位移传感器（机械式百分表、电子百分表、滑阻式传感器等）仅适用于单调静力或拟静力加载，无法进行动态位移的追踪。也有采用测试仪器进行硬件积分获取位移的方法，但因容易损坏电子设备不适合在结构破坏位置使用。因此，动态大位移测试技术的发展方向是集成高速立体影像与已有接触式位移、加速度传感器的传感器网络。这种传感器网络的构建涉及许多技术难题，如高速立体摄影测量传感器网络配置问题、多传感器同步问题、多传感器在振动环境下的稳定工作问题、多传感器多源数据融合问题、模型的跟踪识别问题、对象的三维模型与变形过程重现问题等。

2.1.2　连续性倒塌试验关键技术

(1) 局部初始失效装置

基于前述对局部失效触发装置的基本要求，设计了局部初始失效装置。该装置的基本思路是，模型制作时便通过将初始失效构件中间的一段切除而使其处于已经破断的状态；而后使用构件初始失效装置将破断两侧构件连接在一起，重新构成一根可参与正常传递轴力、弯矩的“完好”的构件；而当需要将该构件“重新”破断并触发模型的连续性倒塌时，只需使初始失效装置从模型结构中脱离便可。

该初始失效装置由五部分组成（图 2-1）以实现上述过程：①两个开圆周槽的短圆柱体，它们分别焊接安装于初始失效构件中部断口两侧的杆件端部；②剪刀夹，它是装置的关键组成部分，其端头内表面开有与两个短圆柱体槽口相对应的圆周槽，故当剪刀夹关闭时可以与圆柱体相互咬合并填补初始失效构件的中部断口；③两个电磁铁，它们安装于剪刀夹尾部且磁极相反，从而在通电时形成吸力，该吸力可以帮助剪刀夹关闭并在端头形成对圆柱体的径向箍紧力；④两个预压弹簧，安装前将它们预压缩并同样安置于剪刀夹尾部，这样当电磁铁磁力消失后便可以依靠储存其内的压缩能帮助剪刀夹尽快地张开；⑤两个预张拉弹簧，用

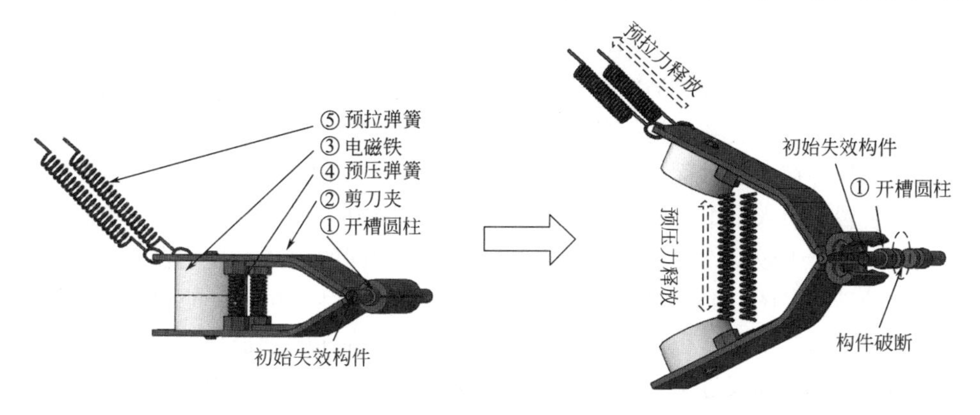

图 2-1　局部初始失效装置组成部分与工作原理

于连接剪刀夹的一块耳板与模型平面外远离模型的固定支座，当电磁铁的磁力消失后可以帮助剪刀夹从模型上脱离，使该构件破断。

使用电磁铁作为破断的控制开关有如下优点：其一，电磁铁的引入使得试验人员在控制破断时可以借助电路远离试验模型，使原本存在危险的破断过程变得安全；其二，电信号是一种相对稳定的可控信号，故使用电磁铁的破断过程在破断时间上是稳定的和迅捷的；其三，更重要的是，电磁铁的引入使该初始破断装置具有进一步升级为能够触发多根构件同时破断的装置的可能。电磁铁的电磁吸力是一个关键设计参数，其最低限值应能够满足提供足够的剪刀夹端头与圆柱体之间的咬合力。基于如图 2-2 的简化受力分析，提出了所需电磁吸力的计算公式：

$$T=\frac{l}{L}\cdot\left(\frac{2}{\pi}\cdot N\cdot\cot\theta+2M\cdot\frac{1}{d}\right) \tag{2-1}$$

式中，l 和 L 分别为剪刀夹转动轴到端头中心和电磁铁中心的距离；N 和 M 分别为初始破断构件上的轴力与弯矩；θ 和 d 为圆柱体参数。该装置通常被安装于构件的跨中位置，此处弯矩 M 较小，故式（2-1）中 M 的贡献可以通过引入适当的安全系数而不予考虑。例如当装置设计为 $L=8l$，$\theta=70°$，且安全系数取为 $\eta=3.0$ 时，电磁铁吸仅需提供相当于 0.087 倍初始失效构件轴力的电磁吸力。

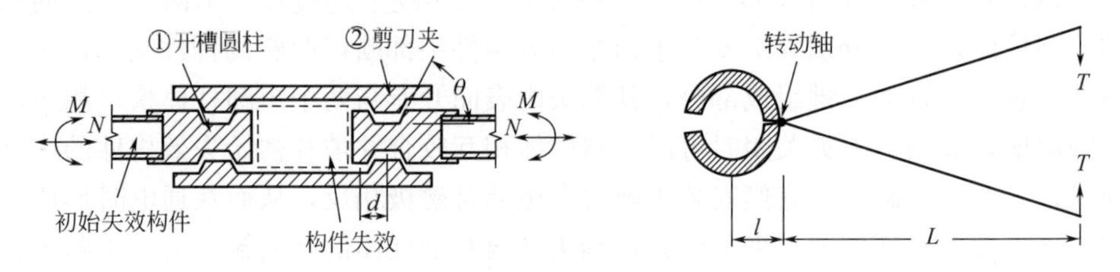

图 2-2　局部初始失效装置受力简图

初始破断装置所具有的优异工作性能在采用此装置完成的平面桁架倒塌试验中得到了充分展示。平面桁架倒塌系列试验由三个试验组成，分别为 truss-WJ、truss-PJ 和 truss-RJ，试验详情见 3.1 节。

首先，当装置安装于初始破断构件之上且电磁铁处于通电状态时，桁架模型对称位置杆件在承受对称荷载时具有相同的内力（以 truss-WJ 为例，见图 2-3），说明该装置的引入不干扰模型结构的整体或局部受力。其次，当应用于不同桁架模型时，初始失效构件的内力衰减几乎具有完全相同的规律，且均在 0.06s 时完成完全的破断（图 2-4），说明该装置具有极高的稳定性。再次，使用有限元程序对桁架模型后续倒塌过程进行模拟，初始失效构件轴向刚度退化曲线如图 2-4 中左侧曲线所示，即仅过了 0.01s 后轴向刚度便已减小至不足原有刚度的 5%，说明该装置使杆件发生失效的时间极短。然后，该装置可用于破断各种类型的构件，包括两端铰接的二力杆（truss-PJ 模型）和两端刚接的梁（truss-RJ 模型）。此外，破断过程纯机械操控，没有产生任何烟尘，从而不影响试验观测与高速摄像测量。最后，破断过程没有对剩余结构引入额外的能量输入，表现为图 2-4 所示的初始构件在破断后内力完全消散，没有上下波动。

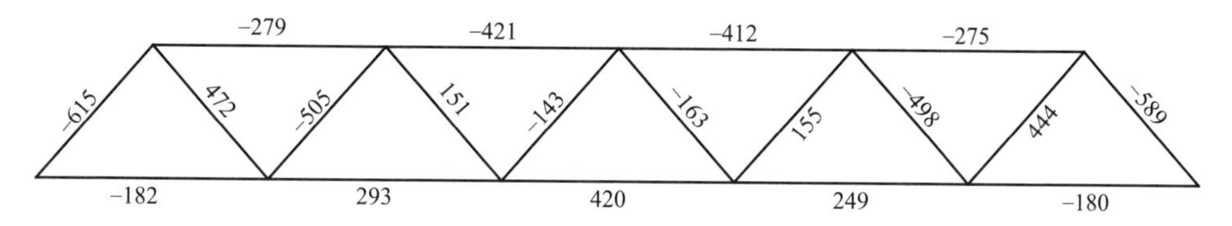

图 2-3 左二腹杆引入装置后，truss-WJ 模型在承受常规荷载下的杆件轴向应变（单位：$\times10^{-6}$）

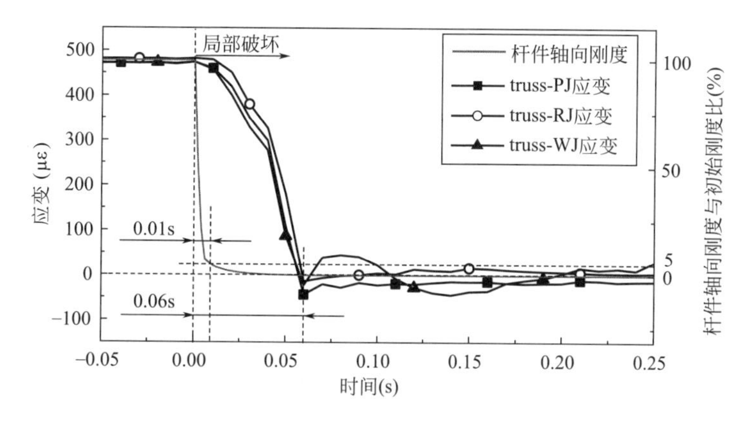

图 2-4 初始失效构件在破断前后的内力和刚度变化

（2）试验数据采集

1）高频动应变采集

连续性倒塌试验中，高频动应变的采集可使用商用动应变采集仪器进行；现有技术条件已可实现最高频率超过 100000Hz 的动态信号采集。由于连续性倒塌试验所具有的高频内力变化特性，应变采集设备应具有与模型应变相适应的采样频率。合适的采样频率的确定是非常重要的，过低的采样频率会造成无法完整捕捉模型的动力响应，而过高的采样频率辅以大量的数据采集点则会给数据处理带来不必要的困难。因此，有必要对空间结构连续性倒塌试验中可能出现的高频动态响应进行研究，确定合适的应变数据采集频率。

同样以平面桁架结构连续性倒塌试验为例（详见 3.1 节）。在桁架模型所有杆件的跨中位置以及由预分析知将会出现显著弯曲并发展塑性的位置布设应变测点，每个应变测点截面布置三个沿杆件长度方向的单向片，单向片与截面圆心夹角互为 120°。应变采集频率为 100Hz。同时，为研究 100Hz 是否足以采集结构倒塌过程中可能出现的高频应变，在具有最显著动力效应的初始破断构件及周围构件上增设采样频率为 10000Hz 的应变测点。已有研究证实，10000Hz 的频率完全能够捕捉钢结构断裂瞬间的应变变化[25]。

图 2-5～图 2-8 展示了 truss-WJ 模型初始破断触发后 0.4s 内，初始失效杆件（W2）及周围杆件以 100Hz 与 10000Hz 采样频率采集得到的应变数据。结果表明，除了初始失效构件在破断触发后瞬间的超高频震颤外，100Hz 的频率完全能够捕捉处于倒塌工况下结构构件的应变变化。实际上，初始失效构件由 100Hz 频率采样造成的超高频动态数据采样缺失是可以忽略的：该构件破断后瞬态的超高频震颤幅值不大且持续时间很短，更重要的是，结构连续性倒塌试验研究的是

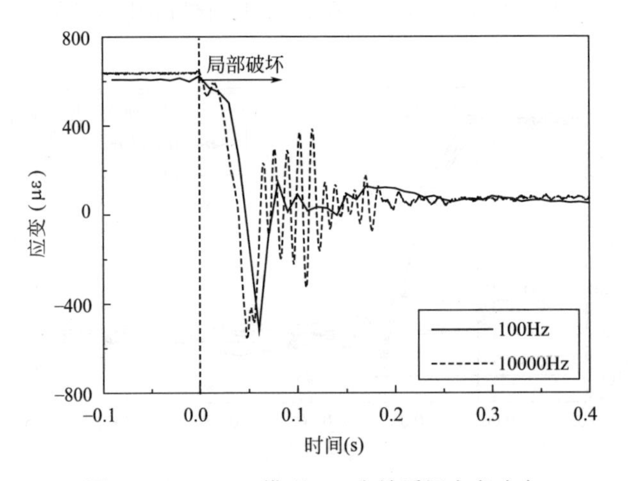

图 2-5　truss-WJ 模型 W2 失效瞬间应变响应

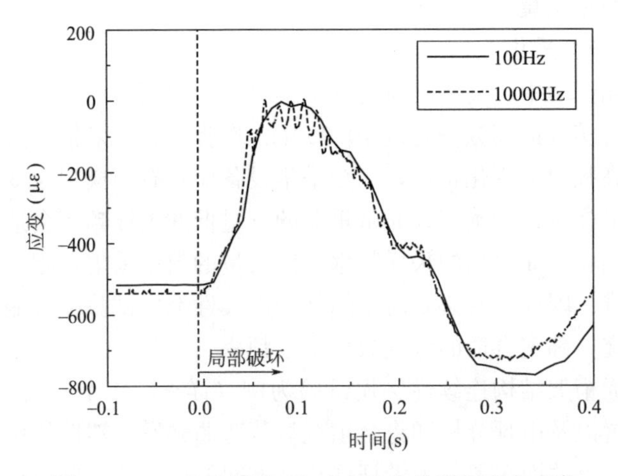

图 2-6　truss-WJ 模型 W3 在 W2 失效瞬间应变响应

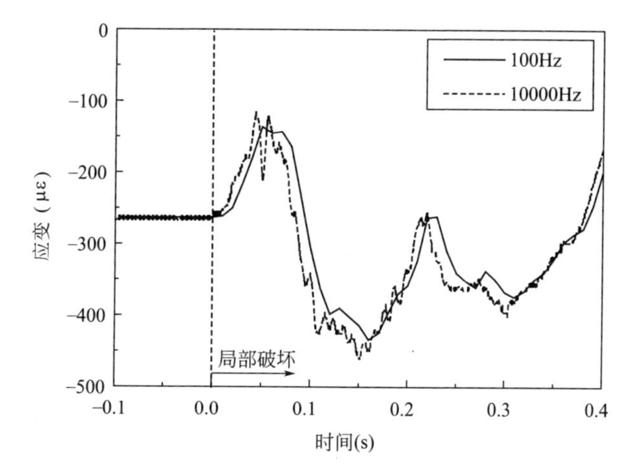

图 2-7　truss-WJ 模型 UC1 在 W2 失效瞬间应变响应

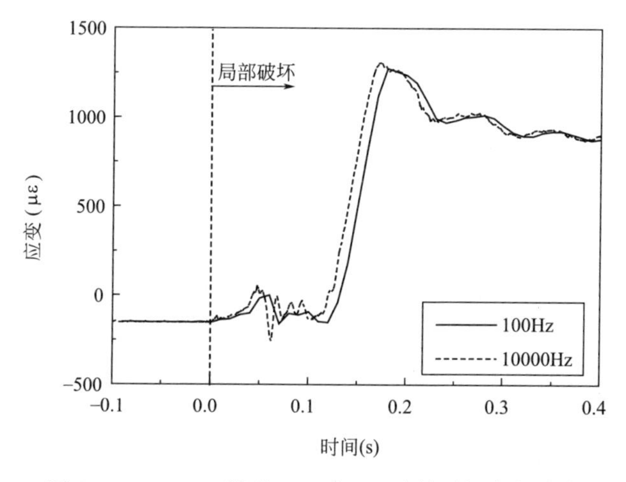

图 2-8　truss-WJ 模型 LC1 在 W2 失效瞬间应变响应

剩余结构的响应而非初始失效构件本身。综上，100Hz 的采样频率对本书的试验研究是足够的。

2）动位移测量网络

高速摄像测量技术是近距摄影测量的一个分支。将非接触式的高速摄像测量技术引入结构工程试验是动位移监测发展的自然选择，目前已逐步应用于各类涉及动力大位移的结构工程试验中[93~95]。

在连续性倒塌试验中，如图 2-9 所示，在试验模型测量位移的目标节点处贴人工标志点，并在试验模型的前后布置立体控制网。人工标志点使用黑底白圆的硬纸板制作，控制网坐标预先由全站仪测定。试验时，使用高速摄像机捕捉倒塌过程中人工标志点连同固定控制网一起的影像序列。采用影像块技术的影像目标点快速识别和跟踪方法可以从海量影像序列中快速精确地识别和跟踪目标点，而后通过整体光束法平差方法，将影像序列中跟踪点纳入到共线方程式下进行统一平差计算，高精度地获取影像序列中跟踪点的三维坐标。

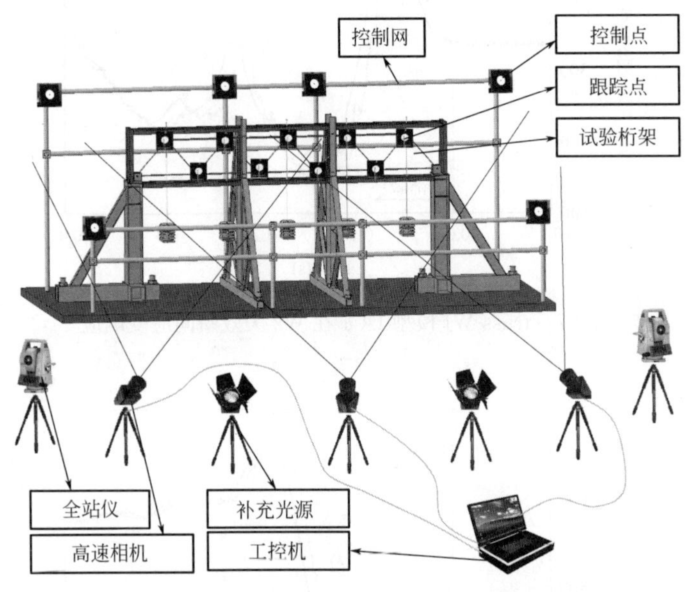

图 2-9　平面桁架连续性倒塌试验动位移监测网络

球节点是大跨度空间结构的一种常用节点形式，例如在 6.1 节的单层球面网壳模型试验中就采用了典型的焊接球节点（图 2-10）。空间结构的连续性倒塌试验中，模型整体空间变形、变位可达数米；球节点在此过程中存在空间转动。球节点的转动为高速摄像测量带来新的问题，即固定于球节点表面的跟踪点人工标志的位移并非球节点球心的位移。同济大学开发了新的观测、求解空间结构模型

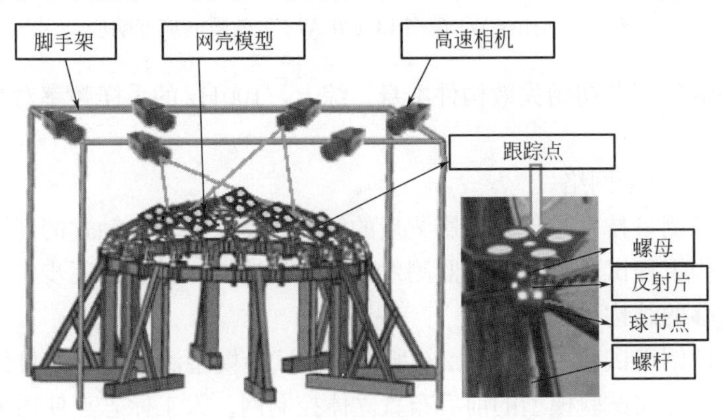

图 2-10　球面网壳连续性倒塌试验动位移监测网络

试验球节点球心位移的方法[96]。将人工标志采用硬纸板制作，背面粘贴于与球节点固定的不锈钢片上。人工标志与球节点刚性连接，在整个试验过程中不产生相对位移。人工标志由四个白色圆组成，测定它们的圆心初始位置坐标，使用全站仪通过球节点表面的反射片拟合球心的初始坐标。这样，在试验开始前，球节点的球心与人工标志上四个白色圆的圆心建立空间几何关系，且此关系在后续模型倒塌过程中保持不变。倒塌试验开始后，使用高速摄影测量网络解算每一时刻影像中白色圆圆心的三维空间坐标，便可以由每个球节点对应的四个白色圆圆心坐标进一步解算出球节点的球心坐标与三维位移变化。

高速摄像测量技术的精度受很多因素的影响，其中比较重要的是高速相机的检校与试验现场的光源条件。常用的非量测高速相机可以用加州理工大学开发的 Matlab 标定工具箱验证张正友[97] 平面标定的精度。主要通过两步法实现标定：第一步估计出初值，即计算出忽略所有畸变的参数的解析解；第二步非线性优化所有参数，使所有参数的重投影误差平方和最小，优化过程通过对 Jacobian 矩阵的解析形式使用梯度下降迭代来完成，而求镜头畸变参数则采用基于 Heikkilä 和 Silvén[98] 提出的方法将非线性干扰因素引入到内外参数的求解过程。同时，为营造良好的有利于测量的灯光条件，试验中可使用人工光源照明并在试验模型周围布设遮光布遮挡无关光源。

空间结构的覆盖尺度范围大，一般需布设多台高速相机监控试验区域；由于相机的采样频率很高（达 400 帧/秒），因此多台相机的同步问题非常关键。为此，除购置同步性能好的传感器并编制控制软件外，还需根据结构几何位形、重要测点位置等因素对多台高速相机的空间布置进行优化，尽可能减少高速相机的数量，确保所有采集数据的同步性。

2.1.3　连续性倒塌试验流程与试验荷载

空间结构的连续性倒塌试验分为静力加载与连续性倒塌两个阶段。

静力加载阶段将试验荷载施加于结构模型。当结构模型连续性倒塌试验的目的是验证实际原型结构在特定工况下的抗倒塌性能时，试验荷载由原型结构在倒塌工况下的设计荷载按模型缩尺比例确定。通常情况下，需对模型施加附加质量以满足相似关系[99]。由于模型试验可真实反应结构在倒塌过程中的动力效应与非线性行为，故原型结构倒塌工况下的荷载应取为建筑结构抗倒塌设计规范[82、83、100] 中进行动力非线性分析的荷载组合。使用局部初始失效装置实现构件工作应力下的突然破断时，无需额外施加由于拆除构件对剩余结构产生的动力冲击荷载。因此，原型结构重力荷载组合的效应设计值可按下式计算：

$$S_V = \gamma_G S_{Gk} + \gamma_Q S_{Qk} \text{ 或 } \gamma_S S_{Sk} \tag{2-2}$$

式中　γ_G ——永久荷载分项系数，UFC 4-023-03 规定取 0.9 或 1.2，CECS392-

2014 取 1.0；

S_{Gk} ——永久荷载标准值的效应；

γ_Q ——活荷载分项系数，取 0.5；

S_{Qk} ——活荷载标准值的效应；

γ_S ——雪荷载分项系数，UFC 4-023-03 规定取 0.2，CECS392-2014 对轻型钢结构的屋盖取 1.0，其他结构的屋盖取 0.2；

S_{Sk} ——雪荷载标准值的效应。

有时，连续性倒塌试验模型并无对应原型结构。此时应对试验模型进行预分析以确定试验荷载。进行预分析的目的是为了避免模型结构在静力加载阶段便出现整体或局部的垮塌、失稳，故对于网壳结构等可能由整体稳定控制的空间结构类型，预分析模型应考虑结构可能出现的初始几何缺陷。

确定试验荷载后，可将试验荷载简化为试验模型的节点集中荷载分级施加。加载前，将初始失效装置安装于初始失效杆件之上，并始终保持电磁铁的通电状态。静力加载过程耗时通常超过十分钟甚至可达数十分钟，鉴于高速摄像机单位时间内的数据量巨大，故只在静力加载开始前启动 2 秒捕捉模型的初始构型。采样频率为 100Hz 的动应变采集设备可持续采集。

试验的连续性倒塌阶段以初始失效杆件的失效为开端，当使用初始破断装置实现杆件破断时，以电磁铁的断电为开端。连续性倒塌阶段持续时间极短，所有数据采集设备应在倒塌触发前全部重新开启或恢复连续采集状态。

2.2 空间结构连续性倒塌数值分析方法

2.2.1 连续性倒塌数值分析关键问题

结构连续性倒塌是一个存在大位移和大转动、材料断裂失效、位移场不连续以及冲击-碰撞等多物理力学现象的动力过程；正确理解这些过程的数值实现技术是完成结构连续性倒塌全过程模拟的前提。

(1) 分析流程

基于备用荷载路径方法的建筑结构连续性倒塌数值分析可采用不同的数值方法进行，包括线性静力方法、非线性静力方法和非线性动力方法。静力分析方法操作简单，但根据现行规范[82,83,100] 进行的计算结果往往偏于保守[101]。当需要获得精确分析结果特别是涉及倒塌仿真模拟时，需要进行非线性动力分析。由于结构连续性倒塌本质上是一个动力过程，且具有强材料非线性、几何非线性甚至机构运动特征，故非线性动力分析常采用基于中心差分格式的显式积分算法进行。

进行结构连续性倒塌非线性动力分析时，应当以结构在外部常规荷载作用下的静力稳态响应作为初始条件。但显式动力计算程序并不适宜计算结构的静力响应，原因有二：其一，显式动力计算的时间增量为真实时间，若要模拟静力加载则需要使用相当长的总计算时长，这显然与显式计算的适用范围（用于计算极短时间内的瞬态响应）是相悖的；其二，若在短时间内（如 0.2s）将全部外荷载施加于结构上，其产生的动力效应将是不可忽略的。因此，目前比较通行的做法是首先通过隐式计算程序获得结构的静力稳态响应，然后在显式计算程序中以此为初始状态删除构件，进行连续性倒塌分析。

以通用商业有限元程序 Abaqus 为例对这一过程进行说明。首先运行隐式计算程序 Abaqus/Standard 获得结构模型在外荷载作用下的静力响应，然后通过 Abaqus 的“结果传递技术”将结构的变形和与之相应的应力场、应变场导入显式计算程序 Abaqus/Explicit 中作为初始状态场；具体做法见 Abaqus 帮助文档《Abaqus Analysis User′s Guide》第 9.2.2 节“Transferring results between Abaqus/Explict and Abaqus/Standard”。在 Abaqus/Explicit 中删除“初始破断构件”并在剩余结构上施加一组外力代替该构件对整体结构刚度的贡献。外力的作用点为删除构件与剩余结构的连接节点，大小为原结构外荷载产生的删除构件的内力。然后，将该外力在删除构件的失效时间内撤去来模拟“单元删除”，该时间不大于 0.1 倍剩余结构的基本周期。

可以看出，这一分析过程的操作复杂、耗时，计算过程中的人工干预严重地影响了计算效率。鉴于此，开发了一种基于显式动力分析程序 Abaqus/Explicit 的改进的连续性倒塌数值分析流程。该流程无需重启动分析，也不需要人工操作，即连续性倒塌分析可连续的进行，提高了计算分析效率，详见 2.2.2 节。

(2) 动力分析的显式积分算法

显式积分算法的截断误差为 $o(\Delta t^3)$，具有二阶精度。关于算法的基本理论可参见相关动力学教程[103]。需要强调的是，中心差分法的显式格式是条件稳定的，只有严格控制积分时间步长才能保证数值稳定和精度要求。计算的稳定极限与系统的最高阶频率相关；对于有阻尼系统，稳定极限可表示为：

$$\Delta t \leqslant \Delta t_{\text{stable}} = \frac{2}{\omega_{\max}}\left(\sqrt{1+\xi_{\max}^2} - \xi_{\max}\right) \tag{2-3}$$

式中　Δt ——增量步步长；

Δt_{stable} ——稳定极限；

$\omega_{\max}$ ——结构最高固有频率；

$\xi_{\max}$ ——最高固有频率对应的阻尼比。

系统的实际最高频率是基于一组复杂的相互作用因素，故通常无法确定具体数值。以 Abaqus/Explicit 为例，该程序采用一个有效的、保守的简单估算。由于可以证明以模型中逐个单元为基础确定的最高单元频率总是高于有限元组合模型的最高频率，故基于逐个单元的估算，算法的稳定极限可以用材料波速来定义：

$$\Delta t_{\text{stable}}=\min\left(\frac{L_{\text{e}}}{c_{\text{d}}}\right) \tag{2-4a}$$

$$c_{\text{d}}=\sqrt{\frac{\hat{\lambda}+2\hat{u}}{\rho}} \tag{2-4b}$$

$$\hat{\lambda}=\frac{E\nu}{(1+\nu)(1-2\nu)} \tag{2-4c}$$

$$\hat{u}=\frac{E}{2(1+\nu)} \tag{2-4d}$$

式中 L_{e}——单元长度；

c_{d}——材料波速；

E、ν——分别为材料的弹性模量和泊松比；

ρ——材料密度。

在一般的显式计算中，时间步长通常在 10^{-8}～10^{-5}s 这一量级上。

复杂结构建模时，难免存在一些网格尺寸较小的单元。由式（2-4a）知，这些局部小尺寸单元会大大降低模型整体的稳定极限。此时，可对这些单元使用“质量放大”技术，即增加局部单元的材料密度，抵消单元长度小对整体稳定极限的不利影响。Abaqus/Explicit 中的质量放大技术详见 Abaqus 帮助文档《Abaqus Analysis User's Guide》11.6 节“Mass Scaling”。需要注意的是，增加单元的材料密度意味着增大结构的惯性力，故质量放大技术仅可应用于少数网格尺寸很小的单元。

(3) 构件的断裂失效

对于大跨度空间网格结构，杆件失稳可能是倒塌破坏过程中的杆件主要失效模式及后续破坏诱发原因。目前的通用动力有限元程序中，梁柱单元的构造多采用随动坐标列式，当单根杆件划分为多个单元时，已可很好地模拟杆件的失稳问题。空间结构倒塌过程中，构件和节点也可能在经历过大的塑性变形后出现部分或全截面的韧性断裂，或者在达到极限承载力后发生突然的脆性断裂。对于以材料断裂为主要特征的倒塌过程，需要引入材料的断裂模型对断裂的起始和扩展予以预测和模拟。

当前，工程问题中最常用的断裂判定准则是等效塑性应变准则，即认为材料的等效塑性应变达到临界值时发生材料的破坏。然而，这种经验化和唯象化的表达方式忽略了材料断裂与材料所处应力状态的关系，在结构连续性倒塌工况造成的复杂应力条件下无法准确模拟材料的断裂。进而，单根构件断裂判断上存在的误差会在倒塌过程中多根构件的连续断裂中不断累积放大，甚至可能改变最终的结构破坏模式。因此，在结构连续性倒塌数值分析中引入更精确的断裂模型是结构连续性倒塌全过程数值模拟的基础与未来的发展方向。

对于组成空间结构的韧性金属材料，材料的断裂模型可划分为连续损伤力学模型[106、107] 和细观损伤力学模型。后者考虑离散空穴发展对材料性能的影响，认为韧性断裂的开展是在微观尺度上进行的，且经历形核、发展和合并三个典型阶段；此类模型可以较好地描述钢材的微观空穴发展，因而受到更多的青睐。经典的离散空穴模型有 Rice 与 Tracey 等提出的空穴发展模型[108]、Hancock 和 Mackenzie 提出的应力修正临界应变模型[109] 和 Gurson 等提出的 Gurson 模型[110~112]。各通用有限元程序[102,104-105] 中均内嵌了一种或多种上述断裂模型。

对于由杆系的空间拓扑构成的大跨度空间结构，使用梁单元进行分析是一种直观的选择。但上述基于材料应力状态的断裂模型却无法应用于梁单元。这是因为，实心截面与闭口空心截面的梁单元在各截面点处应力、应变响应的计算与输出仅包含沿梁单元轴向的 σ_{11}、ε_{11} 与扭转产生 σ_{12}、ε_{12}。使用这些响应在全截面的积分可以很好地计算梁单元的内力与变形，忽略截面平面内的两个正应力对整体计算结果几无影响。但当研究深入到自截面局部起始的断裂行为时，仅考虑 σ_{11} 与 σ_{12} 显然无法实现对截面局部应力状态的正确判断。例如对于自由端施加位移使固定端受弯的悬臂梁（图 2-11），固定端附近截面受拉侧除了轴向拉伸，还有因固定端的约束及截面形状的变化而产生的截面内的拉应力。对于空心圆管构件，弯曲后期截面受压侧鼓曲使截面环向受力更为明显。但使用梁单元进行的计算在此例无扭转的工况下由于截面点仅存在 σ_{11}，无论单元如何细化，应力三轴

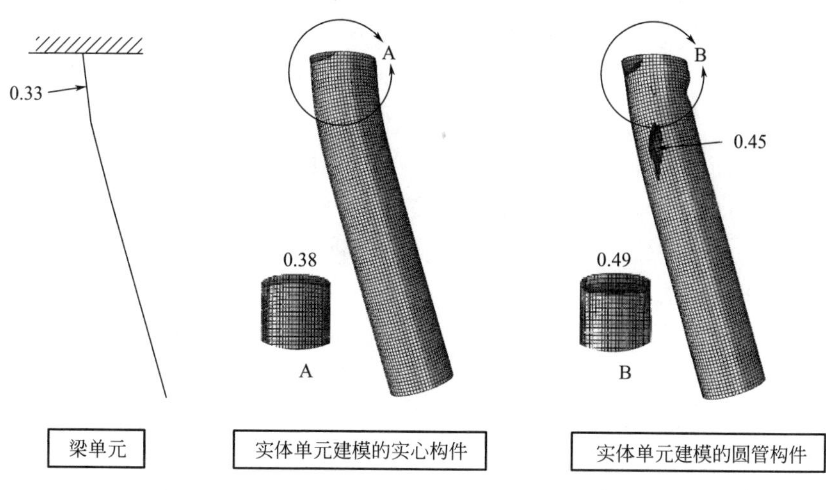

图 2-11　使用梁单元和实体单元建模的悬臂梁的应力三轴度

度都为 1/3，导致基于应力状态和等效塑性应变相结合的应力-应变联合空间的断裂模型失效。当杆件处于其他受力状态而临近发生断裂时，这种梁单元无法考虑截面内应力状态的缺点同样会导致对应力状态的错误判断。例如，轴拉杆件出现截面颈缩时，梁单元计算得出的应力三轴度（1/3）将同样低于实际的应力三轴度。

因此，对于空间结构倒塌过程中可能出现的断裂现象，为获得精确的模拟结果可在断裂局部引入实体单元并赋予正确的材料断裂模型。在整体梁单元模型中引入局部实体单元可借助一致多尺度数值计算方法实现（见本节第（6）点）。但问题在于，断裂的模拟往往要求很小的单元尺寸，而由式（2-4a）可知，尽管只引入了数量不多的实体单元，但过小的单元尺寸将显著降低整体的计算效率。另一方面，因无法预知断裂的起始位置且断裂是一个持续扩展的过程，整体梁单元模型中局部实体单元的位置无法事先确定。

鉴于此，借助韧性金属断裂模型和多尺度数值方法，提出了圆钢管构件梁单元的断裂算法，以模拟由圆钢管构件组成的空间结构在连续性倒塌过程中出现的断裂现象，详见 2.2.3 节。

（4）不连续位移场的描述

构件或节点发生断裂后，断裂面两侧的结构行为将失去连续介质特征，需要对此类不连续位移场进行描述。

基于非连续介质力学的离散单元方法[113] 和随后发展起来的块体系统不连续位移分析方法[114] 是解决不连续位移场数值描述的途径之一，且在混凝土和砌体结构的倒塌分析中得到了具体应用[115、116]。但由于离散单元的假定及系统整体运动的描述与空间结构相距较远，空间结构不连续位移场的数值描述方法仍然需要在有限单元法的框架内寻找。但是，目前已开发的界面单元[117]、集中塑性铰单元[118] 和混合铰单元[119] 等有限单元格式在处理非塑性铰模式的破坏时存在困难，且在大位移、动力分析上受到不同程度的限制；而节点分离方法[120]、单元分裂方法[121、122] 等新的有限元技术会在模型中不断引入新的自由度，导致矩阵维数膨胀。因而，目前通用的有限元程序在适当细分网格的前提下通常使用单元删除方法，即所谓的单元生死技术。该方法将失效单元直接删除，操作较简单，但单元划分要足够精细，否则将不能正确描述断裂现象及追踪失效构件的运动。

（5）冲击—接触问题

结构构件断裂之后，失效构件有可能与主体结构发生冲击和接触，甚至引起附加破坏与连锁反应。同时，整体或局部倒塌发生后也将与结构基础发生碰撞，正确地模拟这一过程对获得完全倒塌的结构形态至关重要。将模拟结果与实际破坏现场进行比照可反演事故原因，为工程技术鉴定（法工程）提供依据。

一般地，接触与冲击的概念是从（准）静态与动态的角度来界定的，静力条件下的接触问题在动力条件下就转化为冲击问题[123、124]。冲击—接触问题在结构工程领域的研究相对较少，但在其他领域已非常深入，特别是材料成型[125]、车辆碰撞[126]等实体结构的数值模拟过程。使用有限元求解冲击—接触问题的关键在于所采用的接触约束算法和接触搜索算法[127]。接触约束算法通过施加特定约束，满足接触面之间不发生穿透的边界约束条件，同时获得接触力。最基本的接触约束算法有拉格朗日乘子法[128]和罚函数法[129]。由于前者将引入新的未知量并导致一组耦合方程组，且与显式求解方法不兼容，因而较少应用于动力分析。罚函数法将引入的罚函数与界面穿透量的乘积作为接触力，近似满足无穿透的约束条件。该方法简单易用，可以较好地与通用动力有限元程序进行嵌套，因而适用于倒塌模拟。接触搜索算法[130]是通过全局搜索和局部搜索确定整个系统的接触状态。全局搜索是粗略地寻找系统中所有潜在接触对的过程，而局部搜索则在此基础上确定接触对接触状态以及计算接触点和穿透量。大规模接触问题（如汽车碰撞等）是将全局搜索过程和局部搜索过程分开的，但结构工程领域主要采用以主从面算法为代表的全局搜索与局部搜索相结合的算法。主从面算法[131]基于点—面（线）模型，适用于结构倒塌产生的冲击—接触大变形问题。而点—点模型[128]由于在摩擦滑移后方程出现非对称化，且误差偏大，即使对于小变形接触问题也已很少使用。

内嵌上述冲击—接触数值算法的通用有限元程序通常采用壳单元进行建模，因为壳单元较实体单元能显著地减小自由度，并可针对构件的几何特征对几何非线性作合理的简化处理。由于具有典型杆系特征的结构多采用梁柱单元计算结构响应，因此学者们建立了基于梁柱单元的碰撞算法[132、133]。但这些算法多是过于理想化的简化计算模型，存在明显的精度问题。因而对于大跨度空间结构的冲击—接触问题，可以借助多尺度的数值算法，通过在模型局部精细化处理碰撞区域来实现。

在高速冲击—接触过程中存在应力波的传播效应。但一般只在时间步长非常小、荷载变化又极快且加载方向受力物体的尺寸足够大时，才需要考虑应力波传播[134]。例如在“9·11”事故中，412m的建筑结构几乎以自由落体的速度、历时约10s便完全倒塌，这说明结构下部在倒塌开始时便已经由于应力波的传播效应而有所损毁[135]；事实上，倒塌期间伴有的巨大爆炸响声和大量碎块抛出，正是自维持断裂波的典型表现。然而，对于大跨空间结构的动力分析，常常可忽略应力波的传播过程，只计算多次反射后趋于稳定的动力响应，即变形、速度和加速度等随时间的发展变化。

（6）连续性倒塌数值分析中的多尺度方法

建筑结构的倒塌过程本身是多尺度的，其因（材料失效断裂）与果（结构倒塌）实际上是位于局部微、细尺度和整体结构尺度这样不同量级的空间尺度上

(图 2-12)，属于结构多尺度问题，故在倒塌数值模拟中引入多尺度方法是一个自然的选择。这里将结构多尺度问题与材料多尺度问题（从原子的位错到材料裂缝形成）划分开的好处是显而易见的，因为材料多尺度问题是多物理的，并跨越了不连续的粒子表达和场表达；而结构多尺度问题基本是在连续介质的范畴内，相当于从宏观尺度中又分开了若干尺度层次[136]。细观尺度层次上描述的是材料的行为；宏观尺度层次与结构尺度层次描述的是传统意义上的结构响应，是结构工程研究的主要尺度范畴。

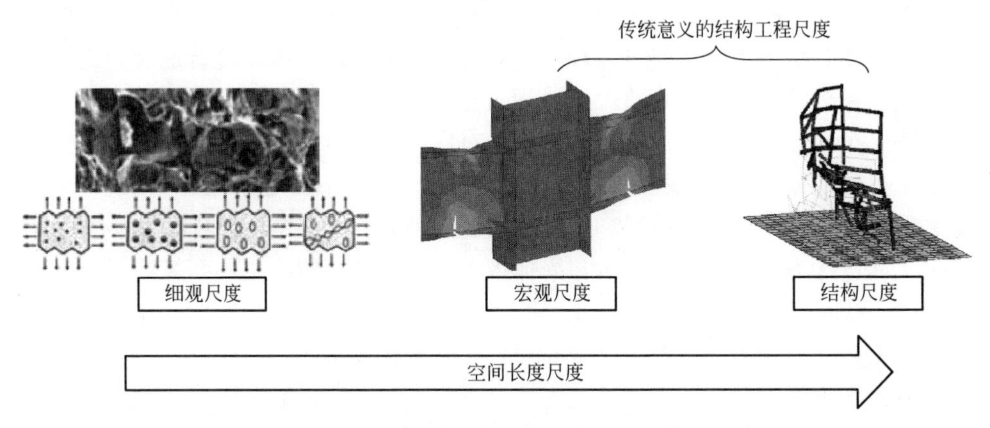

图 2-12 倒塌过程中的结构多尺度响应

采用多尺度方法的另一个出发点是，结构倒塌过程中的损伤破坏都是发生在局部，因而在局部使用小尺度模型、在其余位置使用大尺度模型无碍于正确结果的获得，而完全以最小尺度的单元进行模拟是具有难以接受的计算复杂程度的[137]。因此，多尺度数值计算可以在精度与计算代价之间寻求一个较好的平衡点[138]。多尺度模型可以分别按照信息传递方法和一致方法建立。

信息传递的多尺度方法[139、140] 首先在较低层次的尺度上建模，然后将结果放入高层次尺度模型，是一个从小到大的递阶过程，最终的求解实际上只在一个尺度（大尺度）上进行，不同尺度连接的工作体现在对较高层次的建模上。该方法适用于系统内部小尺度与大尺度的响应都很重要的问题，应用于结构建模时通常是将宏观尺度模型结果传递给结构尺度模型。此时宏观模型是使用实体单元或壳单元建立的节点及周边杆件子结构精细模型，并与微观力学材料本构相联系；而结构尺度模型使用杆单元和弹簧单元建立，其节点域弹簧参数、杆单元的应力—应变关系皆由宏观尺度模型校核得到。由该方法建立的结构尺度模型具有较好的普适性，可直接推广应用于其他分析；且各弹簧与杆件的响应代表了实际结构中不同部位的贡献，可以方便直观地了解结构的行为。

一致多尺度方法[140、141] 在不同尺度上同时建模，将区域分成不同尺度定律控制的区域，这些区域可以重叠也可以不重叠，在交界处实现连接，其针对的是局部小尺度响应比较关键的问题。基于该思想的有限元方法因其构造简便，在结构工程中应用较多。整体模型在位移场、应力场梯度较高的区域使用精细模型，而在其余部位使用梁杆单元模型为精细模型提供边界条件。根据构造方法的不同，一致多尺度有限元方法又可以分为多点约束方程方法和子结构方法[142]。一致多尺度有限元分析的难点在于寻找多尺度模型界面处节点数量不对应情况下的变形协调。连接时应在不损失宏观模型自由度的同时，尽可能不增加微观模型的额外约束。

多尺度数值计算方法在结构连续性倒塌模拟上的应用刚刚开展。Khandelwal 等[137、143～145] 进行了系统的基于信息传递多尺度的数值计算，分析了抗震设计的钢框架和带约束支撑钢框架的抗连续性倒塌性能。Bao 等[146] 应用类似的信息传递技术进行了宏观—结构尺度的多尺度计算，研究了一个典型的钢筋混凝土框架结构的连续性倒塌过程。本书 2.2.3 节将基于细观空穴的韧性金属断裂模型应用于圆钢管构件断裂的模拟，得到梁单元断裂模型，进而可应用于由圆钢管构件组成的空间结构的连续性倒塌模拟，均采用了基于信息传递多尺度的思想。3.5.3 节对可滑动铰接节点桁架的数值模拟，对下弦节点及周围杆件分别采用离散刚体单元、实体单元、壳单元和梁单元建模，成功地模拟了下弦节点沿下弦杆件的滑动起始和全过程，是一致多尺度数值方法的典型应用。

2.2.2　改进的连续性倒塌数值分析流程

(1) 分析流程

2.2.1 节第（1）点指出，现行的连续性倒塌非线性动力分析操作复杂、耗时，计算过程中的人工干预严重地影响了计算效率。本节提出改进的连续性倒塌数值分析流程，该流程基于 Abaqus/Explicit 子程序开发，分为三个分析步。使用该流程，结构的连续性倒塌分析无需重启动分析，也不需要人工操作，提高了计算分析效率。

分析步一为拟静力加载步。当结构处于弹性状态（对应承受常规荷载的状况）或仅局部位置进入塑性（对应造成损伤不大的主震作用），结构体系相当有限的耗能能力将导致需要非常长的时间才能获得静力稳定。因此，将外荷载以很短的作用时间施加在结构模型后，需要引入来自外部的黏滞力来衰减自由振动。黏滞力定义为速度 v 的函数。因为附加黏滞力的快速变化同样会引起结构体系的振动，因此一种比较平缓的黏滞力施加方式是比较合适的，故使用式（2-5）的形式。

$$F_{\mathrm{v}}=\mathrm{sign}(v)\times c_{\mathrm{v}}\times\sqrt{|v|} \tag{2-5}$$

式中，c_{v} 为用户定义的阻尼系数。合适的 c_{v} 取值依赖于结构刚度和外荷载大小，无法直接求得。通常需要对分析步一进行几次试算（计算量很小），确保 c_{v} 的取值使分析步一结束后体系动能足够小。

将此黏滞力借助 Abaqus 子程序 VUAMP 引入主程序。VUAMP 是一个幅值用户自定义程序，借助该程序可以定义每一个增量步中黏滞力幅值的函数。此处函数的变量为控制点的速度 v，其作为传感器变量（sensor）从主程序中定义输出，并使用 vGetSensorValue 函数获得 v 在每一增量步的值。整个计算过程如图 2-13 所示。

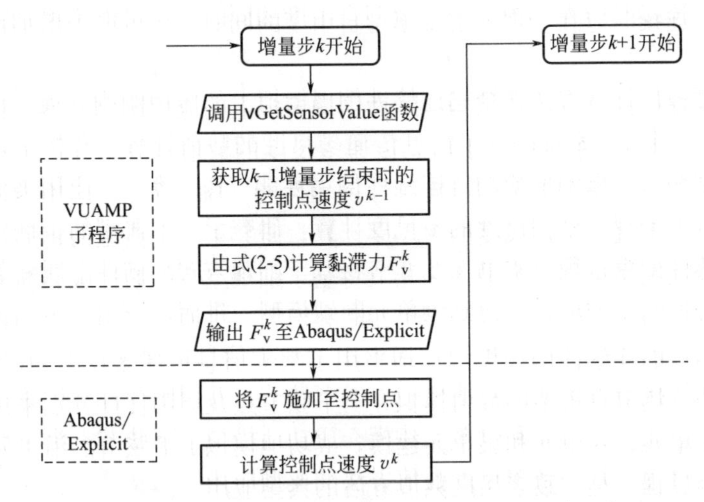

图 2-13 分析步一中黏滞力通过 VUAMP 子程序施加

分析步二为单元删除步，使用用户子程序 VUSDFLD 来改变场变量和状态变量的值，联合使用场变量与状态变量实现单元的删除及删除过程中的刚度逐步退化。Abaqus 程序中的场变量与解无关，来自于用户的定义。场变量的典型应用示例是将材料的材性参数设置成与场变量相关，而后通过改变场变量来改变材料的材性参数。而状态变量是与计算相关的，为计算过程中产生的中间量或计算结果。状态变量的重要应用是将分析结果在不同分析步之间传递与调用，另一个常用应用便是通过指定特定状态变量的值来控制单元的删除状态。

刚度退化通过不断降低单元的弹性模量实现。单元的弹性模量定义为与场变量相关（图 2-14），这样便可以在 VUSDFLD 中预定义场变量的变化趋势实现单元的刚度退化（图 2-15）。在刚度完全退化后（有限元程序为了避免奇异，材料的弹性模量不可为零，故当弹性模量退化到一个很小的值时便认为刚度完全退化），在 VUSDFLD 中将控制单元状态的场变量从 1 变为 0，实现单元的删除（Abaqus/Explicit 规定，控制单元状态的场变量为 1 时单元出于激活状态，为 0 时将单元删除，应力置零）。

分析步三为动力响应计算步，使用 Abaqus/Explicit 求解器计算剩余结构的动力响应。

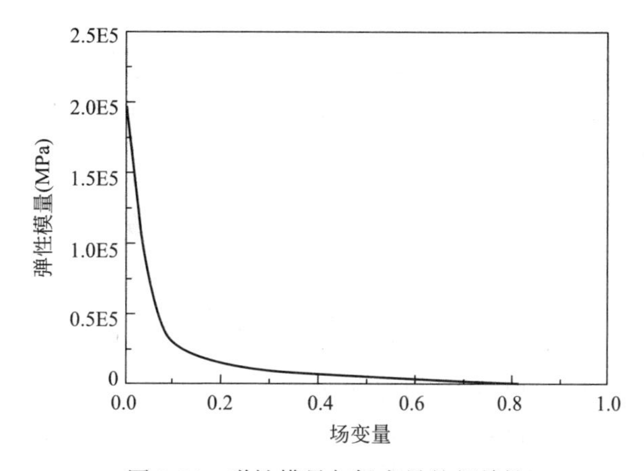

图 2-14　弹性模量与场变量的相关性

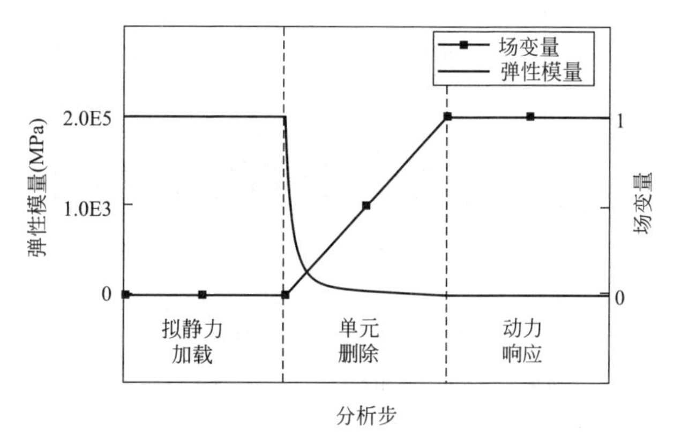

图 2-15　场变量和弹性模量在各分析步的变化

（2）算例验证

为说明此控制算法的适用性及其功能，构造一个简单的二维算例（图 2-16）：两根完全相同的弹性杆呈一定角度铰接交于一点，并在此节点处悬挂了重量为 G 的重物；两杆在支座处同样为铰接。某一时刻，左侧的弹性杆 A 突然历时 0.1s 发生断裂，研究剩余结构（弹性杆 B）的动力响应，包括结构的轴力和位移。显然的，在弹性杆 A 断裂前，两杆内力均为 0.833；弹性杆 A 断裂后其内力将迅速衰减为 0，而弹性杆 B 将经历一段时间的钟摆运动后在竖直方向获得平衡，其最终水平与竖向位移分别为 4 与 2，内力为 1。

在 Abaqus/Explicit 中建立模型，弹性杆使用二维两节点梁单元 B21 模拟，重物使用固定在弹性杆 B 底端的单位质量模拟。整个分析耗时 5s，三个分析步时长分别为 0.2s、0.1s 和 4.7s。在分析步三的最后 0.2s，在弹性杆 B 底部通过 VUMAP 施加一个水平的黏滞力，来更快地得到平衡构型，节省计算时间。

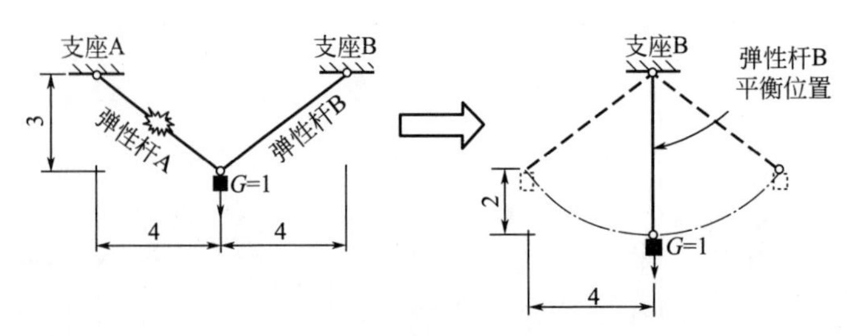

图 2-16　二维弹性杆倒塌算例

整个分析过程连续进行，计算结果见图 2-17 与图 2-18。可见，模型在 0.2s 内便已获得稳定平衡，可作为后续动力计算的初始状态，且最终的动力计算结果与预期完全相符，证明了该改进的倒塌分析流程的高效性。

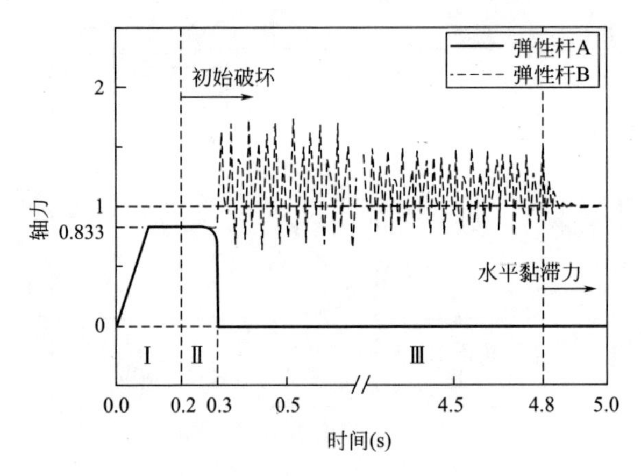

图 2-17　两个弹性杆的内力时程

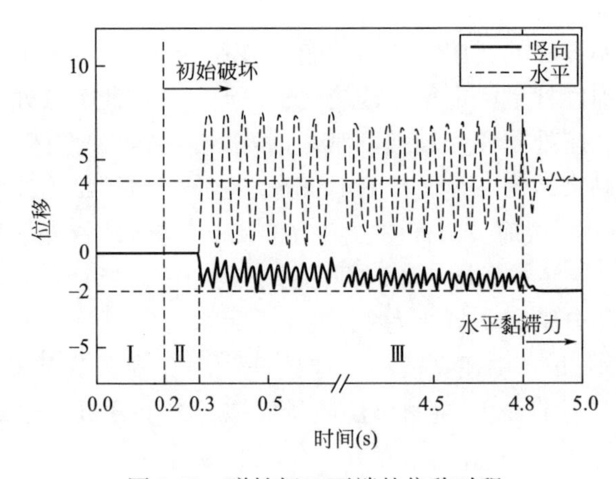

图 2-18　弹性杆 B 下端的位移时程

2.2.3 圆钢管构件梁单元断裂算法

圆钢管构件广泛应用于各类大跨度空间结构之中，此类闭口截面杆件有两种主要的破坏模式：承受拉力时为强度破坏，承受压力时因杆件长细比较大呈整体失稳破坏。对于压力作用下的整体失稳破坏模式，目前的商用显式有限元程序已可很好的模拟。杆件整体失稳后期，凸曲位置完全发展塑性，杆件轴向承载力几乎完全退化（图 2-19）。因此，对压杆失稳问题是否引入断裂对整体计算结果影响不大。但对于拉杆的强度破坏，若不为梁单元引入断裂准则，即便不考虑材料屈服后的应变硬化，发生了全截面显著塑性变形的拉杆的承载能力仍能保持。鉴于此，本节对梁单元模拟圆钢管构件拉杆的断裂进行研究。

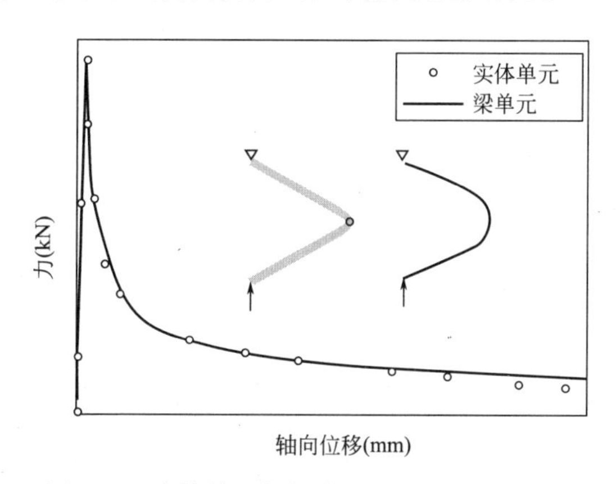

图 2-19　实体单元与梁单元对压杆失稳的模拟

在常规荷载下，空间结构杆件受拉以轴向受拉为主，弯矩比重很小。但当结构遭遇初始局部破坏后，剩余结构重获稳定平衡构型或发生倒塌的过程中则无可避免地将在局部（通常是杆件靠近焊接空心球等刚接节点的固端）产生较大的弯矩。对于轴心受拉构件，杆件在破坏前将发生明显的颈缩；对于固端存在弯矩的情况，固端将对梁截面存在明显的约束效应。两种情况都会增大局部截面的应力三轴度，加速断裂的发生。因此，将对两种情况分别考虑。在有限元建模时，对铰接杆件的梁单元采用考虑颈缩效应的断裂模型；对刚接杆件，固定端附近的梁单元采用考虑端部约束效应的断裂模型，其余位置的梁单元采用考虑颈缩效应的断裂模型。

（1）结构钢的断裂模型

在进行受拉杆件断裂的研究之前，先阐述建筑结构用钢的断裂性能和断裂模型。经典的金属塑性理论中，认为剪切是导致材料屈服的主要驱动力[147]，如最常使用的 von-Mises 屈服准则便是基于剪切应变能而推导，其中仅含偏应力张量第二不变量 J_2（式 2-6），隐含认为屈服与静水压力 σ_h 无关；静水压力与应力张量第一不变量 I_1 成正比，见式（2-7）。然而当将研究深入至金属材料的韧性断裂时，静水压力与对金属韧性可能具有的显著影响在50多年前首先为人们所知，引发了研究人员的极大关注并直接导致了各类考虑静水压力或应力三轴度的模型的出现。应力三轴度 R 是静水压力的一种无量纲的度量方式，定义为静水压力 σ_h 与等效应力 σ_{eq} 之比，见式（2-8）；其中，等效应力 σ_{eq} 是对三维应力状态向一维应力状态的一种数值等效，用于衡量三向应力状态的大小，对金属材料通常可取为 von-Mises 应力 σ_{mises}（式 2-9）。

$$\sigma_{mises}=\sqrt{3J_2} \tag{2-6}$$

$$\sigma_h=\frac{I_1}{3} \tag{2-7}$$

$$R=\frac{\sigma_h}{\sigma_{eq}} \tag{2-8}$$

$$\sigma_{eq}=\sigma_{mises}=\sqrt{3J_2} \tag{2-9}$$

当前，结构工程领域使用最广泛的钢材断裂模型就是基于钢材断裂应变与应力三轴度之间的关系而定义的。对于钢材等内含初始微空穴的韧性金属材料，Rice 和 Tracey[108] 于1969年研究了球形空穴的演化问题，提出了著名的空穴长大率公式：

$$\frac{1}{\dot{\varepsilon}}\frac{\dot{R}_{void}}{R_{void}}=0.283\exp\left(1.5\frac{\sigma_h}{\sigma_{eq}}\right) \tag{2-10}$$

式中，R_{void} 和 $\dot{R}_{void}$ 为空穴半径及演化率。此后许多学者基于上式提出了各种形式的断裂模型，例如 Johnson 和 Cook[148] 提出的 J-C 模型和 Kanvind 和 Deierlein[149] 提出空穴长大断裂模型 VGM 等。在本书中，使用式（2-11）作为钢材在拉伸状态下的断裂模型。该式直接源于式（2-10），对处于单向或多向拉伸状态的韧性金属材料具有很好的适用性。

$$D=\int_0^{\varepsilon_f}\frac{e^{1.5R}}{a}\cdot d\varepsilon_{eq}=1 \tag{2-11}$$

式中，D 为损伤因子，当达到1时材料发生断裂；ε_{eq} 为等效塑性应变；ε_f 为断裂应变；a 为模型参数，需通过材性试验校核。校核方法为：按照材性拉伸试验规范[150,151] 制备拉伸试样并进行试验，获得全过程拉伸力与标距段变形曲线；而后建立拉伸试样的有限元模型对拉伸试验过程进行模拟；通过对试样材料赋予式（2-11）的断裂模型，为使有限元获得的结果与试验曲线在材料断裂点相符，模型中的参数 a 可以通过试算的方法反推确定。对于3.1节和6.1节使用的 DIN2391 St35 级高精度精拔无缝钢管，$a=1.13$。

上述韧性金属断裂模型应用于高应力三轴度区域（即本书主要研究的杆系构件）时，其具有较好的精度；但应用于以剪切破断为主的低三轴度或负三轴度区域（如研究对象为钢结构节点）时，其精度却相对较差。为此，本书作者引入罗德参数 μ（Lode parameter，定义为第二主应力位于第一、三主应力之间的相对位置关系，与罗德角正相关），构造了基于微观机制的韧性金属统一断裂模型（图 2-20），该模型可适用于全部应力三轴度区段，其具体细节可参阅文献［152］和文献［153］，这里不再赘述。

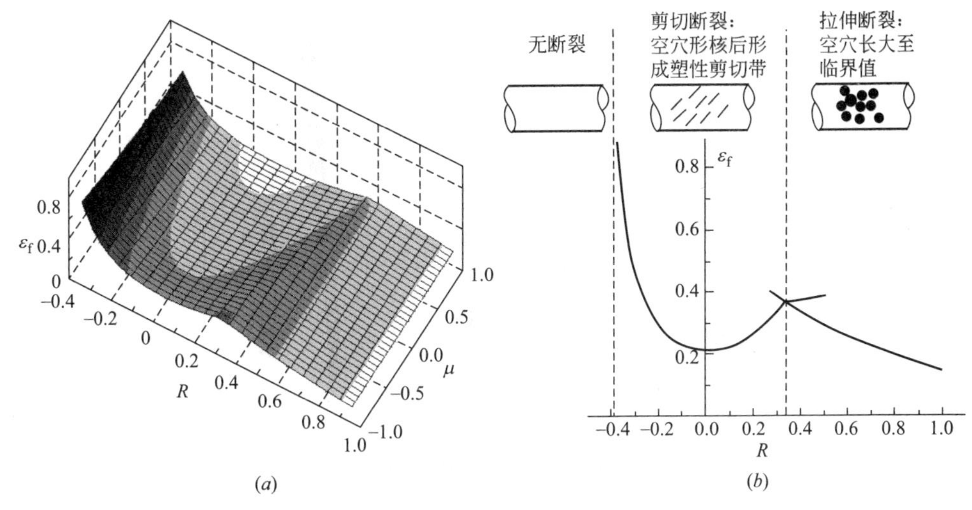

图 2-20　基于微观机制的韧性金属统一断裂模型

（a）全应力状态空间；（b）平面应力状态

（2）颈缩的影响及断裂准则

钢材等韧性金属材料在拉伸破坏前将出现明显的颈缩现象。在通用有限元程序 Abaqus 内建立轴心受拉圆钢管构件模型（图 2-21），模型为采用轴对称单元 CAX4R 建模的构件半结构，上端为固定端位移加载，下端为对称端释放水平平动约束。对材料赋予式（2-11）的断裂模型，其中 $a=1.13$。计算结果显示，颈缩范围局限于 $5.65\sqrt{S_0}$ 的长度范围内；该值为标准拉伸试样的标距段长度，S_0 为拉伸试样的截面积。断裂时的等效应变约为 0.7。颈缩截面的径向应力 σ_{rr} 几乎为 0 而环向应力 $\sigma_{\theta\theta}$ 约为 z 向应力 σ_{zz} 的 1/5～1/4；（r，θ，z）为以颈缩截面圆心为坐标原点的圆柱坐标系。因此，颈缩截面的材料比较接近单向拉伸状态，断裂时的最大应力三轴度为 0.42，仅略高于单向拉伸状态的 0.33。

为研究壁厚对圆钢管截面应力状态的影响，调整圆钢管数值模型的直径与壁厚之比 γ，范围为 10～100。结果显示对于所研究的 γ 范围，颈缩截面的应力状态几乎相同，说明壁厚对断裂应变影响非常有限。

然而，梁单元不能模拟颈缩现象。故使用多个梁单元模拟一根受拉杆件时，颈缩范围的塑性伸长将在整个杆件长度范围内被各梁单元平均，所有梁单元具有相同的伸长。颈缩的出现是因为拉伸过程中截面面积的减小造成的承载力损失大于由材料的应变硬化带来的承载力提高，故颈缩出现后外荷载不会增加，且颈缩区以外的材料的塑性应变保持不变。因此，受拉杆件的伸长为：

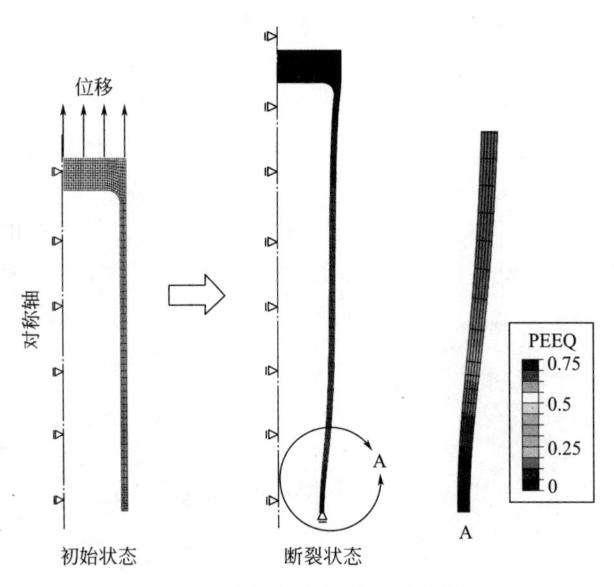

图 2-21 圆钢管颈缩断裂过程模拟

$$\Delta L=5.65\sqrt{S_0}\cdot\varepsilon_u+(L_0-5.65\sqrt{S_0})\cdot\varepsilon_{nk} \tag{2-12}$$

式中，L_0 为受拉杆件的初始长度，ε_{nk} 和 ε_u 分别为颈缩时和断裂时的名义应变。因此，对模拟整个杆件的各梁单元，断裂应变为：

$$\varepsilon_f^b=\frac{\Delta L}{L_0}=\varepsilon_{nk}+\frac{5.65\sqrt{S_0}}{L_0}(\varepsilon_u-\varepsilon_{nk}) \tag{2-13}$$

空间结构中常使用的圆钢管构件的长度显然都远大于进行材性试验时的标距段长度，即 $L_0\gg5.65\sqrt{S_0}$。因此，梁单元断裂应变 ε_f^b 大于 ε_{nk} 但小于 ε_u。系数 $\beta=5.65\sqrt{S_0}/L_0$ 决定了 ε_f^b 与 ε_{nk} 和 ε_u 的相对关系。对于梁端铰接的构件，长细比 $\lambda=L_0/i$，其中 i 为截面的回转半径。对于圆管截面，截面面积和回转半径可以近似的计算为 $S_0=\pi(D-t)t$，$i=0.35(D-t)$。因此：

$$\beta=\frac{28.6}{\lambda\sqrt{\gamma-1}} \tag{2-14}$$

空间结构中的圆钢管构件长细比普遍较大而壁厚较薄。若取 $\lambda=100$、$\gamma=20$，则 $\beta=0.066$。因此，使用梁单元模拟受拉圆钢管构件时，可取轴向塑性应变 ε_{11}^p 达到颈缩名义应变 ε_{nk} 为断裂准则。

(3) 梁端约束的影响及断裂准则

当圆钢管构件的端部通过焊接的方式连接于节点或其他构件时，拉伸造成的截面缩小在端部受到约束，形成多向拉伸的应力状态。这是梁单元无法模拟的。为使基于梁单元的计算能对材料的断裂作出相对正确的判断与模拟，本书在研究不同受力状态下圆钢管截面受到杆端约束而发生断裂行为的基础上，提出依据梁单元的轴向塑性应变 ε_{11}^{p} 判定梁单元截面点失效与单元断裂的准则。所使用的方法实际上是一种信息传递多尺度的方法，即将小尺度精细单元的计算结果作为大尺度结构单元性能的依据与基础。具体操作过程为，首先进行可考虑韧性断裂的实体单元的数值计算，寻找断裂发生时刻、位置及沿轴向塑性应变 ε_{axial}^{p}；而后进行暂未考虑材料断裂的梁单元的计算，提取实体单元断裂发生时刻的、对应断裂位置的梁单元的轴向塑性应变 ε_{11}^{p}，即为特定算例的基于梁单元计算的断裂轴向塑性应变。

在通用有限元程序 ABAQUS 中使用实体单元 C3D8R 建立两个圆钢管构件模型（图 2-22）。构件一端固接，另一端施加位移：Tube-A 模型中位移沿水平方向，Tube-B 模型中位移沿斜向上方向，斜率为 1∶10。模型网格单元尺寸为 0.5mm，并对材料赋予式（2-11）的断裂模型。结果显示，断裂发生于靠近固端截面的受拉侧，且断裂发生前由于固端的约束效应使截面形状发生了改变：对于 Tube-A，截面收缩收到固端的约束，出现了轻微的颈缩；对于 Tube-B，固端弯矩使截面一侧受压并发生局部失稳鼓曲。

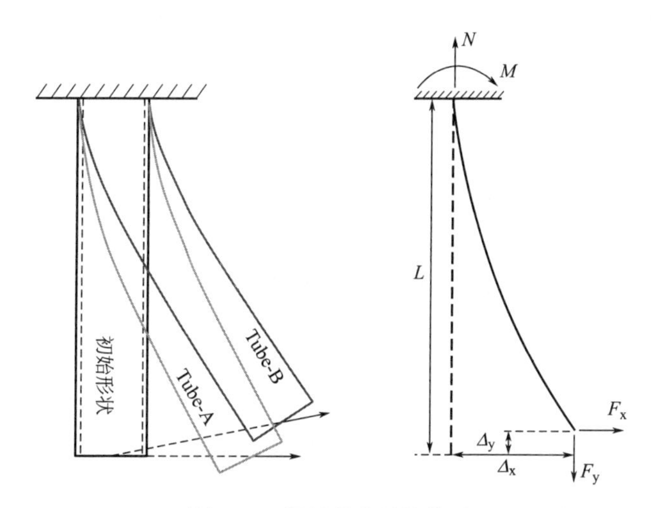

图 2-22　梁端约束计算模型

使用梁单元 B31 对 Tube-A 和 Tube-B 建模，单元尺寸为 20mm。提取自由端反力，并与使用实体单元的模型对比（图 2-23）。结果显示，尽管杆件在固端局部出现了截面变形，但梁单元模型与实体单元模型吻合程度很好，说明可以使用梁单元模拟圆钢管杆件，并获得准确的杆件整体响应。然而，梁单元无法反应截面局部的应力状态变化，故无法准确预测断裂的发生。

对比实体单元的 Tube-A 模型与 Tube-B 模型，断裂发生时断裂位置的塑性应变并不相同：前者断裂应变约为 0.29，后者仅为 0.23，见图 2-24。这是因为两个模型固定端的应力状态不同，而应力状态的不同则是不同的轴力和弯矩比例造成的：Tube-B模型杆端的弯矩相对更大，受压侧的压应力更大，造成截面的鼓曲，在受拉侧形成更大的环向拉应力，造成断裂的提前发生。为确定拉弯组合作用中弯矩作用的相对强弱，将正则化后的弯矩与轴力之比定义为“弯矩-轴力比”α：

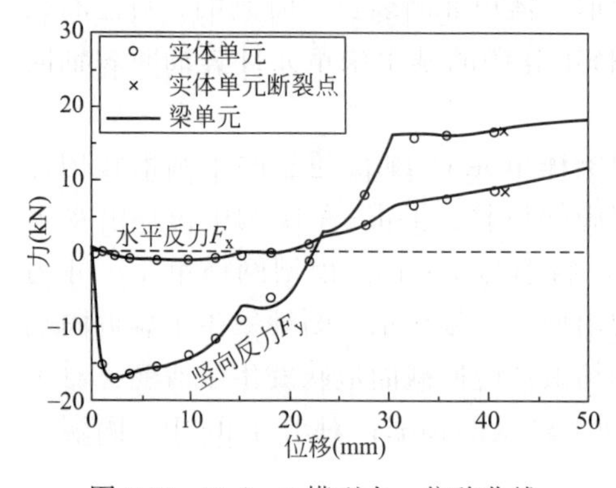

图 2-23　Tube-B模型力—位移曲线

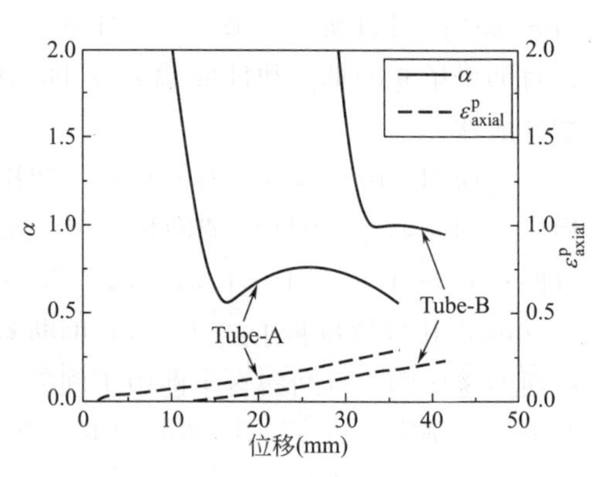

图 2-24　加载过程中的轴向塑性应变和弯矩—轴力比

$$\alpha=\frac{\overline{M}}{\overline{N}} \tag{2-15}$$

式中，$\overline{M}$为正则化弯矩，定义为固端截面弯矩M与构件全截面塑性弯矩M_p之比；$\overline{N}$为正则化的轴力，定义为固端截面轴力N与构件屈服轴力N_y之比：

$$\overline{M}=\frac{M}{M_p}=\frac{M}{f_y \cdot W_p} \tag{2-16}$$

$$\overline{N}=\frac{N}{N_y}=\frac{N}{f_y \cdot A} \tag{2-17}$$

式中，f_y为材料屈服强度；W_p为截面塑性模量；A为截面面积。固定端的弯矩和轴力可由加载段两个方向的反力F_x、F_y确定（式 2-18、式 2-19）。相关符号含义见图 2-22。

$$M=F_x \cdot (l-\Delta_y)-F_y \cdot \Delta_x \tag{2-18}$$

$$N=F_y \tag{2-19}$$

分别计算Tube-A与Tube-B模型的“弯矩-轴力比”α，可见后者的α值始终大于前者（图 2-24）。这与预期是相符的。然而，对于图 2-22 所示的简单的自由端运动轨迹，杆件固端的α值并不恒定。为研究α值对圆钢管杆件固端断裂应变的确切影响，采用自由端施加外力荷载的方式，通过用户子程序VUMAP控制自由端的荷载，使得杆件固定端的α值保持恒定。具体做法为：在整个分析中，保持自由端的水平外力F_x线性增加；在每一个分析步中，提取前一个分析

步的自由端位移 Δ_x 和 Δ_y，通过式（2-20）计算当前增量步的自由端竖向外荷载 F_y。

$$F_y=\frac{F_x\cdot(l-\Delta_y)}{\Delta_x+\alpha\cdot\dfrac{M_p}{N_y}} \tag{2-20}$$

共进行 9 个模型的计算，即模型 Tube-0.2、Tube-0.4、Tube-0.6、Tube-0.8、Tube-1、Tube-2、Tube-3、Tube-4 和 Tube-5，其固定端的 α 值分别为 0.2、0.4、0.6、0.8、1.0、2.0、3.0、4.0 和 5.0。为保持固定端上述 α 值在加载过程中的不变，各模型自由端的运动轨迹如图 2-25 所示。提取各实体单元模型固定端断裂时刻的断裂位置（受拉侧）的临界轴向塑性应变 ε^p_{axial}，同时提取同一时刻各梁单元模型最靠近固定端单元的轴向塑性应变 ε^p_{11}，统一绘于图 2-26。

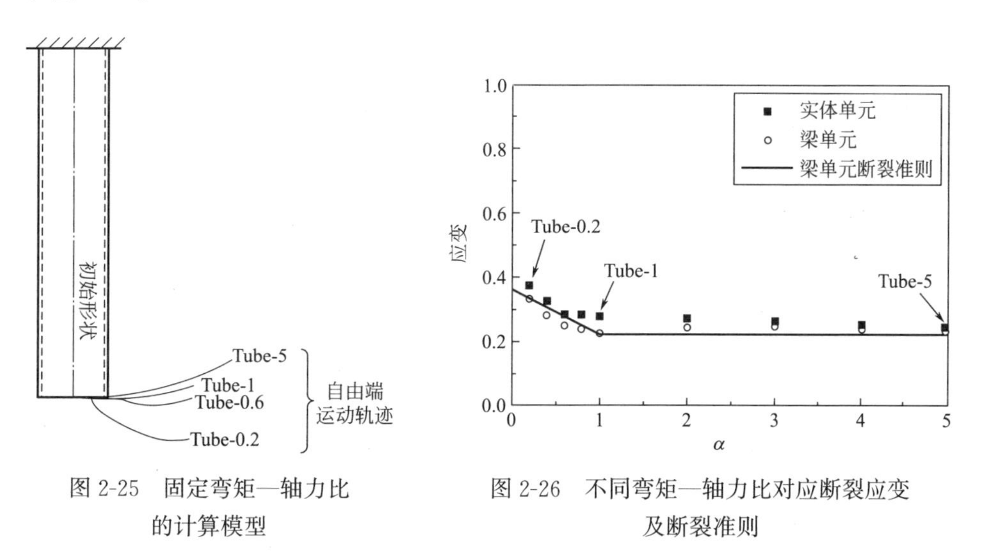

图 2-25　固定弯矩—轴力比的计算模型

图 2-26　不同弯矩—轴力比对应断裂应变及断裂准则

实体单元模型的计算结果显示，对于 α 处于（0，1）范围内的模型，在固定端受拉侧出现材料点断裂时刻，固定端的临界轴向塑性应变 ε^p_{axial} 随 α 的增大而线性减小；而当 $\alpha \geqslant 1$ 时，ε^p_{axial} 与 α 依旧呈线性负相关，但斜率骤然减小，曲线已接近水平。这是因为，当圆钢管构件弯矩起主要作用时，固定端附近因截面受压侧的局部失稳鼓曲而出现显著的环向应力，应力三轴度增大致断裂加速。此时，弯矩成分的继续增长并不改变环向应力出现的机理，故断裂应变的降低有限。然而，当弯矩所占成分减小并越过临界点以致圆钢管构件由轴拉力起主导作用时，固定端截面转而出现颈缩趋势，与截面受压侧失稳鼓曲造成的环向扩张相互抵消，以致断裂应变快速升高。

对于基于梁单元的计算，最靠近固定端的单元轴向塑性应变 ε^p_{11} 与实体单元

临界轴向塑性应变 ε^{p}_{axial} 非常接近（图 2-26），故若以 ε^{p}_{11} 作为梁单元考虑固端约束效应的断裂判据，该判据将同样以 $\alpha=1$ 分界。由于梁单元积分点位于单元中部，积分点处的轴向塑性应变总小于断裂发生的实际位置（固定端附近）的轴向塑性应变；但细化梁单元有助于减小这种差别，计算中采用的梁单元长度与圆钢管的直径相同，此时已能较准确地捕捉到固定端的弯曲变形及轴向塑性应变发展。

第3章

平面桁架结构连续性倒塌分析与设计对策

空间结构中非常普遍且重要的一类结构是由多榀相同平面单元构成，每一榀单元以平面受力为主要特征，平面外由檩条、支撑、拉杆等构件拉结形成具有一定空间受力特性的结构体系。平面桁架是此类结构最基本、最常见的结构单元。因此，理解平面桁架的连续性倒塌行为，是进行包括桁架结构体系、空间网架等更多类型空间结构连续性倒塌的基础。同时，通过对构型最简单的平面桁架的研究，可调试、验证第2章构建的空间结构连续性倒塌研究框架。

3.1 平面桁架结构连续性倒塌试验

进行平面桁架单元模型的连续性倒塌试验研究，在试验室条件下重现它们的连续性倒塌过程，是后续研究的基础与依据。

近年来，大跨度结构中使用的桁架结构多为管桁结构。相较传统型钢桁架结构，管桁结构具有节点形式简单、刚度大、几何特性好、流体动力特性好、利于防锈与维护清洁等优点；特别是随着多维数控切割技术的发展，相贯节点管桁结构在大跨度建筑中得到了前所未有的广泛应用[154]。管桁结构结构形式基本与传统桁架结构相同，有华伦（Warren）式、普蜡（Pratt）式、芬克（Fink）式等诸多形式，其中Warren式桁架是最经济的构型之一，且规则的形状布置具有更大的空间满足放置机械、电气及其他设备的需要，因此使用最广。本次试验的研究对象选定为Warren式管桁结构。

进行桁架结构模型的设计与加工时，节点构造、特别是节点刚度是一项关键问题。对于管桁结构或是传统桁架结构，采用完全铰接节点假定（弦杆在节点处间断、腹杆与弦杆铰接连接）确定杆件内力时具有足够的精度而为结构设计与内力计算所广泛采用。然而，对于如Warren式桁架等采用完全铰接节点假定后成为静定结构的桁架形式，在以局部构件初始失效为开端的倒塌工况下，整体结构将转变为几何可变的机构而必然发生倒塌。此种倒塌模式忽略了管桁结构中连续弦杆提供的抗弯能力，有悖于实际可能出现的倒塌模式且低估了结构的抗倒塌能力。故对于桁架结构的连续性倒塌分析与设计，节点完全铰接假定显然是不适用的。因此，本试验的研究对象选为直接焊接相贯节点桁架（记为焊接桁架 truss-WJ）及另外两种具有节点理想简化假定形式的桁架：弦杆连续、腹杆与弦杆铰接连接桁架（记为铰接桁架 truss-PJ）和弦杆连续、腹杆与弦杆刚接连接桁架（记为刚接桁架 truss-RJ）。此两种节点构造的刚度代表了直接焊接相贯节点刚度的两个边界，故对这两个桁架模型的研究有助于理解不同节点刚度的管桁结构的抗连续性倒塌性能。

3.1.1 试验概述

(1) 试验模型

为保证试验桁架模型跨度、高度和腹杆、弦杆截面尺寸之间的合适比例关系，使试验结果对工程设计具有足够的参考意义，将国家建筑标准图集 06SG515-1《轻型屋面梯形钢屋架（圆钢管、方钢管）》[155] 中的 YWJ15-2 型屋架（图 3-1）进行缩尺，并适当简化以得到节点焊接桁架模型 truss-WJ（图 3-2）。原型屋架为对称双坡面屋架，跨度为 15m，柱间距 6m，与柱的连接为铰接支承。钢材采用 Q235-B 级钢。荷载标准值分别为（不包括屋架自重）：恒载 0.3kN/m²，活载 0.7kN/m²。

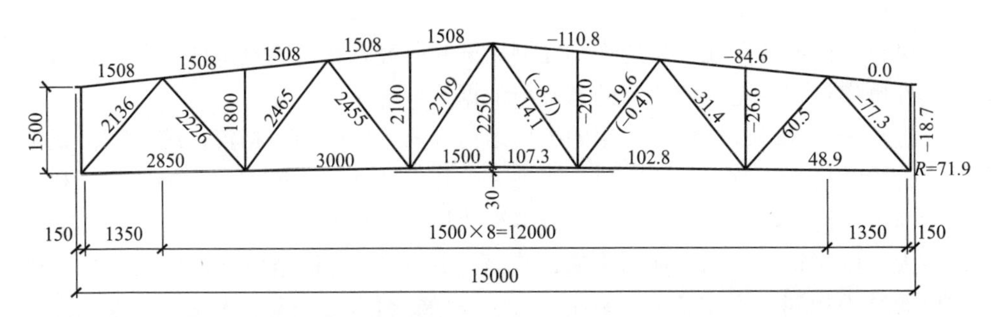

图 3-1 YWJ15-2 型屋架单榀平面几何尺寸及内力（单位：kN，mm）

综合考虑试验场地、杆件截面及荷载大小，缩尺比例确定为 1∶3.75。由原型结构至试验模型的简化包括：①将对称双坡面屋架简化为相同跨度及高度的平面桁架结构；②桁架中不设竖腹杆；③适当增大杆件截面尺寸，杆件截面尺寸见表 3-1。为方便描述，将桁架模型各节点与杆件编号，上弦各段杆件、腹杆、下弦各段杆件分别为 UC1～4、W1～10、LC1～5，上弦各节点和下弦各节点分别为 UJ1～5 和 LJ1～6，如图 3-2 所示。模型杆件所用材料为 St35 级高精度精拔无缝钢管，其材性参见表 3-1。

试验模型桁架构件几何尺寸与材料材性（单位：N，mm）　　表 3-1

	YWJ15-2 型屋架		试验模型桁架				A_m/A_s
	原型尺寸	缩尺尺寸	截面尺寸	屈服强度	极限强度	延伸率	
上弦杆	ϕ102×4	ϕ27.2×1.07	ϕ25×1.5	300	409	26%	1.26
下弦杆	ϕ76×3	ϕ20.3×0.8	ϕ20×1	305	418	26%	1.22
端斜杆	ϕ70×3.5	—		—			—
竖腹杆	ϕ51×2	—		—			—
斜腹杆	ϕ70×2	ϕ18.7×0.53	ϕ14×1	278	415	35%	1.35
	ϕ60×2.5	ϕ16.0×0.67					1.27

注：A_m 与 A_s 分别为试验模型构件与理想缩尺模型构件的截面积。

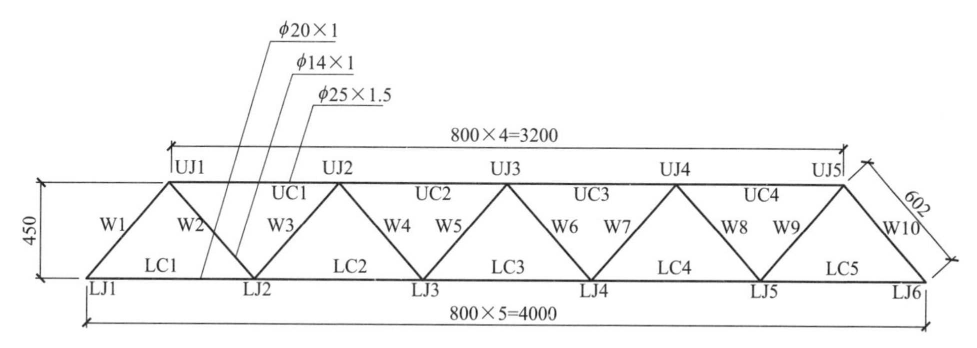

图 3-2　truss-WJ 模型几何尺寸（单位：mm）

铰接桁架模型（truss-PJ）和刚接桁架模型（truss-RJ）的平面几何尺寸与truss-WJ 完全相同，仅在节点构造处存在差别。精细化的节点设计与加工，保证节点能够实现预期的理想铰接与刚接，对完成本试验至关重要，也是试验模型设计的重点。本试验中，节点的连接应具备以下性能：①能较精确地体现节点处腹杆与连续弦杆铰接或刚接的节点连接特性；②较小的几何尺寸，对桁架模型整体受力性态影响较小；③不致对所连接弦杆与腹杆造成削弱，对单根构件的受力影响较小；④能在节点位置施加试验节点荷载。在同济大学陈以一等完成的开创性桁架模型倒塌试验[25]中，曾开发了铰接节点与刚接节点连接构造。节点处使用“节点件”作为腹杆与弦杆连接的媒介，即腹杆与贯通弦杆分别连接至节点件上，两者之间不直接接触。同时，两种节点连接件在构造上都采用了“加工腹杆”的方式实现腹杆与节点件的连接：节点铰接通过在腹杆与节点件上开孔并穿过销轴，使腹杆具可绕销轴平面内转动的能力；而节点刚接则通过在腹杆端部开内螺纹，与节点件上的外螺纹匹配连接。然而，无论是开孔或是开内螺纹，都将对腹杆产生局部截面的削弱。在伴随着强几何非线性与材料非线性的倒塌过程中，截面局部削弱位置表现出非常大的局部应力与变形集中，以致试验模型呈现出节点区域杆件开孔或开螺纹处拉断致连续性倒塌这一破坏模式。此破坏模式显然不会发生于实际结构中，对实际工程的指导意义不足；也很难将铰接桁架和刚接桁架的试验结果比照，研究节点刚度对于桁架结构抗连续性倒塌性能的影响。

因此，对于 truss-PJ 和 truss-RJ 模型，弦杆、腹杆与节点件使用焊缝连接，不在杆件上进行可能导致局部削弱的加工。节点件的主体为开半圆柱槽的上、下钢块与钢套筒：钢块分别从上、下将弦杆夹住，使用高强度螺栓将其夹紧并使用焊缝固定；腹杆端部插入钢套筒，在接口处使用焊缝固定。铰接节点和刚接节点的区别在于钢套筒与钢块的连接方式。对于铰接节点（图 3-3），钢套筒与钢块通过“座板-销轴-耳板”的构造实现铰接连接，座板与耳板分别位于钢套筒的端部与钢块的外表面。对于刚接节点（图 3-4），钢套筒直接焊接于钢块上，保证腹杆与弦杆的全强刚性连接。节点件各部件均采用机械加工以满足装配的要求；特别是铰接节点件中的“座板-销轴-耳板”构造，恰当的公差控制应保证腹杆可以绕节点件钢块自由转动。同时，在钢块上另开设加载用螺杆安装孔，方便节点荷载的施加。

对于采用腹杆与弦杆直接焊接构造的 truss-WJ 模型，于直接焊接相贯节点的上表面焊接固定一个加载钢块（图 3-5）。此钢块并不参与节点连接，其上开设螺杆安装孔用于施加节点荷载。

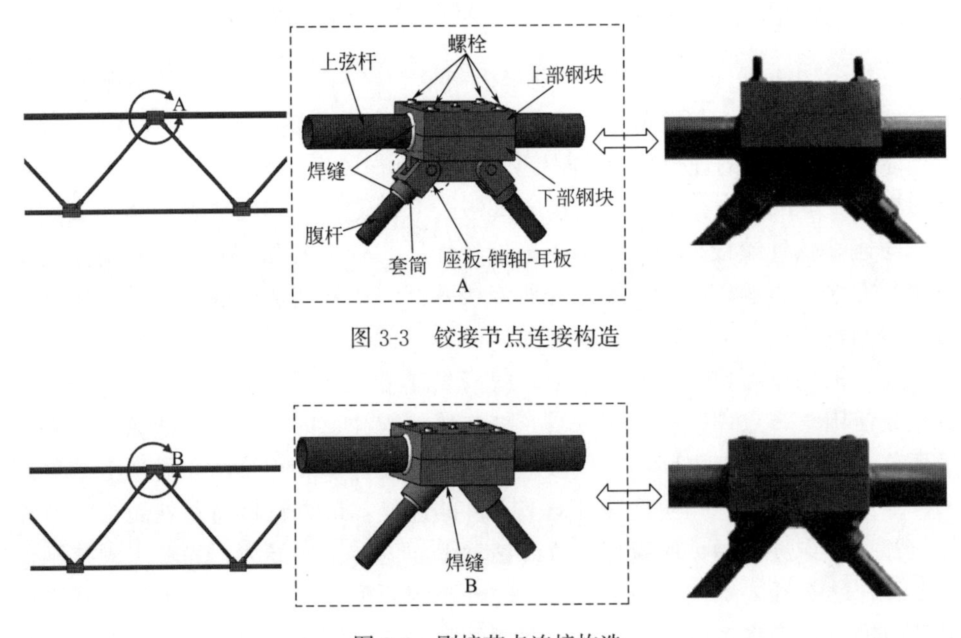

图 3-3　铰接节点连接构造

图 3-4　刚接节点连接构造

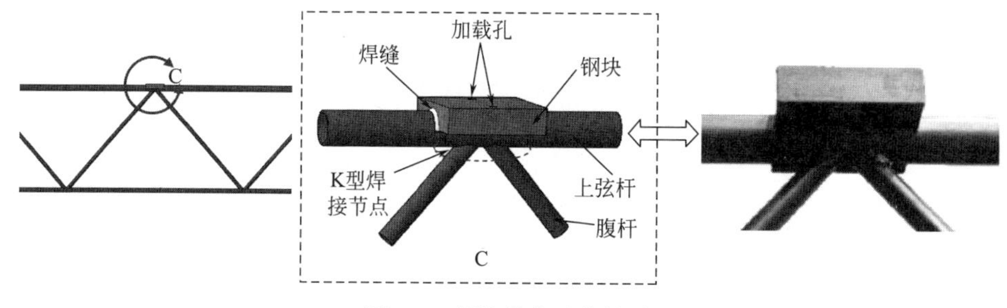

图 3-5 焊接节点连接构造

(2) 试验装置

为完成具有基准试验意义的桁架模型倒塌试验，桁架模型端部约束采用固定的铰接支座，而不考虑端部水平约束刚度差异的影响。同时，试验模型的反力支座的设计仍有两点需注意：第一，试验模型的连续性倒塌过程中，其支座处将有远超过静力加载的反力需求，故反力支座设计时所取荷载应按整个倒塌过程中的最大反力确定，并应使用地锚与试验室地坪牢固连接；第二，反力支座的高度确定应充分考虑倒塌过程中模型的竖向挠度及模型上吊载的竖向位移，即应能提供充足的净空高度（图 3-6)。

图 3-6 模型安装及约束装置总览

特别地，对于平面桁架试验，为保证结构模型在倒塌过程中保持平面变形特征，需防止模型出现平面外的失稳。故试验时，在平面桁架的平面外两侧都设置了由有机玻璃板、侧向约束框和侧向约束反力架构成的平面外约束装置（图 3-7)。有机玻璃板通过螺栓孔固定于侧向约束框，其视觉通透性不会影响对试验的观测。侧向约束框安装于侧向约束反力架与反力支座之上。另外，有机玻璃板上需要增设由有机玻璃制作的加劲肋以增大板的面外刚度。

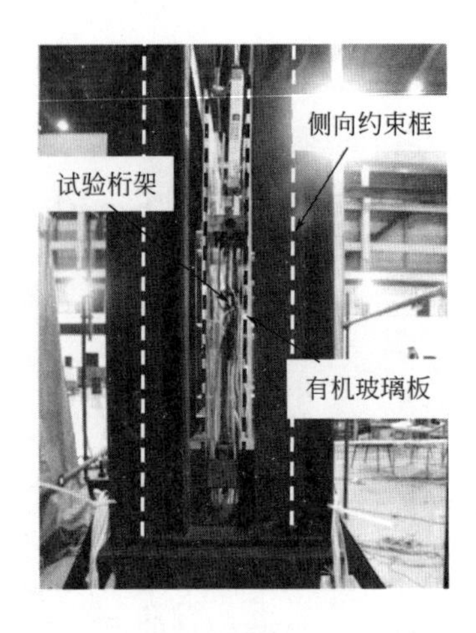

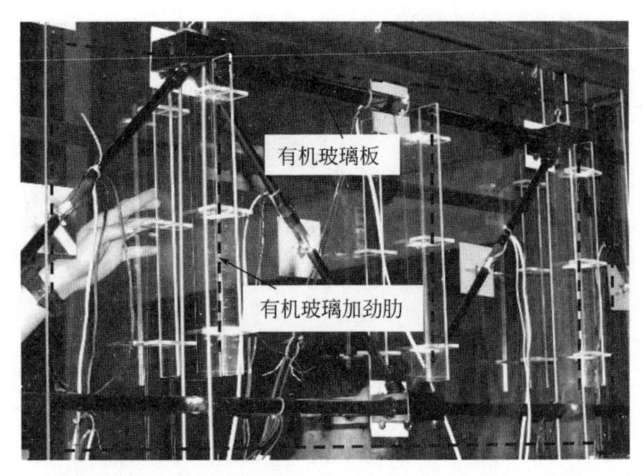

图 3-7 模型的侧向约束

(3) 试验荷载

按照 2.1.3 节连续性倒塌试验荷载计算方法确定试验荷载。施加于模型上的试验荷载由两部分组成。将跨度为 15m 的实际屋架结构按 1∶3.75 缩尺至跨度为 4m 的桁架模型时，按相似关系需附加自重补偿荷载。计算时，三个模型的自重均以 truss-WJ 为基准，节点件的重量作为自重补偿荷载的一部分处理。所有重量均按理论体积与钢材密度（7850kg/m^3）乘积计算。原则上该补偿荷载对于三个桁架模型应是相同的，但由于不同模型之间节点件的重量差异较大，因此每个桁架模型最终的自重补偿荷载确定为如表 3-2 中自重补偿一列所示数值。自重补偿荷载均分为 5 份分别施加于 5 个上弦节点。

模型结构所受屋面荷载的计算按式（2-2）计算，荷载组合取为 $1.2S_{Gk}+0.5S_{Qk}$。原型实际屋架结构所承受的屋面恒载与活载标准值分别为 0.3kN/m^2 和 0.7kN/m^2。然而经分析知此荷载水平下模型结构的应力水平较低，局部单根构件的破坏不易造成整体模型的垮塌。故将屋面荷载的标准值调整为恒载 0.7kN/m^2 和活载 1.5kN/m^2。此时，将作用于上弦杆的分布荷载作为节点集中荷载施加于临近的上弦节点，节点荷载值见表 3-2 的最后一列所示。

试验荷载值的计算（单位：N）　　表 3-2

	模型重量				自重补偿		恒载+活载		总计
	上弦	腹杆	下弦	节点件	理论值	考虑节点件	UJ1、UJ5	UJ2～UJ4	
truss-WJ	27.9	18.2	18.2	52.4	177.1	124.7	990	1921	7866
truss-PJ	27.9	15.1	18.2	187.3		−10.2			7732
truss-RJ	27.9	16.4	18.2	161.9		15.2			7757

综合荷载大小及多种加载方式的可能性，最终确定使用挂载的方式进行加

载。自上弦节点件上预留的加载孔内向下安装两根螺杆，螺杆底部安装一块加载底板用于放置砝码。制作了大量的10kg、5kg及2kg的钢块砝码，利用它们的组合实现对各模型约8kN的外荷载施加（表3-3，图3-13）。

使用标准砝码对模型进行加载（单位：kg）　　表3-3

	UJ1、UJ5				UJ2、UJ3、UJ4				总计	
	10kg	5kg	2kg	总计	10kg	5kg	2kg	总计	理论值	砝码
truss-WJ	2	16	2	104	16	7	2	198	802.7	802
truss-PJ	2	16	1	102	16	7	—	195	789.0	789
truss-RJ	2	16	1	102	16	6	3	196	791.5	792

经静力计算，在上弦节点荷载施加此荷载时，构件均以承受轴向力为主；各模型受力差别不大，且都满足挠度与应力的设计要求。以truss-PJ模型为例（图3-8），其跨中挠度为3.35mm，小于挠度限值（挠度限值为4000/400＝10mm）；在考虑构件稳定影响后，各构件中计算应力最大的为最外侧的腹杆，达到278MPa，刚刚小于腹杆材料的屈服强度。

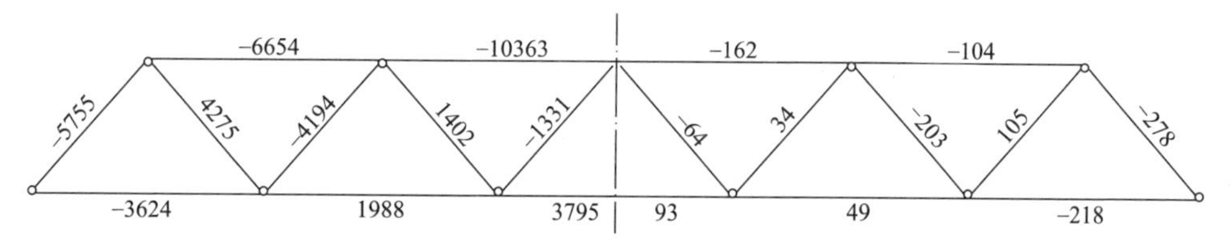

图3-8　铰接桁架模型在试验荷载下的轴力与考虑受压杆稳定后的计算应力
（左侧为轴力，单位为N；右侧为应力，单位为MPa）

（4）高频动应变与动位移测量

对于所有模型，在所有杆件的跨中位置布设应变测点；同时，因预分析知初始破断位置附近的上、下弦杆端部及truss-WJ模型和truss-RJ模型的腹杆端部会产生显著的弯曲并发展塑性，在这些位置也布设应变测点（图3-9、图3-10）。这些应变测点的应变采样频率为100Hz。为获得初始破断构件及周围结构构件的超高频应变响应，在这几根构件上又增设了采样频率为10kHz的应变测点（图3-11）。对于每一个应变测点，在其截面上布置三个呈120°夹角的单向片

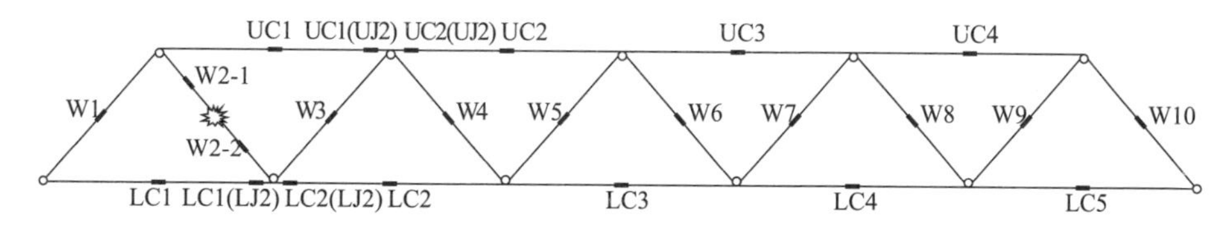

图3-9　truss-PJ模型的100Hz应变测点布置

(图 3-12)。使用此三个单向片可以获得此截面的平均应变值，且在平截面假定下可以求得截面最上部与最下部边缘纤维的应变值，用以衡量截面所受弯矩的大小。

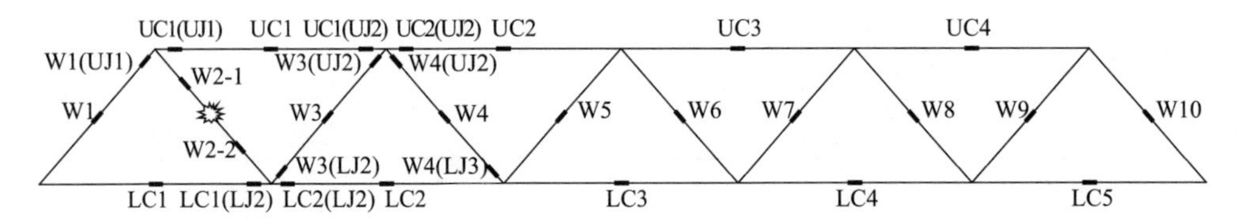

图 3-10　truss-WJ 模型和 truss-RJ 模型的 100Hz 应变测点布置

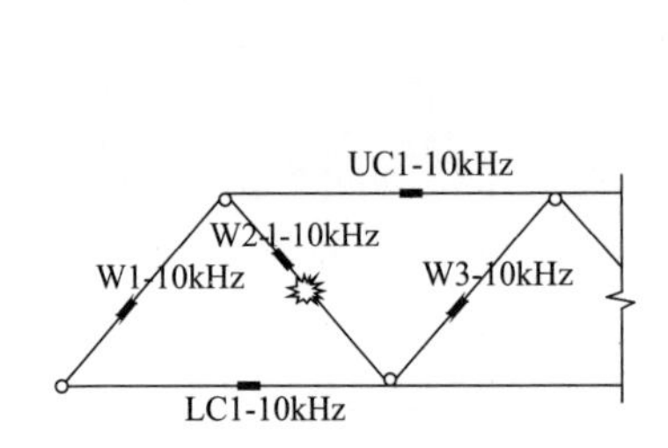

图 3-11　10kHz 的应变测点布置

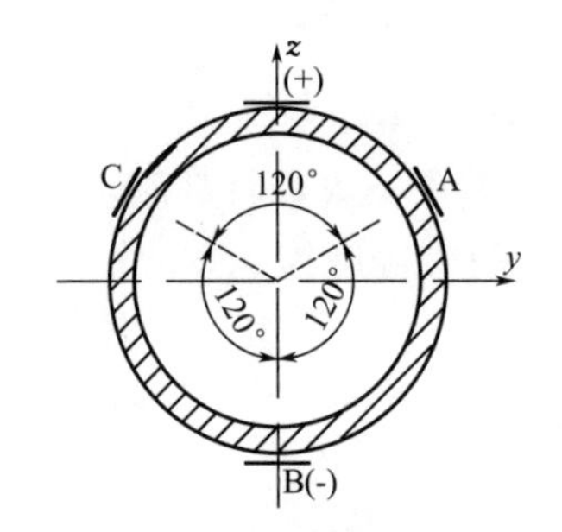

图 3-12　每一个应变测点设三个单向片

对桁架模型节点的动位移的测量采用本书 2.1.2 节第（2）点介绍的高速摄像测量技术进行。试验中，使用相机为非量测高速 CMOS 相机 Basler acA2040-180km，其分辨率为 2048×2048，帧频达到 180 帧/秒。

(5) 试验流程

整个试验分为静力加载与连续性倒塌两个阶段。所有模型试验均以 W2 作为初始破断构件，其理由有三：首先，在以往的桁架或网架屋盖结构倒塌案例中，腹杆容易因与弦杆的连接出现设计、施工错误或受载过大而发生失效或受压失稳，故触发倒塌的初始局部破坏位置多是腹杆；其次，由于本试验的一个主要研究目的是体现节点刚度对抗倒塌性能可能存在的影响，因此希望构造出一种具有很大节点转动的变形模式，内部腹杆的破断将使原本稳定的三角形单元向不稳定的平行四边形转变，势必产生非常大的节点转动；最后，在所有内部腹杆中，W2 的内力最大，其失效将产生最大的不平衡力。

在静力加载阶段，将初始失效装置安装于 W2 腹杆之上，并始终保持电磁铁的通电状态。而后将设计荷载以挂载砝码的形式分为 10 级逐步加至桁架模型之上（图 3-13）。这个过程至少需要 10min。鉴于高速摄像机（180Hz）与超高速应变采集仪（10kHz）单位时间内的数据量巨大，因此在此过程中仅保留 100Hz 动静力应变采集仪的连续采集状态；而高速摄像机只在静力加载开始前启动 3s 捕捉模型的初始构型，超高速应变采集仪仅于静力加载每两级的稳定状态采集一次，每次历时 5s。连续性倒塌阶段将以初始破断装置中的电磁铁的断电为开端，持续时间极短，所有数据采集设备在电磁铁断电前全部重新开启或恢复连续采集状态（图 3-14）。

图 3-13 静载阶段将砝码挂载加于上弦节点

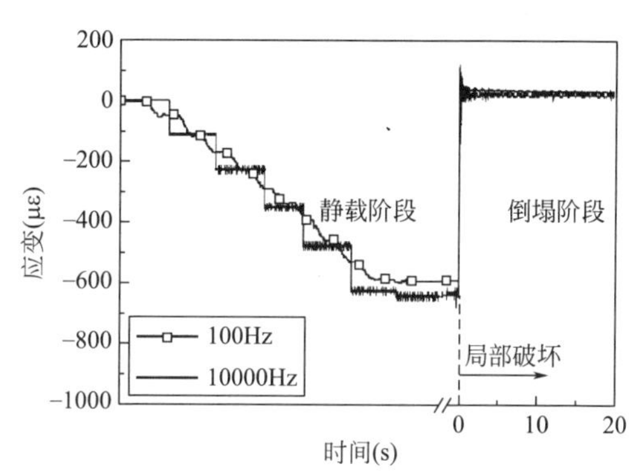

图 3-14 truss-WJ 模型 W1 腹杆的全程应变曲线

3.1.2 试验结果

(1) truss-WJ 模型

W2 失效后，truss-WJ 模型在瞬间产生了非常大的竖向位移，经过不到 0.5s 后重新获得稳定状态。此时，初始局部失效被限制在了由 W1、UC1、W3 和 LC1 围成的四边形区格中，破坏未扩展至其他结构单元（图 3-15）。

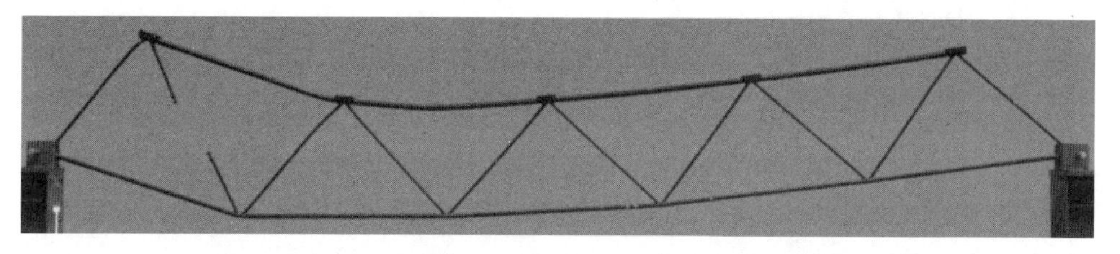

图 3-15 truss-WJ 模型在 W2 腹杆初始失效后的新的平衡构型

truss-WJ 模型中，W3 腹杆及两端的 UJ2 与 LJ2 节点的竖向位移最大，约为 265mm（图 3-16）。图 3-17～图 3-19 给出了所有杆件跨中位置的平均应变时程曲线：整体模型基本上仍保持了典型桁架结构的受力模式，即上弦受压（伴随着一定程度的弯曲）、下弦受拉、腹杆拉压交替。值得注意的是，下弦各区段的拉应变发展显著，平均拉应变均已接近甚至超过屈服应变。结合平衡构型中下弦的形状来看，这是一种典型的悬链线承载模式。

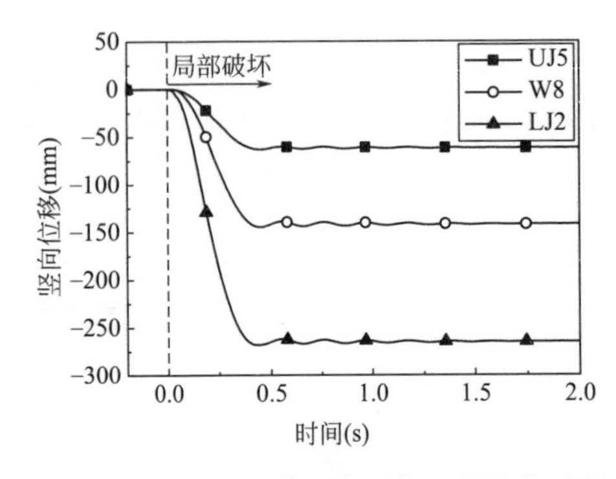

图 3-16　truss-WJ 模型典型位置的位移时程

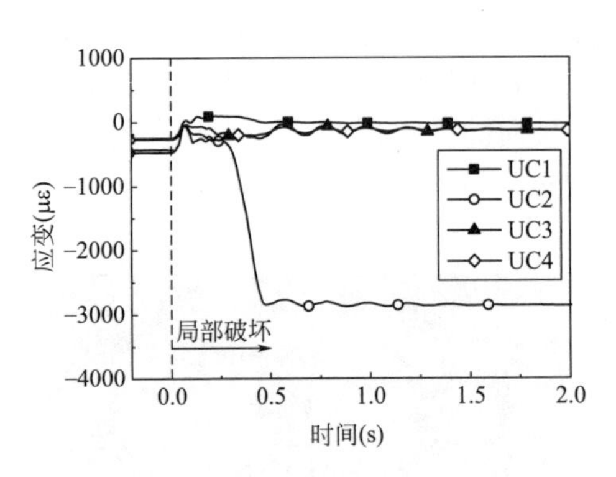

图 3-17　truss-WJ 模型上弦的应变时程

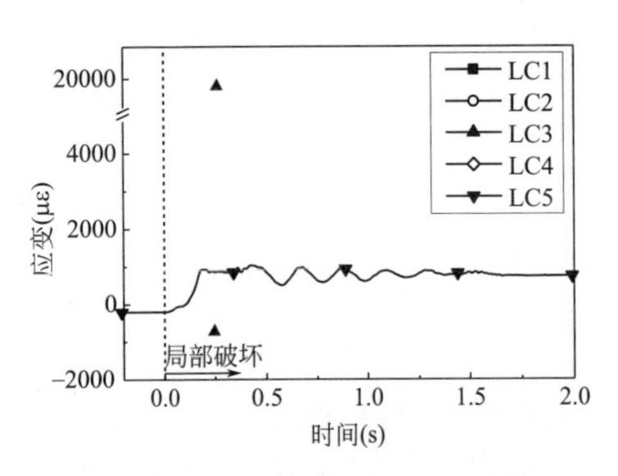

图 3-18　truss-WJ 模型下弦的应变时程

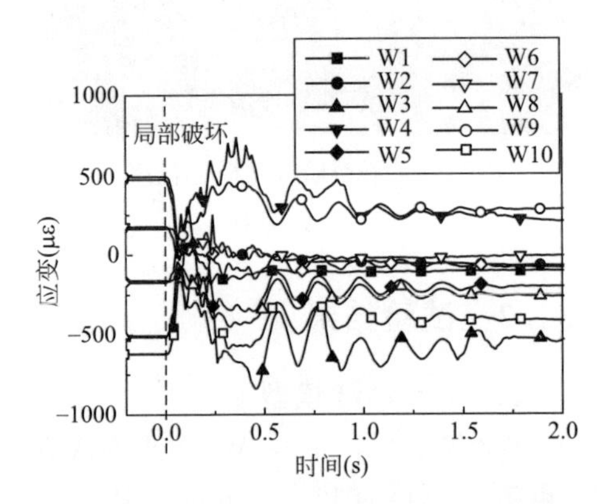

图 3-19　truss-WJ 模型腹杆的应变时程

（2）truss-PJ 模型

truss-PJ 模型同样在不到 0.5s 的时间内重获新的稳定平衡状态，且无论是稳定平衡构型（图 3-20、图 3-21），还是整体结构的内力响应（图 3-22～图 3-24）均与 truss-WJ 模型非常接近。整体模型同样是依靠下弦发展的悬链线效应防止了连续性倒塌的发生。

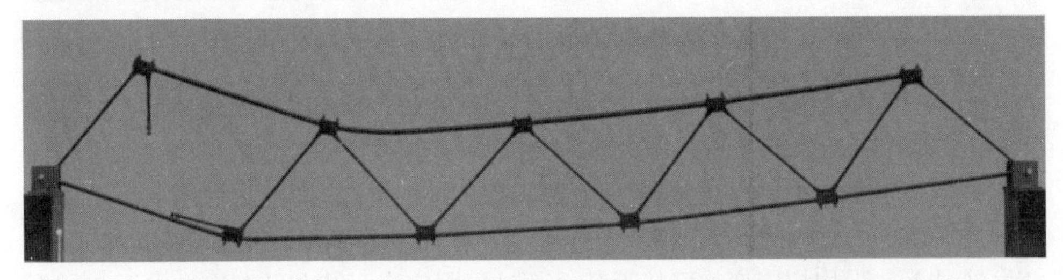

图 3-20　truss-PJ 模型在 W2 腹杆初始失效后的新的平衡构型

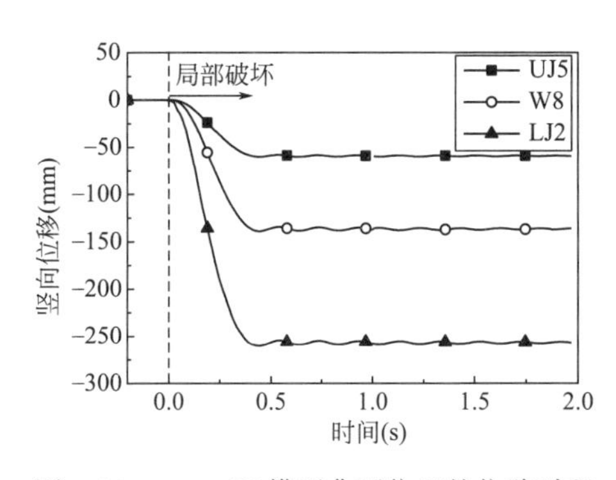

图 3-21 truss-PJ 模型典型位置的位移时程

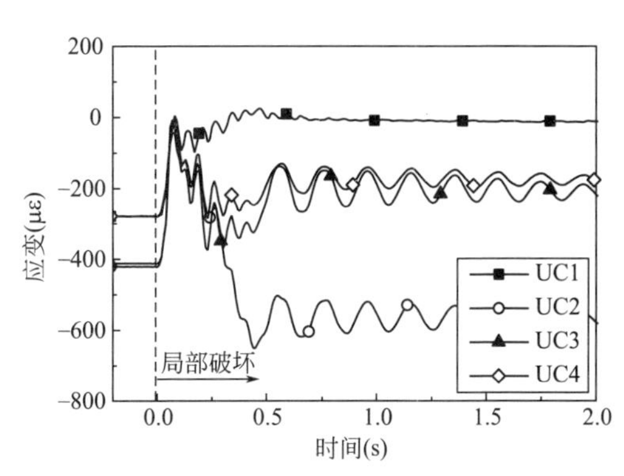

图 3-22 truss-PJ 模型上弦的应变时程

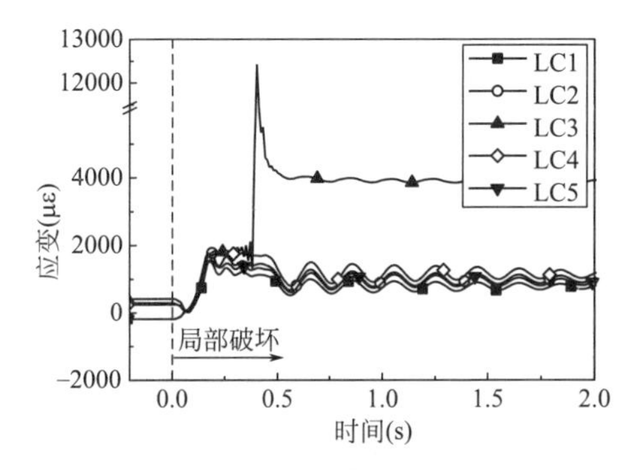

图 3-23 truss-PJ 模型下弦的应变时程

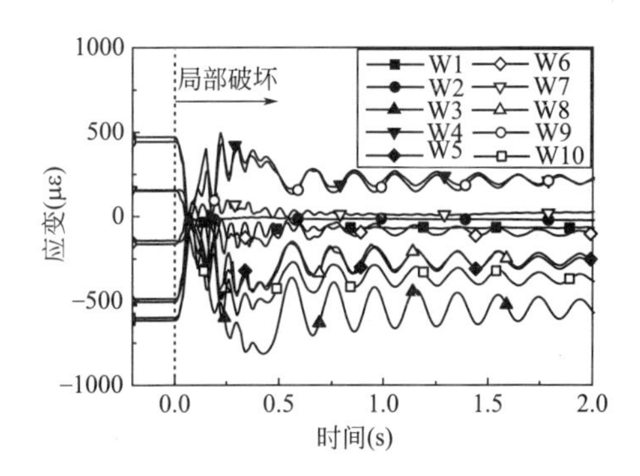

图 3-24 truss-PJ 模型腹杆的应变时程

(3) truss-RJ 模型

truss-RJ 模型在 W2 破断后发生了腹杆的连续性失稳，并最终导致了结构的整体性破坏（图 3-25）。以腹杆 W2 开始失效作为倒塌试验的“时间零点”，W3、W5 和 W4 分别在 0.41s、0.67s 和 0.87s 失稳。随着 W3 和 W4 的相继失稳，UJ2 节点失去支撑而于 1.17s 直接跌落至下弦 LC2 段上。腹杆的相继失稳导致了桁架模型各杆件内力的连续剧烈变化，最后依靠下弦发展的悬链线效应而重获稳定（图 3-26～图 3-29）。但此时，桁架模型的整个左半部分已完全损坏，根据结构连续性倒塌的定义，桁架模型已发生了连续性倒塌。

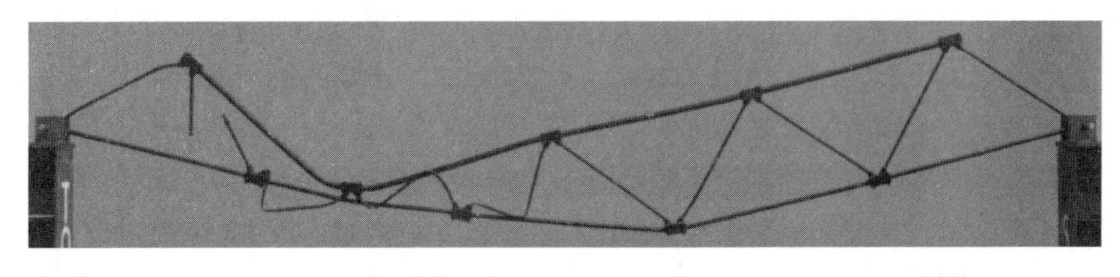

图 3-25 truss-RJ 模型在 W2 腹杆初始失效后发生连续性倒塌

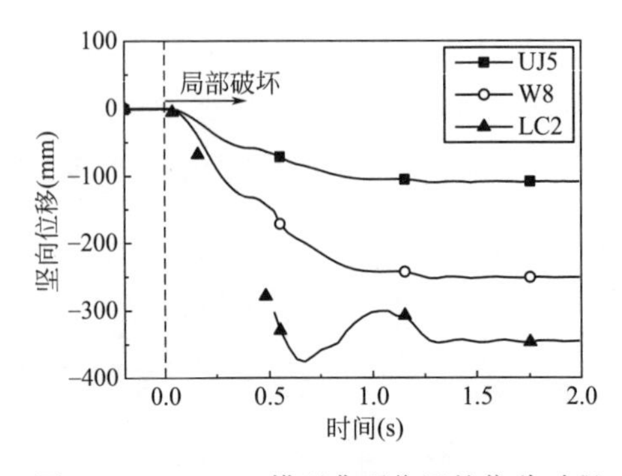

图 3-26 truss-RJ 模型典型位置的位移时程
（注：LC2 目标点下移过程中被前方控制网遮挡，数据不全）

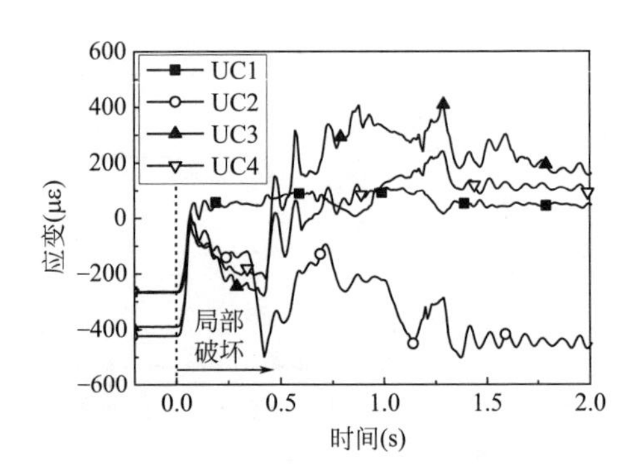

图 3-27 truss-RJ 模型上弦的应变时程

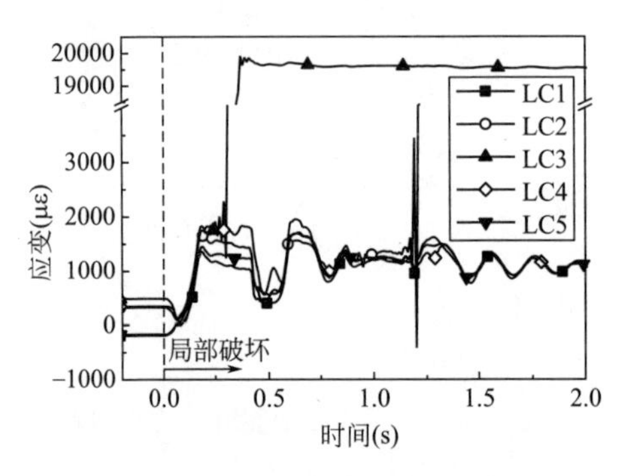

图 3-28 truss-RJ 模型下弦的应变时程

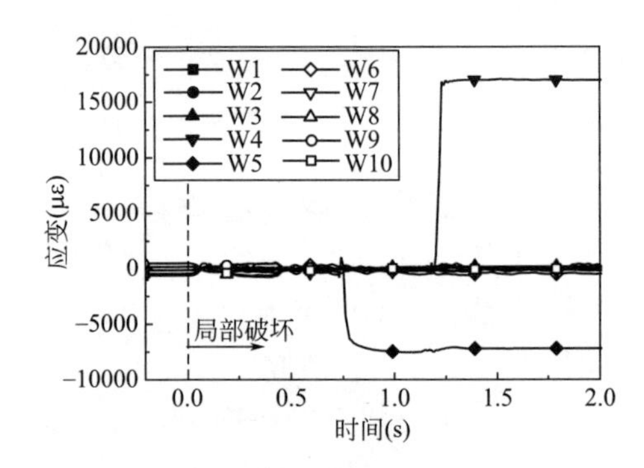

图 3-29 truss-RJ 模型腹杆的应变时程

3.1.3 节点刚度对桁架抗倒塌性能的影响

本系列试验的一个重要目的是考察节点刚度在桁架结构倒塌工况下对整体结构抗倒塌能力的影响。三个模型中，代表实际结构的 truss-WJ 模型之节点刚度介于节点铰接模型 truss-PJ 和节点刚接模型 truss-RJ 之间。从试验直观现象上看，truss-WJ 模型与 truss-PJ 模型相近，刚接模型 truss-RJ 则发生了与前两者完全不同的倒塌的情况。故对节点刚度的讨论将从两个方面展开：①比较节点刚度最大的 truss-RJ 模型与另两个模型，研究 truss-RJ 发生倒塌的原因；②比较 truss-WJ 模型与 truss-PJ 模型，研究采用弦杆连续、腹杆铰接于弦杆的节点简化模型进行桁架结构数值计算的可行性。

(1) 节点刚度过大的不利影响

根据结构连续性倒塌的定义[1]，truss-RJ 是三个桁架模型中唯一发生了连续性倒塌的（图 3-30）。值得深思的是，truss-RJ 模型恰恰拥有最大的节点刚度，这与建筑结构中较高的节点刚度有益于整体结构承载能力的提高这一普遍认识是相反的。

图 3-31～图 3-33 分别给出了各个模型中关键构件的应变时程，这些关键构件包括腹杆 W1、上弦 UC1 和下弦 LC1，它们在内力重分布过程中起重要作用（见 3.3.1 节）；图 3-31～图 3-33 中，WJ、PJ、RJ 分别代表焊接桁架杆件、铰接桁架杆件和刚接桁架杆件，（A）、（T）、（B）分别代表杆件截面上三个应变片（位置参见图 3-12）的平均值、折算至截面上表面纤维和下表面纤维的应变。可以看出，在 0.41s（truss-RJ 模型中 W3 的失稳时刻）之前，所有模型的这些杆件的应变响应是非常接近的。这表明所有桁架模型都在试图通过相同的方式实现局部和全局的内力重分布，以重新获得稳定平衡状态。因此，truss-RJ 模型与其他两个模型之间表现出的截然不同的后续变化并不来自于整体的变形模式或是抗倒塌机制，而正是来自于腹杆 W3 失稳这一事件本身。在 0.41s 时刻，truss-RJ 模型中 W3 的轴力并没有明显地高于另外两个模型（图 3-34），但其端部的弯矩却呈现完全不同的状态（图 3-35）：在 truss-PJ 模型中，腹杆端部无弯矩存在；在节点刚度有限的 truss-WJ 模型中，杆断边缘纤维的弯曲应变约为 1400$\mu\varepsilon$；而在节点完全刚接的 truss-RJ 模型中，弯曲应变已高达 5600$\mu\varepsilon$，使杆端截面产生了一定程度的材料屈服。如此大的弯矩势必显著地降低 W3 作为压杆的稳定承载力，并导致了 W3 的失稳及后续变化。因此，腹杆 W3 同样可被视作是“关键构件”，它的失稳将对整体结构造成严重的不利影响。

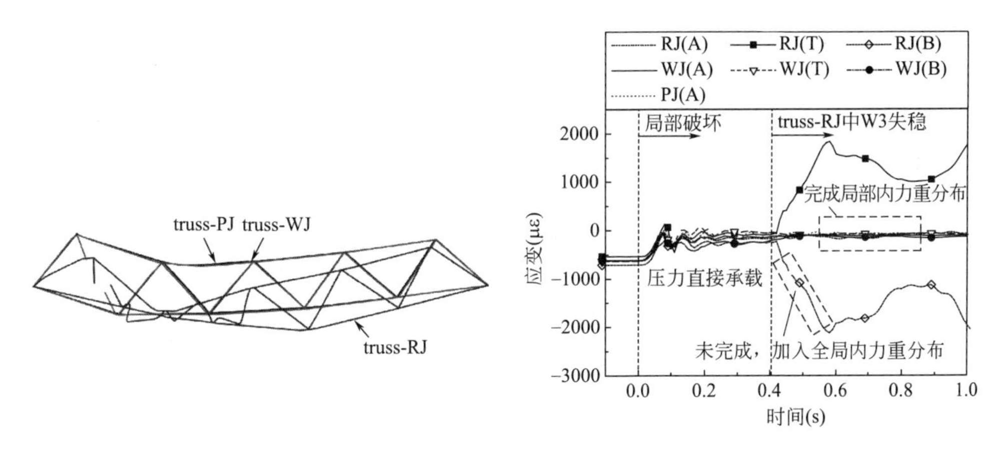

图 3-30 三个桁架模型稳定构型对比

图 3-31 三个桁架模型腹杆 W1 的应变时程

上述讨论仅仅是基于试验现象与数据分析，拥有更大节点刚度的桁架结构更易发生连续性倒塌这一结论其深层原因仍需仔细分析与讨论。悬链线作用是一种依靠构件内拉力的竖向分量提供竖向荷载承载能力的机制；因此对于任何依靠悬链线作用抵抗连续性倒塌的结构，例如框架结构中中柱失效的情形，悬链线作用

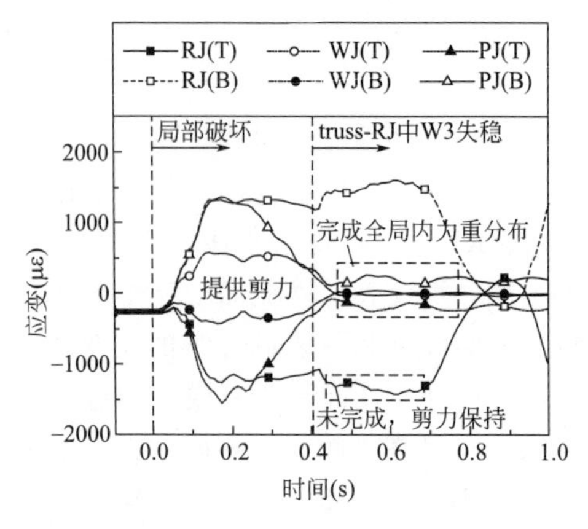

图 3-32　三个桁架模型上弦 UC1 的应变时程

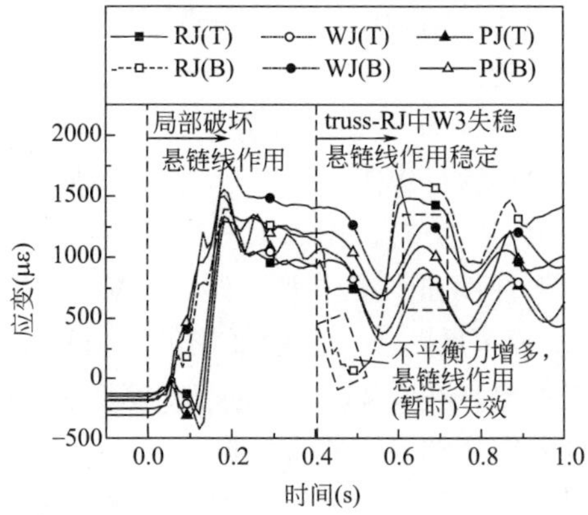

图 3-33　三个桁架模型下弦 LC1 的应变时程

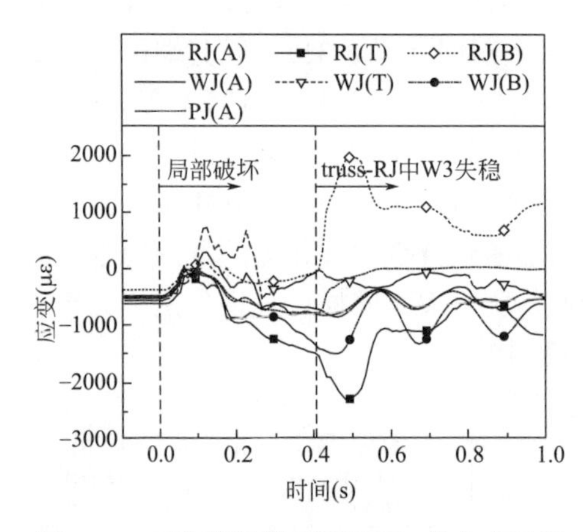

图 3-34　三个桁架模型腹杆 W3 的应变时程

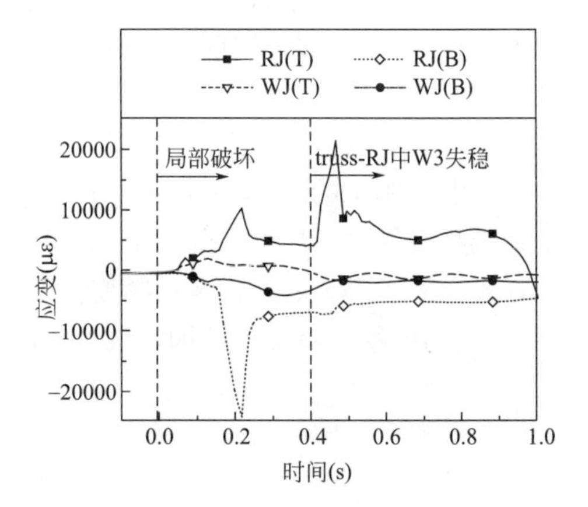

图 3-35　桁架模型腹杆 W3 端部的应变时程

须在构件发生了很大的竖向挠度或倾斜后方可得到充分的发挥。这就要求无论是结构整体，抑或是局部节点都需具有与形成这一大变形相协调的变形能力。简言之，对于遭遇了初始局部破坏的结构，悬链线作用的发挥对结构单元的变形能力提出了更高的要求，特别是局部破坏附近节点的转动能力要求。当将所讨论结构进一步局限到悬链线作用在抗倒塌过程中起重要作用的桁架结构时，此种对节点转动能力的要求可以由图 3-36 更形象地展示。构件 AD 失效后，在竖向荷载作用下原有 ABCD 网格将向 A′B′CD′转变。若腹杆与弦杆铰接，腹杆可通过旋转使自身始终保持仅承受轴向力；但若腹杆与弦杆刚接，则腹杆将因端部的弯曲处于轴压与弯矩联合作用的状态，而可能发生过早的失稳。因此，在结构抵抗连续性倒塌的过程中，需要弦杆、腹杆和节点具有一定的变形能力，尽管它们可能并不直接参与悬链线作用等抗倒塌机制的发挥之中。

由于主管的椭圆化，truss-WJ 模型中的直接焊接相贯节点展现出很好的转动能

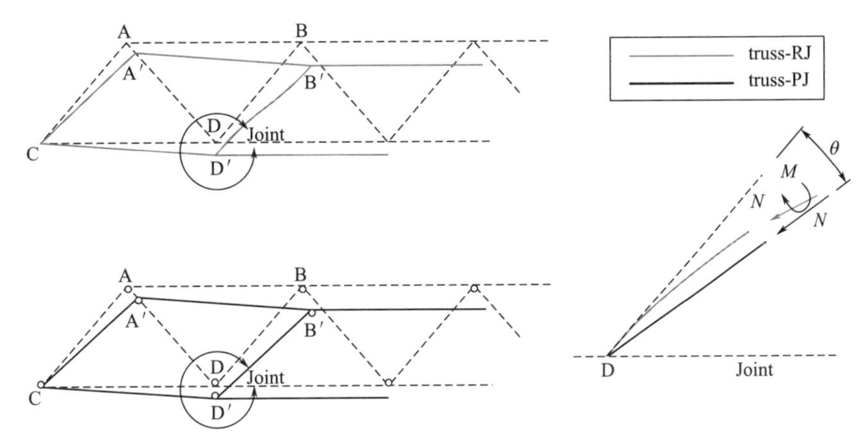

图 3-36 稳定三角形网格向不稳定平行四边形网格的转变

力：对于下弦 LJ2 节点，腹杆 W2 与 W3 的夹角由初始构形下的 83°变为局部破坏发生后的 68°（图 3-37）。由前面的分析知，其对提高整体的抗连续性倒塌能力有着重要的意义，是该模型没有发生倒塌的重要因素之一。因此，对于实际工程中采取的一些例如节点加劲板或主管套筒等节点等加强措施（图 3-38），它们在增加节点承载能力的同时将降低节点的转动能力，故也将降低整体结构的抗倒塌能力。

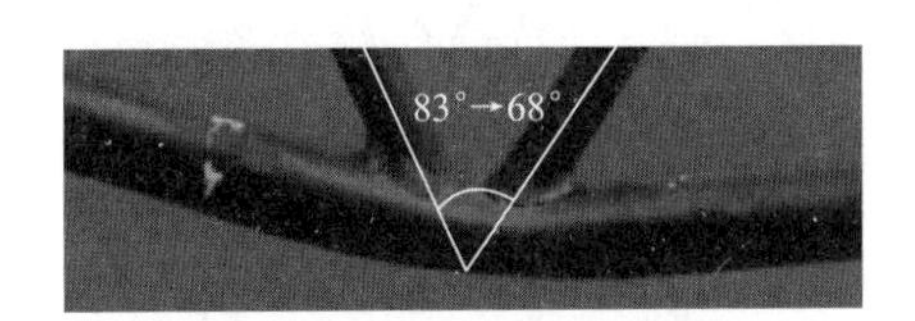

图 3-37 truss-WJ 模型中 LJ2 相贯节点的主管转动

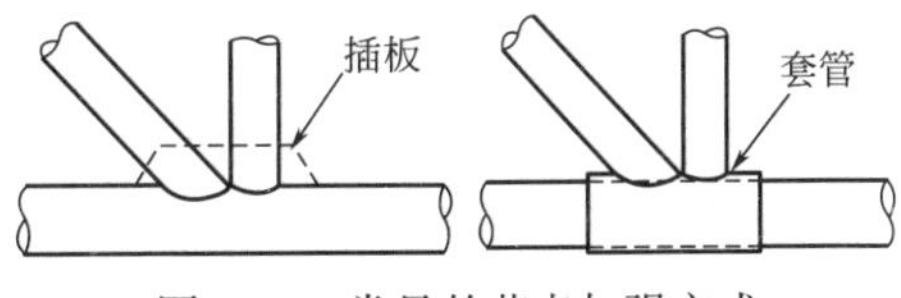

图 3-38 常见的节点加强方式

(2) 管桁结构的节点简化假定

无论是管桁结构还是传统桁架结构，节点在承受常规荷载时均表现出半刚性特征。但数值计算时引入半刚性节点模型是复杂的，故计算杆件内力（特别是轴力）时通常将节点简化为简单的完全铰接或弦杆连续、腹杆与弦杆铰接的模型。当进行连续性倒塌分析时，如前文指出，完全铰接的模型显然是不适用的；而至于弦杆连续、腹杆与弦杆铰接的模型的适用性将在本节验证。

从试验直观现象上看，truss-WJ 模型与 truss-PJ 模型在局部初始失效后的响应几乎相同，且两者通过相同的抗倒塌机制重新获得了相近的稳定平衡构型（图 3-30、图 3-39）。同时在试验过程中，除下弦 LC3 外，两个模型试验中的那些最重要的杆件的应变响应也是非常接近的（图 3-40～图 3-44）。两个模型中下弦 LC3 的应变响应差别很大：truss-WJ 模型中该杆件的应变超过了应变片有效量程 20000$\mu\varepsilon$，而 truss-PJ 模型中该杆件的应变峰值达到 12500$\mu\varepsilon$，稳定值仅约为 4000$\mu\varepsilon$。但实际上，由于模型选用的钢材具有很长的屈服平台，在 1500～20000$\mu\varepsilon$ 的平台范围内后继屈服应力接近相同。通过引入 W4、W5 和 LC2 杆件的轴力并计算下弦 LJ3 节点的力的平衡得知，truss-WJ 模型中 LC3 的内力仅比 truss-PJ 模型中 LC3 的内力高约 3%。

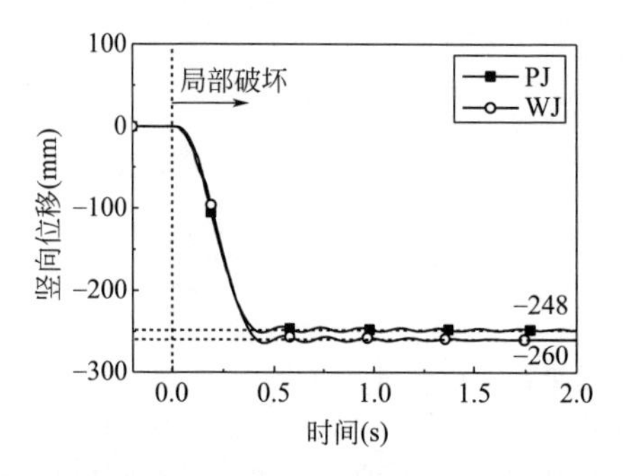

图 3-39　跨中上弦中点 UJ3 的位移时程比较

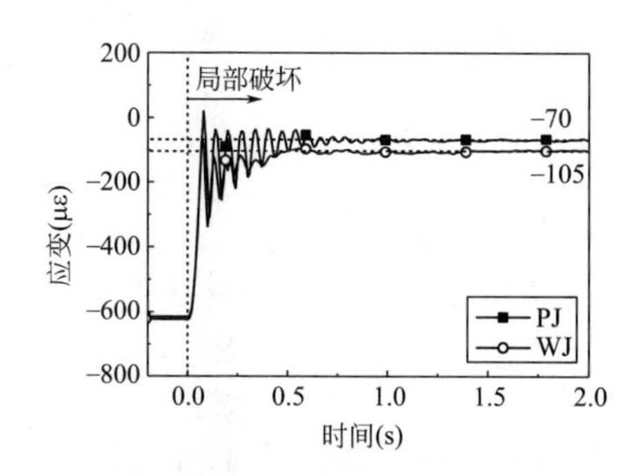

图 3-40　腹杆 W1 应变时程比较

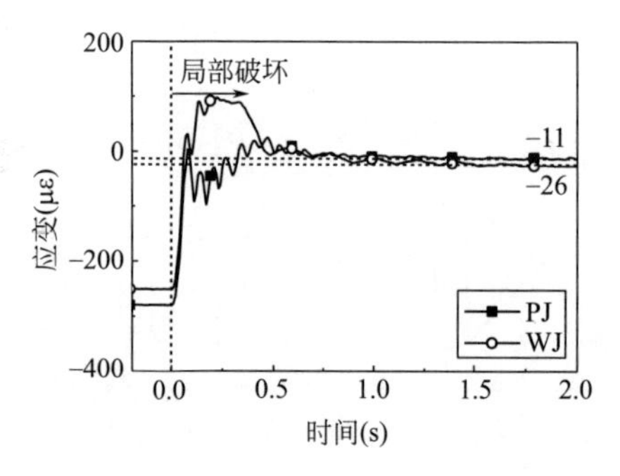

图 3-41　上弦 UC1 应变时程比较

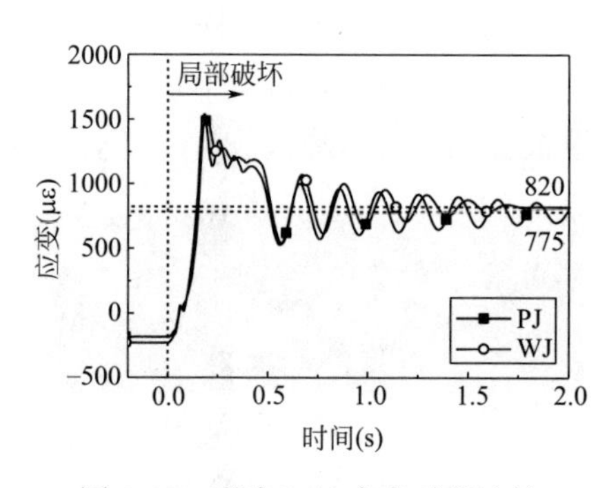

图 3-42　下弦 LC1 应变时程比较

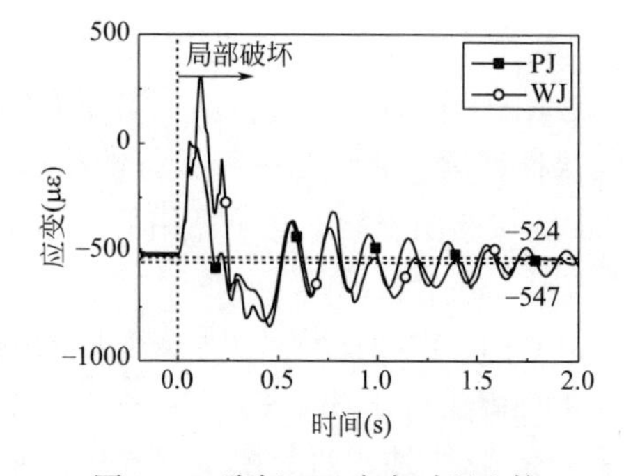

图 3-43　腹杆 W3 应变时程比较

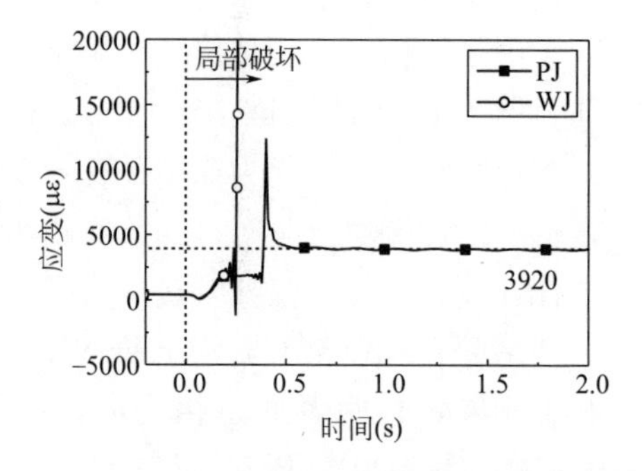

图 3-44　下弦 LC3 应变时程比较

因此，仅从本试验可以得出初步的结论，以实际焊接桁架为基准，采用弦杆连续、腹杆铰接于弦杆的节点简化对计算结构整体在倒塌工况下响应的影响是很小的，即数值计算时可采用此种节点简化模型计算桁架结构在遭遇局部初始破坏时的行为。

3.2　平面桁架结构的连续性倒塌数值模拟

模型试验结果已清晰地展示了桁架结构遭遇局部初始破坏后，重新获得稳定平衡状态的方法及节点刚度对这一过程的影响。然而，仅仅以三个试验去完全掌握桁架结构的抗倒塌性能是不全面的，且考虑到试验成本等因素，亦无必要重复更多的试验。此时可基于 2.2.1 节开发的空间结构连续性倒塌分析框架，借助成熟的通用有限元程序进行更多的数值模拟（数值实验），研究诸如局部初始破坏发生于不同位置时桁架结构的抗连续性倒塌能力，为后面更系统地探究桁架结构的抗倒塌机制提供依据。

3.2.1　数值模型

在通用有限元程序 ABAQUS 中，建立如图 3-45 的梁单元有限元模型，模型的几何尺寸、材料的材性、模型的支座条件及平面外的侧向约束等均按照试验实际情况确定。所有模型单元均为梁单元 B31，节点件梁单元赋予与实际节点件尺寸相同的截面属性和线弹性材性。truss-RJ 模型与 truss-PJ 模型的差别在于腹杆单元与节点件单元的连接：前者约束所有六个自由度，而后者释放绕 z 轴转动自由度（模型平面为 xy 平面）。模型挂载以节点惯性质量的形式添加。

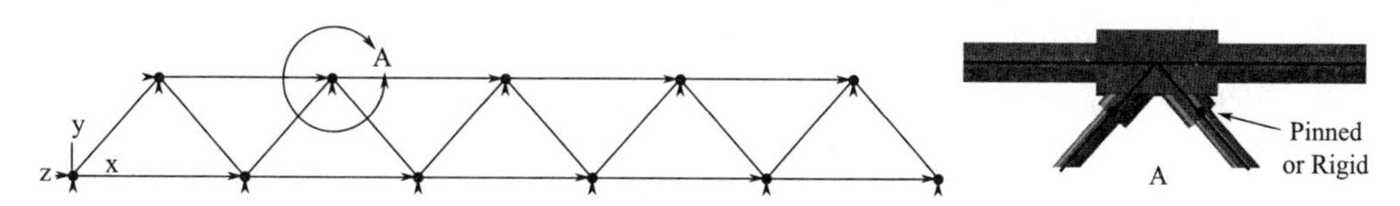

图 3-45　truss-PJ 与 truss-RJ 的有限元数值模型

模型建立过程中的一个重要参数是阻尼。已有分析表明，数值计算时选择阻尼的大小将对结构在倒塌工况下的稳定构型产生明显的影响[25]。阻尼是反映结构体系振动过程中能量耗散特征的参数，目前主要采用两类宏观的表达方式，滞回阻尼（复阻尼）和黏滞阻尼。其中黏滞阻尼假定阻尼力与速度呈正比，无论对简谐振动还是非简谐振动得到的振动方程均是线性方程，不仅求解方便，而且能够方便地表达阻尼对频率、共振的影响，故而应用最为广泛。常用的黏滞阻尼形式为 Rayleigh 阻尼，绝大多数结构动力学教材均有对于它组成和特性的介绍，这里不展开赘述。仅指出的是，通常质量比例阻尼比刚度比例阻尼阻止低频响应更合适；且 Abaqus 帮助文档中曾有算例表明，对于显式动力计算，质量比例阻尼对稳定极限影响不大，而刚度比例阻尼能大幅度降低稳定极限[102]。故实际显式动力分析中通常减小或者不考虑刚度比例阻尼的作用。

即便如此，阻尼的取值仍是很难甚至带有一定主观倾向的。原因在于，结构频率的不断变化导致 Rayleigh 阻尼也不断变化，故质量阻尼系数 α 的确定与引入阻尼时的频率有关（式 3-1）。从试验数据上看，模型局部初始破断初期的结构频率变化较快且难于确定，故引入阻尼的频率以各模型获得稳定平衡状态后的振型为基准。对于 truss-PJ 模型，试验结果表明各杆件应变相对于平衡位置的振幅在 7 个自振周期内衰减了约 75%；以式（3-2）表达的对数衰减率计算阻尼比时，阻尼比约为 3%。该阻尼比符合空间钢结构阻尼比的常用取值。此时，质量阻尼系数 α 约为 2.0（$T=0.2$s）。truss-WJ 模型由于结构构型处于不断的变化中，频率的变化更显著；但若以稳定平衡后的状态计算阻尼比，则阻尼系数与 truss-PJ 模型相近，可同样取为 $\alpha=2.0$。

$$\alpha=2\xi_i\cdot\omega_i \tag{3-1}$$

式中，α 为质量比例阻尼系数；ω_i 和 ξ_i 分别为某一阶振型的圆频率和相应阻尼比。

$$\zeta=\frac{1}{2\pi j}\ln\frac{u}{u_j} \tag{3-2}$$

式中，ζ 为阻尼比，u 和 u_j 分别为某一时刻的结构响应（位移等）和第 j 个周期后该变量的值。

模型建立过程中的另一个需特别注意的事项是结构接触的设定。由于无法预知可能发生碰撞接触的位置，故使用 Abaqus/Explicit 进行连续性倒塌分析时建议将接触定义为通用接触（general contact）类型而非接触对接触（contact pairs）。使用通用接触时，程序将使用复杂的接触搜索算法在全局进行接触搜索，并在已形成接触关系的接触面上赋予用户定义的接触特性。特别的对于 truss-RJ 模型，由于试验过程中腹杆 W3、W4 在上弦出现微量出平面位移的情况下即从下弦 LC2 旁边挤过，部分变形至 LC2 下方。但有限元模型中由于严格限制了上弦节点的出平面位移，故腹杆将保持在平面内而与试验情况不符。因此，需在有限元模型的通用接触定义中取消 W3、W4 与 LC2 的接触关系，以允许穿越现象的出现。

使用 2.2.2 节改进的连续性倒塌数值分析流程，实现重力与试验荷载的拟静力施加及杆件在稳态平衡后的突然破断。对于桁架模型试验，整个过程分为 4 个分析步：分析步 1 时长 0.1s，施加重力荷载及外荷载；分析步 2 时长同样为 0.1s，使用动力黏滞算法衰减振动；分析步 3 时长为 0.06s，使用单元删除算法使 W2 失效；分析步 4 时长为 2s，计算剩余结构响应。

3.2.2 倒塌试验的数值模拟结果

图 3-46 和图 3-47 给出了 truss-PJ 模型计算时是否使用动力黏滞算法的结果

差别。结果显示，引入黏滞力使整体结构动能很快地衰减到0，且上弦跨中节点竖向位移很快稳定到静力计算结果（−3.35mm）。因此，动力黏滞衰减算法对于实际问题所具有的高效、稳定特点得到了验证。

需要说明的是，后面对有限元计算结果的分析将以分析步3开始时刻为时间零点，以保持与试验的时间轴一致。对于truss-PJ模型，对局部初始失效构件W2赋以图2-14所示的刚度退化曲线，得到的W2轴向应变时程见图3-48，其轴力减小的过程与试验结果基本吻合。在腹杆W2初始失效后，有限元方法对于剩余结构后续响应的计算很好地重现了试验过程。在变形与位移层面，与下弦悬链线作用发展直接相关的LJ2节点的竖向位移计算结果与试验结果几乎相同（图3-49）；甚至对于更低层次的应变层面，有限元计算结果也与试验结果具有很高的吻合程度（图3-50、图3-51）。

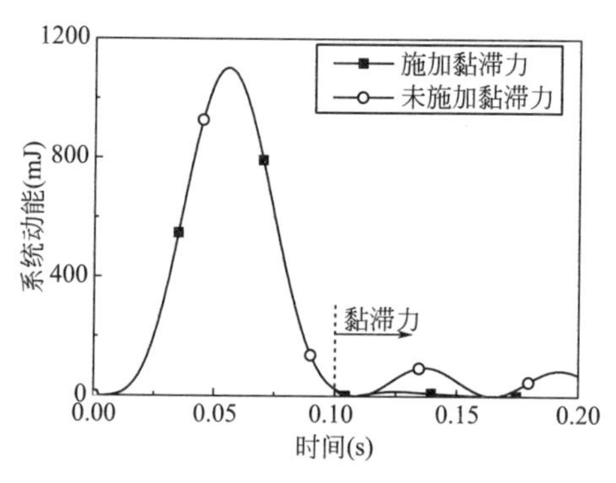

图3-46　truss-PJ模型体系动能

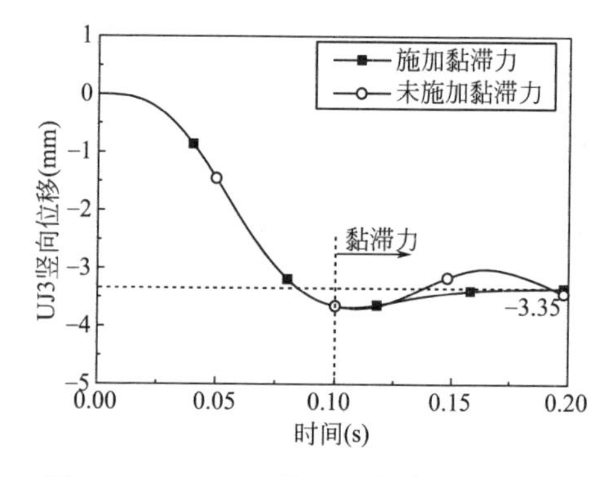

图3-47　truss-PJ模型上弦跨中UJ3位移

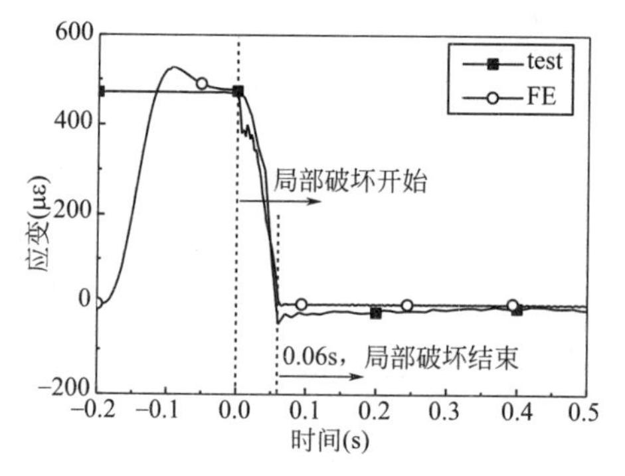

图3-48　truss-PJ模型破断过程中W2轴向应变

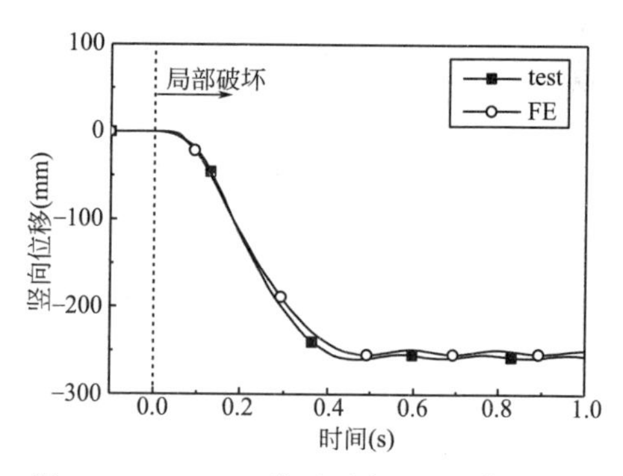

图3-49　truss-PJ模型下弦LJ2的位移时程

对于truss-RJ模型，有限元方法同样可以很好地重现试验过程。表3-4展示了有限元结果对于试验过程中各关键性事件的重现及相应时间。除最后时刻上弦LJ2节点坠落并撞击下弦LC1的时间有超过0.1s的差别外，其余时间点均非常吻合。这种趋势在应变层面也同样有所体现（图 3-52、图 3-53）。

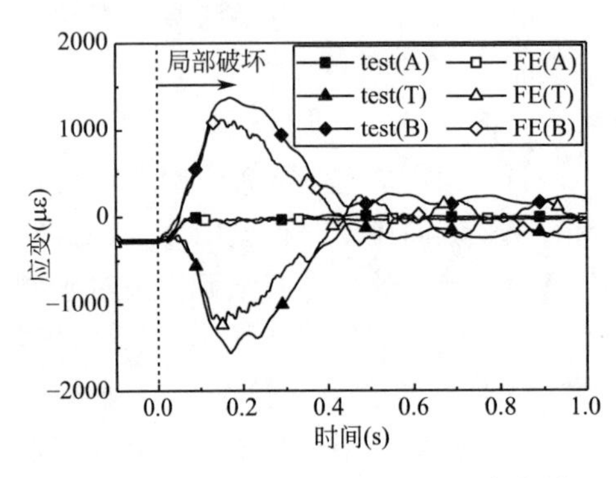

图 3-50 truss-PJ 模型上弦 UC1 的应变时程

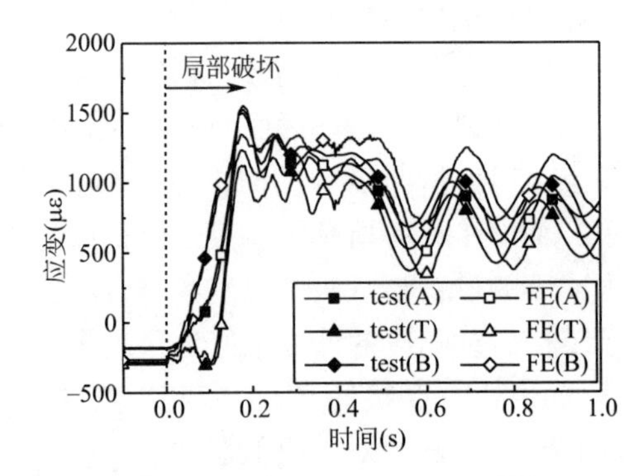

图 3-51 truss-PJ 模型下弦 LC1 的应变时程

truss-RJ 模型试验与有限元关键时间点的对比 **表 3-4**

事件	时间(s)		变形
	试验	有限元	
初始	0.00	0.00	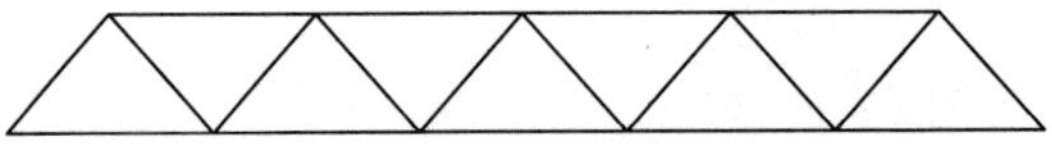
W3 下端出现屈服	0.18	0.17	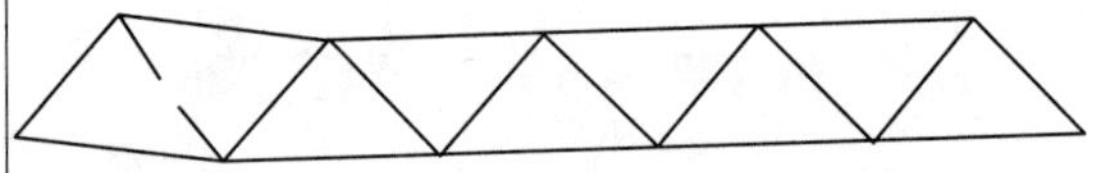
W3 失稳	0.41	0.37	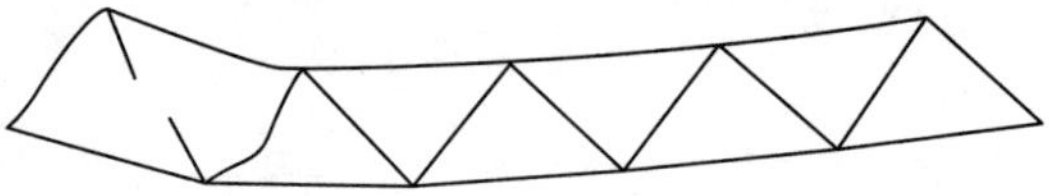
W4 失稳	0.67	0.67	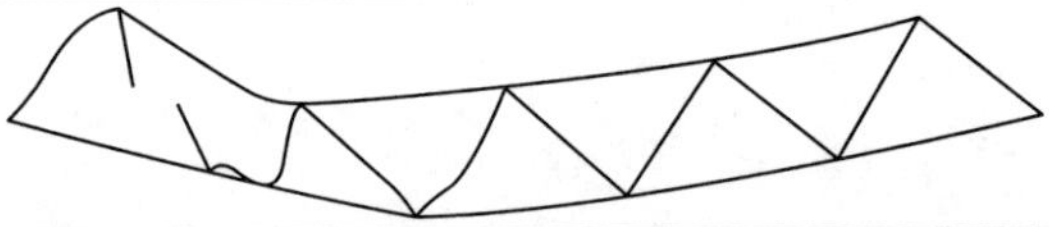
W5 失稳	0.87	0.88	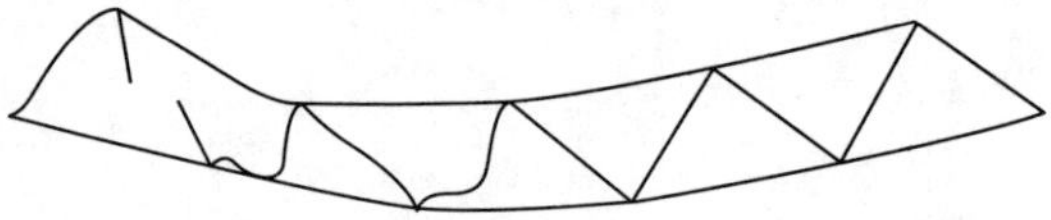
UJ2 跌落至下弦	1.19	1.38	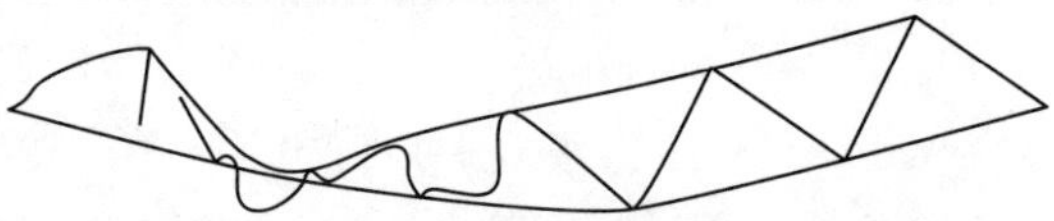

总体来说，基于显式动力计算的有限元方法是进行空间结构连续性倒塌计算与分析的有效方法，其结果与真实物理现象的吻合度很高。在保证计算效率的前提下，可以使用有限元计算对桁架结构等空间结构的连续性倒塌行为进行更深入

的研究，特别是对于结构抗连续性倒塌机理的探寻。

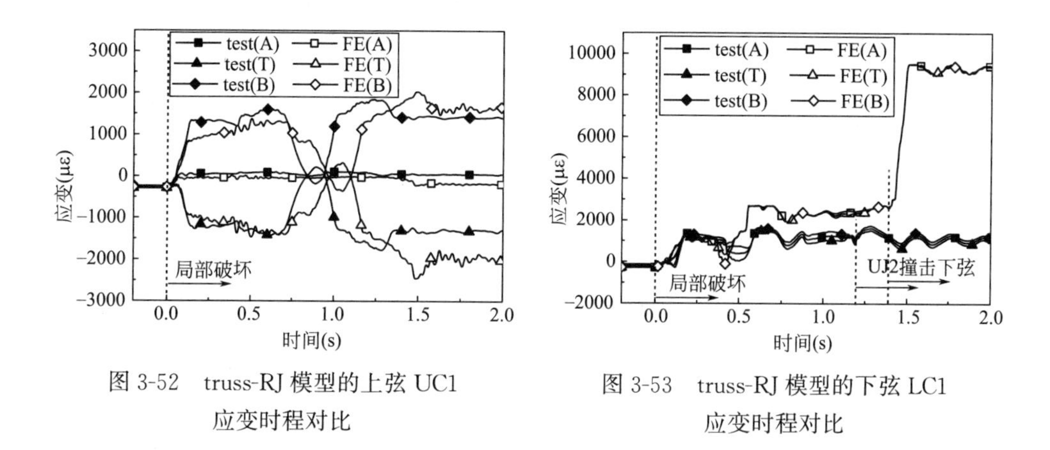

图 3-52　truss-RJ 模型的上弦 UC1 应变时程对比

图 3-53　truss-RJ 模型的下弦 LC1 应变时程对比

3.2.3　桁架不同初始破坏位置的模拟结果

3.1.3 节的研究表明，进行实际工程焊接节点管桁结构的分析时，节点可作弦杆连续、腹杆与弦杆铰接连接的简化。故本节使用经校核的 truss-PJ 模型，对桁架结构遭遇不同位置初始破坏后的行为进行更深入的研究。初始破坏位置包括 Warren 桁架的上弦、下弦和腹杆。

当局部初始破坏发生于不同于模型试验中 W2 的另一个根腹杆（如 W5）时，剩余结构抵抗连续性倒塌的能力同样是下弦的悬链线作用（图 3-54）。当局部初始破坏发生于某一段上弦（如 UC2）时，同腹杆发生初始破坏一样，剩余结构呈现较大的向下挠度（图 3-55），整段下弦内出现了非常大的轴向拉力（图 3-56），说明同腹杆发生初始破坏的工况一样，剩余结构通过下弦的悬链线作用重新获得了稳定平衡状态。

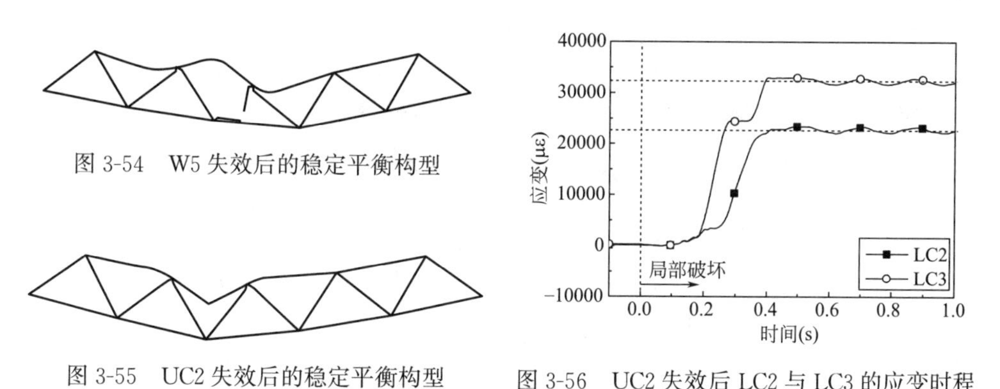

图 3-54　W5 失效后的稳定平衡构型

图 3-55　UC2 失效后的稳定平衡构型

图 3-56　UC2 失效后 LC2 与 LC3 的应变时程

然而，当局部初始破坏发生于某一段下弦（如受力最大的 LC3）时，剩余结构几乎没有任何变形，初始状态即新的稳定平衡状态（图 3-57）；悬链线作用并没有在下弦发展。同时，有一点值得注意的是，即便结构构型没有变化，但剩余结构在向新的稳定平衡状态过渡的过程中，下弦 LC2 的内力由轴拉转为轴压（图 3-58）。其中机理将在后面讨论。

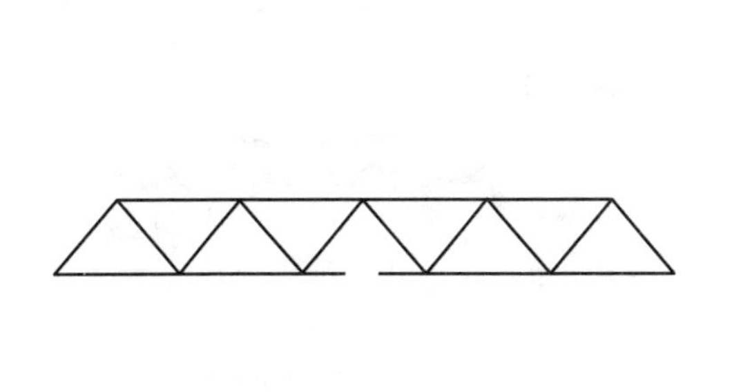

图 3-57　LC3 失效后的稳定平衡构型

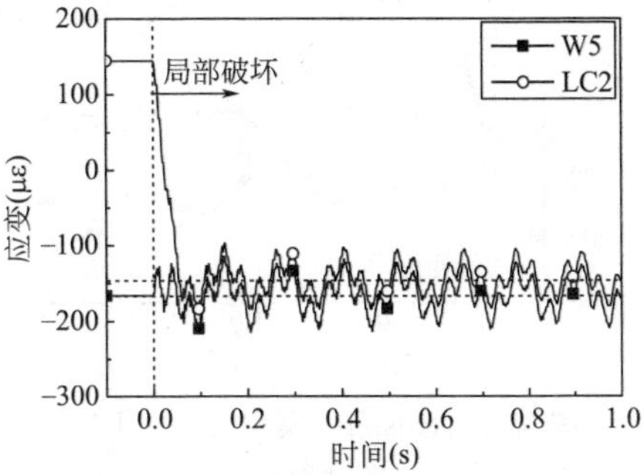

图 3-58　LC3 失效后 W5 与 LC2 的应变时程

3.3　平面桁架结构抗连续性倒塌机制

结构的抗连续性倒塌机制历来是连续性倒塌研究的重点；实际上，抗倒塌机制研究的正是结构在遭遇局部破坏后重获稳定平衡状态的方法，亦即结构的内力重分布方法。对于框架结构，承重柱失效后存在拱机制、空腹机制和悬链线机制等三种抗倒塌机制。但桁架结构等大跨度空间结构的此类抗倒塌机制则尚未确定。江晓峰[49] 曾给出桁架结构的三种内力局部重分布机制，但如 1.2.3 节中指出的，其理论与模型建立在结构的原始构型之上，是一种时间尺度上的“局部”，且未能确定决定整体结构倒塌与否的全局内力变化模式。鉴于此，本节的研究将结合试验结果、数值计算和理论研究，意图在统一的理论框架下，给出直观的稳定平衡构型确定方法及在此构型下的结构内力及杆件敏感性分析。

3.3.1　结构初始局部破坏后的内力重分布

(1) 局部内力重分布与全局内力重分布

初始局部破坏将对建筑结构产生两方面的影响：局部上，与初始破坏直接相连的节点处将因初始破坏的发生而出现不平衡力，本书将此不平衡力的重新分配称为局部内力重分布；全局上，整体结构的力流将进行调整，对于大跨度空间结构，结构的受力模式甚至会发生改变，本书将此现象称为全局内力重分布。遭遇初始局部破坏的结构，均需完成此两方面的内力重分布方可重新获得稳定平衡状态，否则将导致连续性倒塌的发生。

对于桁架模型试验，局部内力重分布指的是腹杆 W2 失效后在上弦 UJ1 节点处出现的节点不平衡力的重新分配；全局内力重分布指的则是结构为原本由腹杆 W2 将上弦 UJ2～UJ5 的节点荷载传递至左侧支座 LJ1 提供的备用荷载路径（图 3-59）。从试验结果上看，truss-WJ 模型与 truss-PJ 模型均成功完成了内力的重分布，而 truss-RJ 模型则未能完成备用荷载路径的重建。本节将通过探究每根杆件在每个时间点上的内力变化趋势，以试验数据揭示桁架模型在遭遇初始局部失效后的内力重分布过程；两种内力重分布的定义（界定）及通过试验数据对内力重分布过程的解读方法，可为其他类似研究所借鉴。

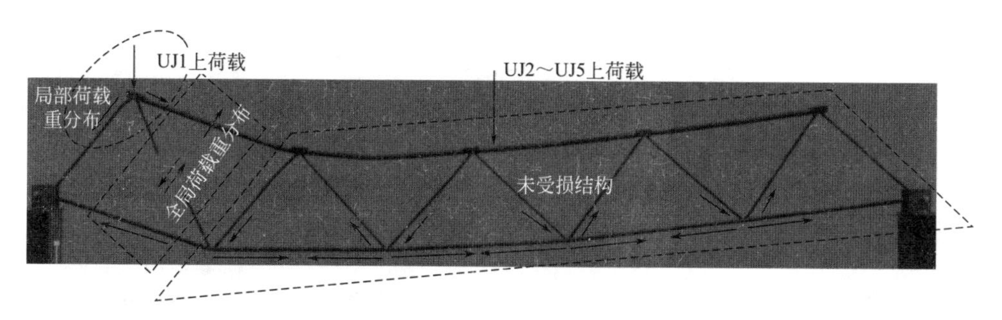

图 3-59 truss-WJ 模型在遭遇 W2 处的局部初始破坏后需完成局部与全局的内力重分布

（2）桁架试验的内力重分布过程

1）truss-WJ 模型

腹杆 W2 的初始失效打破了上弦节点 UJ1 处原有的平衡状态，故为获得新的平衡，W1 内的轴压力随 W2 内轴拉力的快速衰减而同步降低（图 3-60）。当 W2 于 0.06s 后内力完全消失时，W1 内的轴压应变降低至约 105$\mu\varepsilon$，而后经过若干振动稳定下来；对于腹杆 $\phi14\times1$ 的圆管，此时对应的压力约为 0.88kN，即 UJ1 节点处的荷载（1.05kN）大部分由 W1 直接承担，构成了一个新的“UJ1-W1-LJ1”的传力路径，完成了 UJ1 处的局部内力重分布。此备用荷载路径实际上也是最简明、直接、有效的路径。

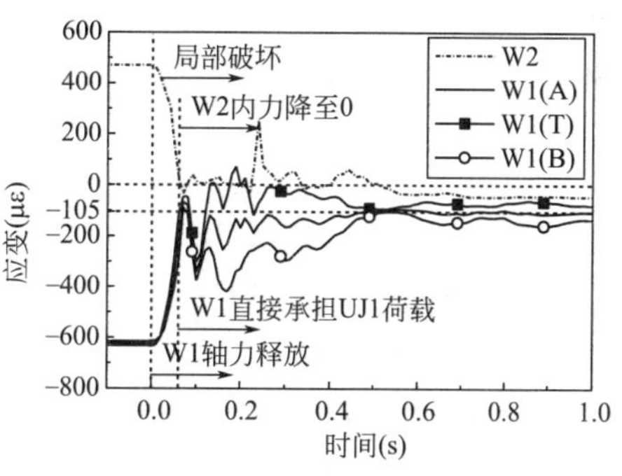

图 3-60 truss-WJ 模型 UJ1 节点局部内力重分布

结构全局的内力重分布则是一个相对更复杂的过程，通过对试验结果的解读可知，该过程历经四个阶段（图 3-61）：

① 阶段Ⅰ开始于 W2 完全失效的 0.06s，此时 UJ2～UJ5 上荷载传递至左侧支座 LJ1 所需剪力完全丧失。在此阶段中，W2 区格中的竖向承载能力由上、下

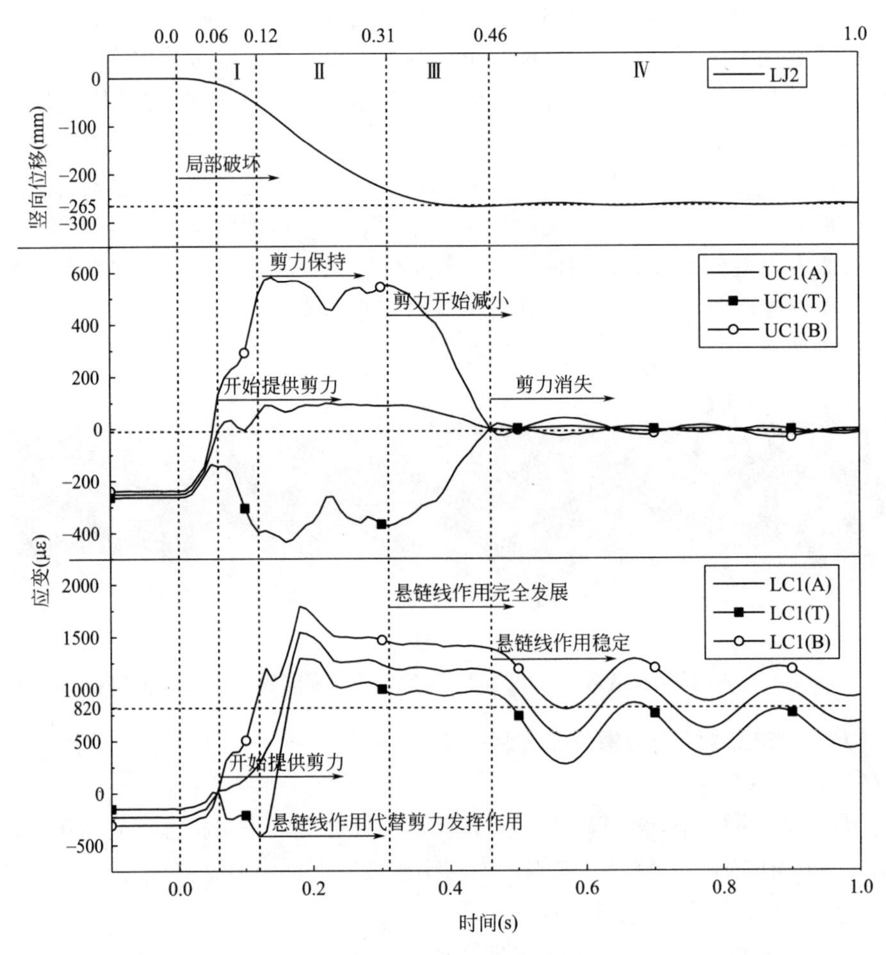

图 3-61　truss-WJ 模型在 W2 初始失效后的全局内力重分布

弦 UC1 与 LC1 内的剪力提供；此剪力在两根弦杆内产生了相应的弯矩。

② 然而在 0.12s 后，下弦 LC1 的右侧节点 LJ2 随着整体结构的变形快速向下运动，轴向伸长使得 LC1 内拉力开始占据主导地位，内力重分布进入阶段Ⅱ。LC1 内拉力的竖向分量提供了区格内的竖向承载力，此种效应被称作“悬链线作用”。悬链线作用多产生于框架结构遭遇中柱初始失效后的梁内；其大小不仅取决于拉力的大小，也与杆件（梁）的倾角有关（式 3-3）。因此，尽管此时 LC1 内的拉力在 0.18s 时已经达到了最大约 18.45kN（对应 ϕ20×1 圆管中约 1500$\mu\varepsilon$ 轴向应变），但由于彼时 LC1 的倾角仅有约 8°，故悬链线作用可提供的竖向承载力仍十分有限。上弦 UC1 仍需提供剪力，和下弦 LC1 的悬链线作用共同承载。

$$V_{\text{catenary}}=T_{\text{v}}=T\cdot\sin\alpha_{\text{catenary}} \tag{3-3}$$

式中　V_{catenary}——悬链线作用提供的竖向承载能力；

T、T_v——分别是构件内的轴向拉力及其竖向分量；

$\alpha_{catenary}$——构件与水平线夹角。

③ 阶段Ⅲ开始于0.31s，下弦LC1的倾角已达到16.7°，故其内拉力的竖向分量大大增加。随后上弦UC1内的剪力开始逐步减退，直至0.46s时剪力完全消失。此时，下弦LC1内的轴拉力约为10.09kN（820$\mu\varepsilon$），在倾角约为19°的情况下可提供约3.34kN的竖向承载能力。此数值与UJ2～UJ5上总荷载值6.91kN的一半是非常接近的，证明了单纯依靠下弦LC1内的悬链线作用便可为桁架结构右侧荷载向左侧支座的传递提供备用的传力路径。

④ 此后便进入阶段Ⅳ，此阶段中悬链线作用逐步稳定，整体结构也获得新的稳定平衡状态。

由于桁架结构成功地为局部和全局的不平衡力重构了备用传力路径，故W2的初始破坏未向右扩展，模型的整个右半部分仍保持着典型的Warren型桁架的受力特征。例如对于最右侧部分，上弦UC4受压，下弦LC4、LC5受拉，而腹杆W8和W9则拉压交替且数值相近（图3-17～图3-19）。

鉴于下弦的悬链线作用在桁架结构的全局内力重分布过程中所起的至关重要的作用，需要对试验中体现的这一效应进行更深入的剖析。LC1内轴向拉力的产生并非独立事件，出于内力平衡的需要，在LC1内开始逐步发展悬链线作用时，下弦其他各段的内力也出现同步的增长（图3-19），这说明悬链线作用的发挥需要整个下弦的共同参与。图3-19同时也展示了在下弦各段中，LC3的轴向拉力远超其他各段，其内拉应变已超过了所用应变片的有效量程（约20000$\mu\varepsilon$）。这是因为truss-WJ模型的右侧未受损部分仍保有典型桁架受力模式，故下弦跨中段所受的拉力显然是最大的。因此，下弦LC3段可以被视作是整体结构抗连续性倒塌的“关键单元”，它最易受拉失效并可能阻断全局备用荷载路径的形成。

2）truss-PJ模型

Truss-PJ模型的内力重分布机制与truss-WJ模型相同，即局部UJ1的受力平衡通过W1直接承担UJ1荷载实现（图3-62）；全局上依次依靠上弦UC1的受剪与下弦LC1的悬链线作用完成右侧荷载的向左传递（图3-63）。

3）truss-RJ模型

从宏观现象上看，truss-RJ经过了W3、W5和W4的连续失稳而发生了连续性倒塌。腹杆的失稳被定义为连续（progressive）失稳是因为它们的失稳实际上存在着内在的因果关系（图3-64）。在约0.4s时，W3端部已形成非常大的弯矩；边缘纤维弯曲应变达到了约5600$\mu\varepsilon$，远超屈服应变。此量级的弯矩显著地降低了W3的稳定承载能力，迫使W3于0.41s时发生失稳。W3的失稳直接导致了两个后果：其一，加速了上弦UJ2节点的快速下移，使得W5内的弯矩迅速增

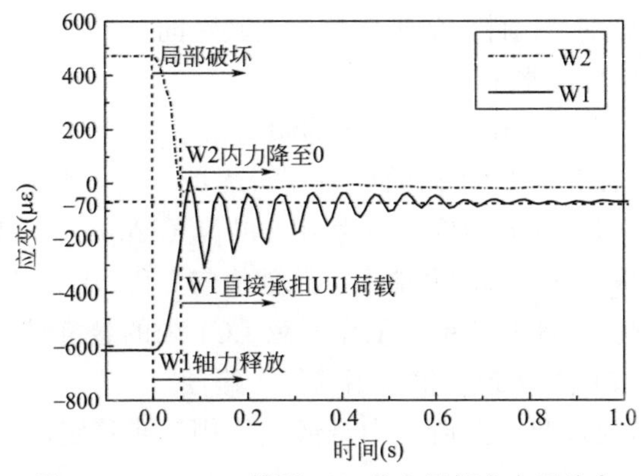

图 3-62　truss-PJ 模型 UJ1 节点局部内力重分布

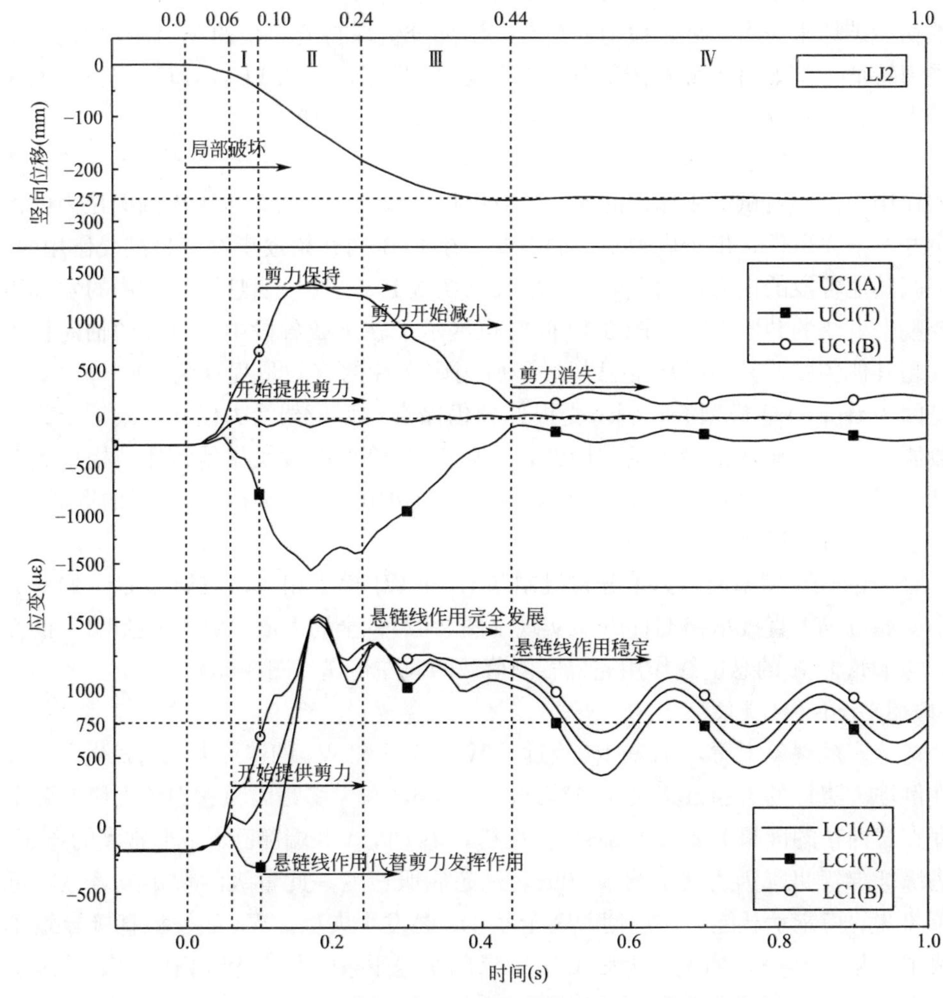

图 3-63　truss-PJ 模型在 W2 初始失效后的全局内力重分布

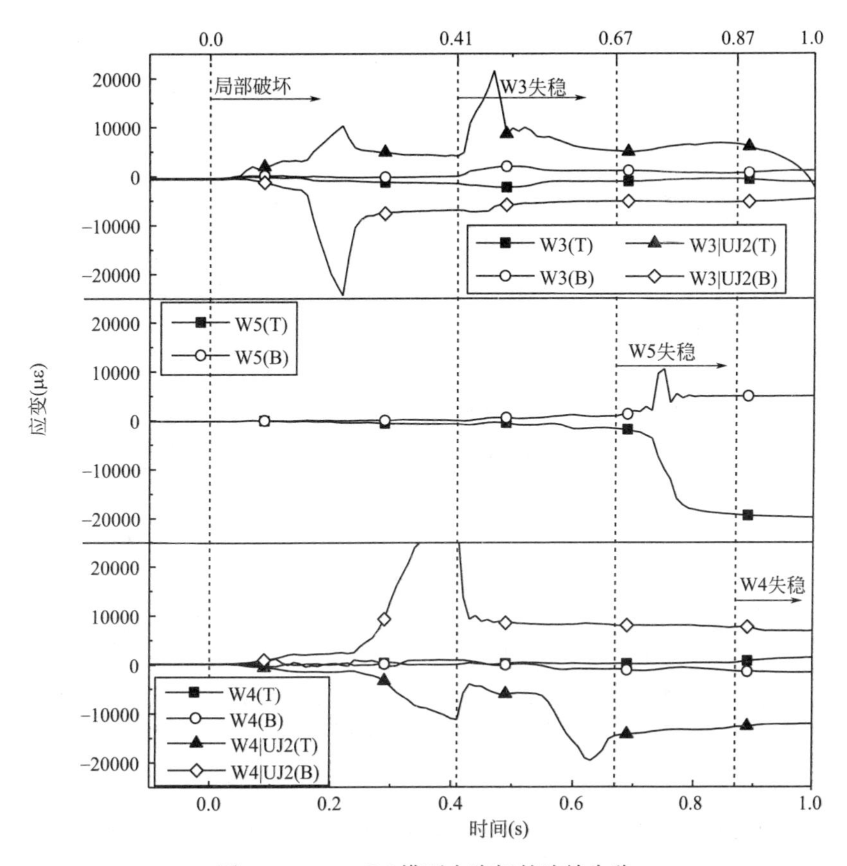

图 3-64 truss-RJ 模型在腹杆的连续失稳

加；其二，为维持上弦 UJ2 节点处的力平衡状态，W4 内的轴力由拉力转为压力。第一个结果直接导致了 W5 在 0.67s 的失稳。尽管在 W5 的两端没有设置应变片监控此处弯矩，但 0.6s 时 W5 跨中的弯曲应变已达到了约 1270$\mu\varepsilon$，比 W3 失稳之前的跨中弯曲应变还要高（759$\mu\varepsilon$）。第二个结果随着 W5 的失稳进一步加剧，最终使 W4 在 0.87s 时发生失稳。

腹杆的相继失稳不仅影响到其他失稳腹杆的行为，更重要的是，它阻断了局部和全局的内力重分布过程（图 3-65）。在 W3 失稳之前，W1 试图通过受压直接承受 UJ1 处的荷载重构局部新的平衡状态，这与 truss-WJ 模型中 W1 腹杆的行为是相同的。但此过程被 W3 的失稳所阻断，其失稳后几何构形的巨大改变迫使 W1 弯曲并通过剪力承担 UJ1 处荷载。W3 的失稳在 UJ2 处同样产生不平衡力，故需要完成局部内力重分布的节点范围随桁架破坏范围的扩展而同步扩大。但总体来说，局部内力重分布的实现是简单直接的，即通过调整与节点相连杆件（腹杆或弦杆）的内力实现节点处的力平衡。例如，随着 W5 的失稳，W6 内轴压力同步增大以平衡 W5 失稳在上弦 UJ3 处产生的不平衡力（图 3-65）。全局内力重

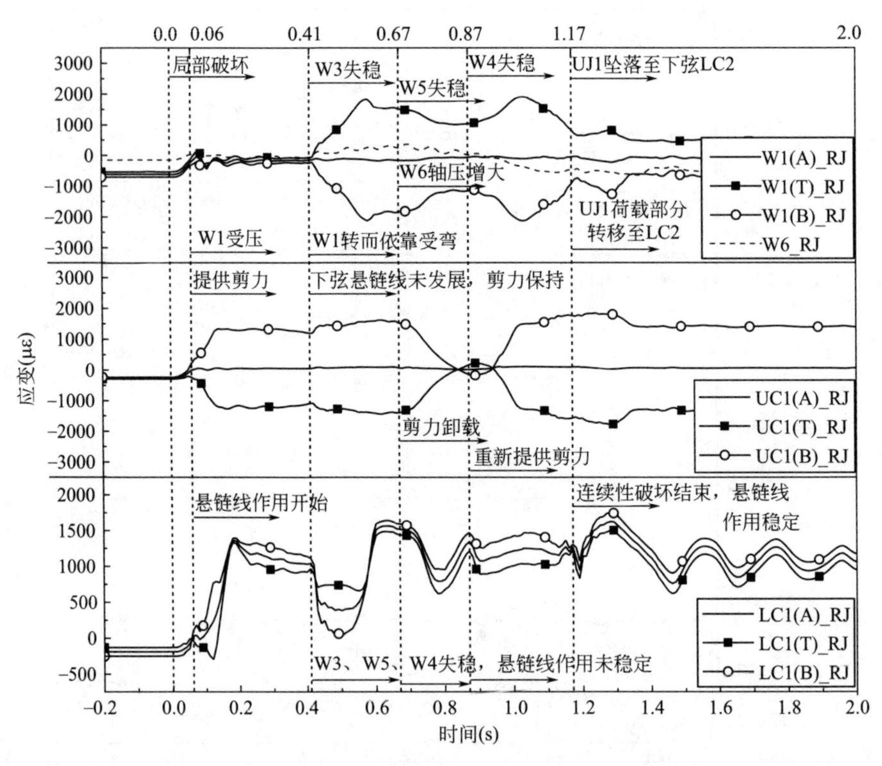

图 3-65　truss-RJ 模型由于腹杆的连续失稳未能完成局部和全局的内力重分布

分布同样受到腹杆连续失稳的影响。起初，上弦 UC1 内的剪力与下弦 LC1 中的悬链线作用共同作用，试图如 truss-WJ 模型那样实现全局的内力重分布。然而，W3 及随后两根腹杆的相继失稳导致了下弦 LC1 内拉力的瞬时卸载，以致在接下来的 0.5s 内下弦拉力反复增减，未能建立稳定的悬链线承载机制；故上弦 UC1 不得不继续保持剪力承载。直至上弦节点 UJ1 坠落至下弦，连续性破坏结束，下弦悬链线作用终于稳定，整体结构重获稳定平衡状态。但如前所述，此时的平衡构形整体竖向挠度很大，结构大部已破坏，平衡构形的获得发生于结构倒塌之后。

(3) 平面桁架的全局内力重分布

上一小节的研究表明，桁架可以依靠与失效杆件直接相连的少数几根杆件的内力调整（如拉压转换）实现内力的局部重分布。全局内力重分布则涉及结构承载模式的转换，其更为复杂，也关系到剩余结构是否可抵抗连续性倒塌。本节将结合模型试验与数值模拟结果，说明平面桁架结构的全局内力重分布模式，即结构的抗倒塌机制。

当桁架的某一段上弦发生初始破坏后，破断杆件两侧桁架仍然具有稳定的网格结构，故可视作是通过“连接”将两个未破损的“子桁架”相连在一起，剩余结构的竖向刚度由“支座-连接-支座”连线提供（图3-66）。此时，若保持初始构型不变，支座与连接的连线（即下弦构件）所提供的剩余结构的竖向刚度（即下弦构件的抗剪刚度）是非常低的。剩余结构只能通过大幅向下变形，使下弦内产生悬链线拉力来提供竖向承载刚度。这说明，悬链线作用的出现源自于桁架结构重新获得竖向刚度、为自重及其上荷载提供跨越能力的需求。对于其他上弦杆件初始失效的情况，此种依靠“悬链线机制”提供竖向刚度的方式及相应变形模式同样是适用的。

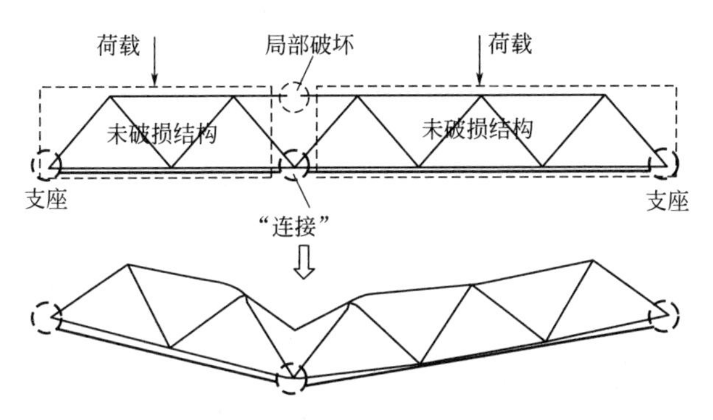

图3-66　平面桁架在上弦失效后的悬链线机制

“支座-连接-支座”简化模型同样可用于分析初始破坏发生于下弦构件时桁架结构的抗倒塌行为。当下弦某段失效后，“连接”变成了失效下弦正上方的上弦节点，故“支座-连接-支座”作为一个三脚拱具有相当的竖向承载能力，使剩余结构可以轻易地重获稳定平衡状态（图3-67）。此种抗倒塌机制可定义为“拱机制”，在这种机制下，剩余结构几乎没有可见变形，初始状态即新的稳定平衡状态。这一结论也为前文数值模拟所证实，图3-58所示的当LC3发生初始失效后，相邻下弦LC2内下弦发展轴向压力的情况，正是形成拱机制的一种体现。

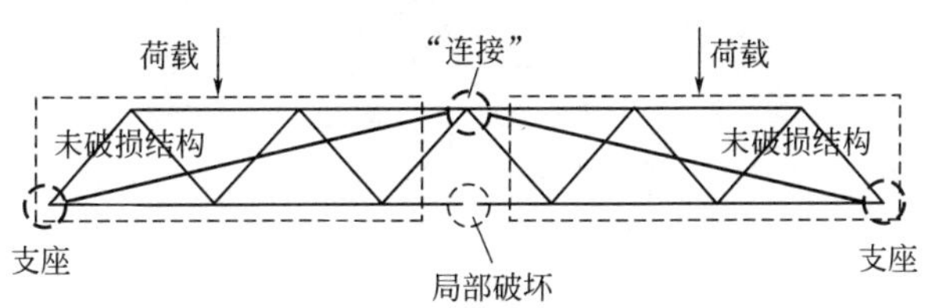

图3-67　平面桁架在下弦失效后的拱效应

当局部破坏发生于某一腹杆时，两侧未破损结构之间则存在两个“连接”，上部、下部连接分别为与腹杆同一节间的上、下弦杆（图3-68）。“支座-上部连接（上弦）-支座”形成了拱效应，可提供一定竖向承载能力。但拱受压承载时

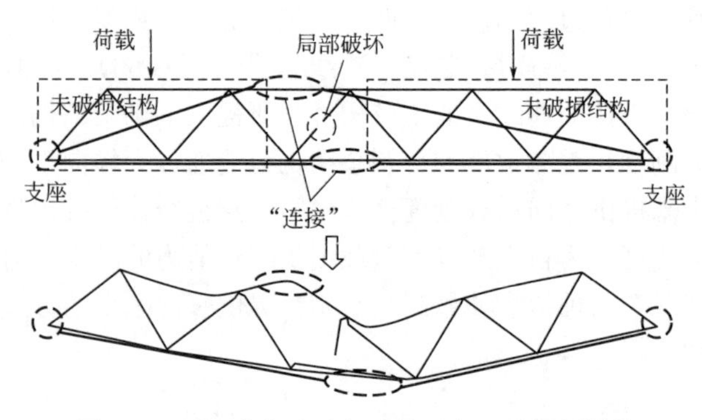

图 3-68 平面桁架在腹杆失效后的两种机制转换

作为“连接”的上弦单杆本身极易受压失稳，且若腹杆失效不在跨中，上弦单杆还存在剪力，如桁架模型试验和数值模拟中出现的情况。故大多数情况下依靠此拱效应承载是不稳定的，例如 truss-PJ 模型数值模拟中当 W5 破坏后，“上部连接”UC2 在 0.2s 内便受压失稳而弯曲，剩余结构转而依靠由“支座-下部连接（下弦）-支座”提供的悬链线作用承载（图 3-69）。

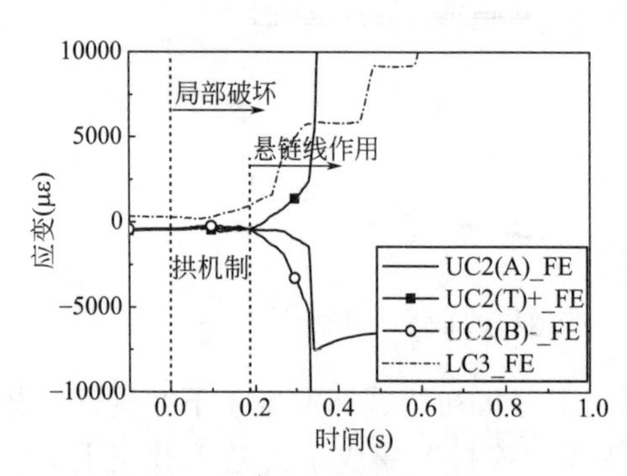

图 3-69 truss-PJ 模型 W5 失效后 UC2 与 LC3 的应变

以上计算与分析的对象均为典型 Warren 桁架，但若桁架上弦所有加载点都需要支撑，可采用在下弦节点对应位置增加竖腹杆的修正 Warren 桁架或 Pratt 桁架。设置竖腹杆的主要目的及直接好处是减小受压上弦的无支撑长度，这对于局部初始失效发生于斜腹杆的连续性倒塌工况有明显作用。以 truss-PJ 模型为例进行数值模拟。在下弦节点对应位置增设竖腹杆，同时将竖向荷载重新分配于上弦所有节点并保证总量的一致。当初始局部失效发生于 W5 时，由于上弦的节点无支撑长度缩短了一半，使“上部连接”的欧拉临界力提高了四倍，单凭“支座-上部连接-支座”的拱效应便可完成全局内力的重分布（图 3-70），而不致出现图 3-69 的二次重分布。

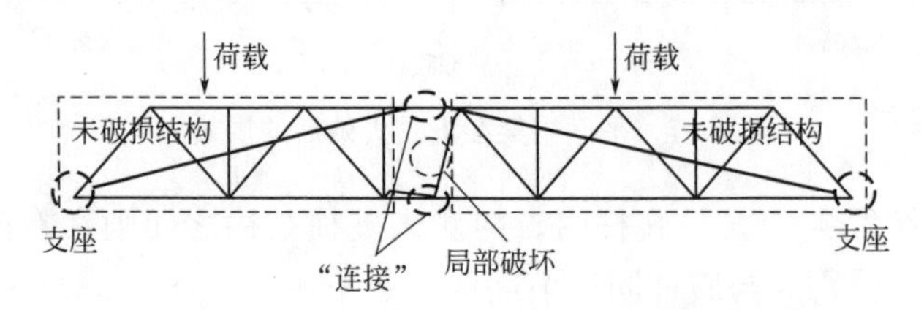

图 3-70 竖腹杆提高“上部连接”的承载能力

然而，增设竖腹杆对于局部初始失效发生于弦杆时剩余结构的抗倒塌能力却没有明显的提高。这其实是显而易见的，因为当上弦失效时，下弦悬链线作用的发挥无需竖腹杆的参与；而当下弦失效时，竖腹杆对“连接”两侧未破损结构承载能力会有所提高，但对将使拱效应失效的腹杆 W1 和下弦 LC1 的受力状况并无直接的改善（后文对拱机制的研究表明，拱机制的失效直接来源于支座相连杆件的失稳）。同时，从几何构型上看，竖腹杆自身的失效可看作是将原有的两个三角形网格变为一个三角形网格，而并未生成易变形的不稳定四边形网格。故它的失效对整体桁架结构的影响很小，仅改变对应上弦节点的局部受力，并在节点相连上弦杆件内产生弯矩（图 3-71）。

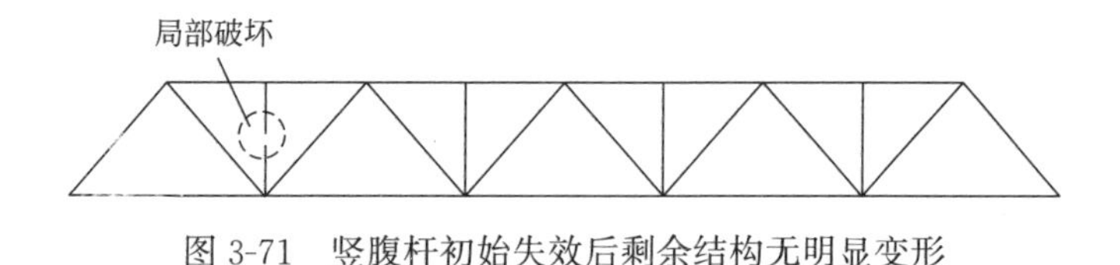

图 3-71 竖腹杆初始失效后剩余结构无明显变形

3.3.2 桁架结构的悬链线作用

当局部破坏发生于上弦或腹杆时，桁架结构可依靠下弦的悬链线机制抵抗连续性倒塌的发生。此时，悬链线机制能提供的竖向承载能力是相当大的，例如试验模型 truss-PJ 和 truss-WJ 在恒载 0.7kN/m^2、活载 1.5kN/m^2 的组合荷载下遭受初始局部破坏后仍能重获稳定平衡状态。但是，悬链线作用的发展受到竖向位移的限制：因作为“连接”的下弦节点在悬链线机制发展时是可供左右两侧结构绕之转动的“铰”，故过大的竖向挠度可能导致因节点转动能力不足而诱发腹杆失稳；另一方面，尽管目前无此方面规范规定，过大的竖向挠度显然意味着结构的倒塌，故悬链线机制的发挥应满足使剩余结构竖向挠度不致过大。

若局部破坏使下弦 pL 处形成塑性铰（图 3-72），则根据剩余结构整体的竖向力平衡条件和局部破坏左侧隔离体的力平衡条件，可将悬链线提供的承载能力 q 表示为 p 的函数；且 q 与竖向挠度与跨度之比 Δ/L 和此竖向挠度 Δ 下的下弦轴力 T 呈正比（式 3-4）。因下弦轴力 T 与下弦的伸长量 δL 正相关（式 3-5a，取决于下弦材料之材性），δL 则可由简单几何计算近似表示为 Δ/L 与 p 的函数（式 3-5b），故悬链线提供的承载能力 q 完全取决于局部破坏位置 p 和竖向挠度与跨度之比 Δ/L。将式(3-4) 与式(3-5) 表示在图 3-73 中，对于给定的限值 Δ/L（譬如 $\Delta/L=1/5$），相较于发生于跨中附近的初始失效，靠近支座位置的初始失效允许在下弦内产生更大的悬链线拉力 T，并将能够承受更大的外荷载 q。因此，发生于上弦靠近跨中位置的局部破坏将更大程度地削弱结构的承载能力储备。

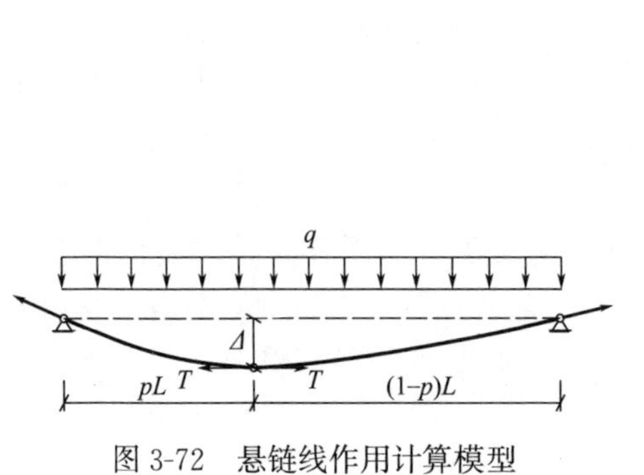

图 3-72　悬链线作用计算模型

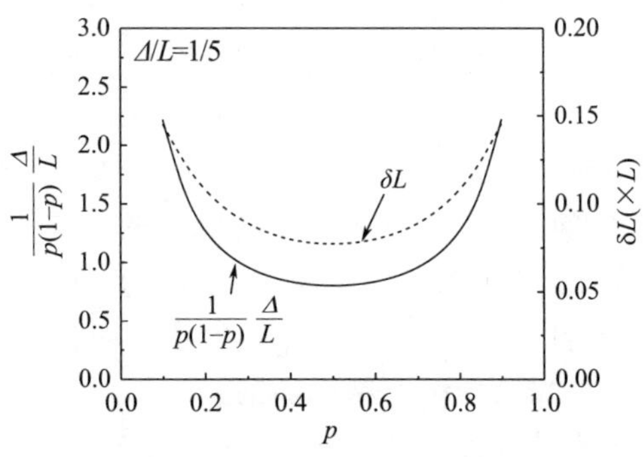

图 3-73　悬链线提供的承载能力

$$q=\frac{1}{p\ (1-p)}\cdot\frac{\Delta}{L}\cdot\frac{2T}{L} \tag{3-4}$$

$$T\propto\delta L \tag{3-5a}$$

$$\delta L=L\cdot\left(\sqrt{p^{2}+\left(\frac{\Delta}{L}\right)^{2}}+\sqrt{(1-p)^{2}+\left(\frac{\Delta}{L}\right)^{2}}-1\right) \tag{3-5b}$$

式中，q 为均布外荷载；p 表征初始破坏位置；Δ 为悬链线作用下桁架挠度；L 为桁架跨度；T 为悬链线内拉力；δL 为悬链线伸长，见图 3-72。

truss-PJ 模型上弦分为四段，对称轴单侧仅含两段上弦杆件，故初始失效发生于 UC1 或 UC2 的结果比对并不具有代表性；故需另构造一个具有更多段上弦杆件的桁架计算模型以验证上述关于悬链线作用的理论分析。新模型杆件（段）长度、截面及整体高度与 truss-PJ 模型相同，跨度增至原有两倍，并将其上竖向荷载总量减至试验荷载的 1/2 以保证常规荷载下的受力；将该计算模型命名为 truss-PJ-LS（LS 为大跨度 large span 的简写）。使 truss-PJ-LS 模型上弦各段分别发生初始破坏，剩余结构均能依靠悬链线作用重获稳定平衡状态；且变形模式符合“支座-连接-支座”简化模型的预测，整体结构挠度最大位置出现在局部破坏正下方的作为“连接”的下弦节点处（图 3-74）。图 3-75 为这些下弦节点的位移时程：局部破坏越靠近跨中，剩余结构的竖向挠度越大，且增大幅度逐渐减小；这与式(3-4)、式(3-5) 及图 3-73 反映出的剩余结构承载能力随初始破坏位置而呈现的非线性变化是相符的。另外，下弦悬链线拉应变最大值均出现在初始破坏右侧（子桁架）结构的下弦跨中，与关于“右侧未破损结构仍保有典型桁架受力特征”的分析及“将‘连接’两侧结构视作未破损子桁架而整体参与受力”的假定是相符的。同时，下弦最大拉应变随初始破坏位置改变的变化幅度没有竖向挠度的变化幅度显著，下弦轴向应变最大值均在 0.02 左右（图 3-76）。普通结构用钢在此应变下处于屈服平台阶段或仅刚刚进入强化，故下弦杆件远未达到拉伸断裂的程度；空间结构质量轻、荷载小，通常情况下下弦的悬链线作用不会失效。

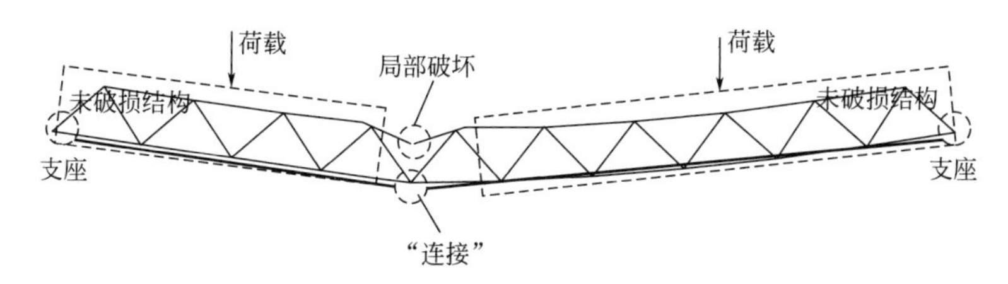

图 3-74 truss-PJ-LS 模型上弦 UC4 发生局部破坏后，整体结构的悬链线作用

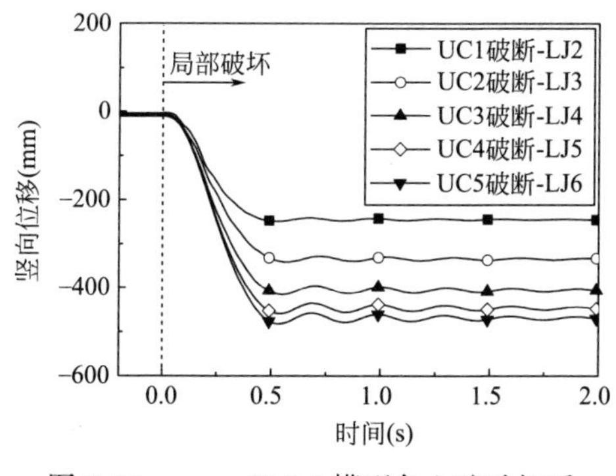

图 3-75 truss-PJ-LS 模型各上弦破坏后整体挠度

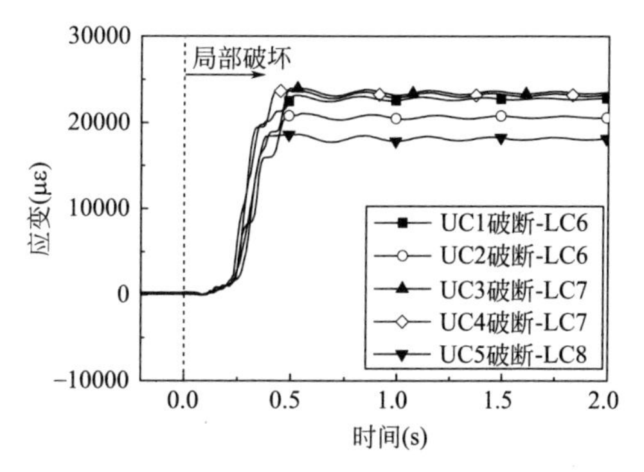

图 3-76 truss-PJ-LS 模型各上弦破坏后下弦最大应变

3.3.3 桁架结构的拱作用

桁架结构局部破坏发生于下弦时，拱效应可为剩余结构提供荷载跨越所需的竖向刚度，使剩余结构重获稳定平衡。此时，“连接”两侧稳定的三角形网格具有足够的轴向刚度与抗弯刚度，承受拱内压力时其整体稳定性是能够满足的。因此，拱效应的失效源自于三角形网格结构内局部杆件的失稳。例如将 truss-PJ 模型上的荷载增大 50%，则靠近支座的腹杆 W1 因具有较小的杆件截面和较大的轴向压力而屈曲，导致拱效应失效并引发了整体结构的倒塌（图 3-77）。

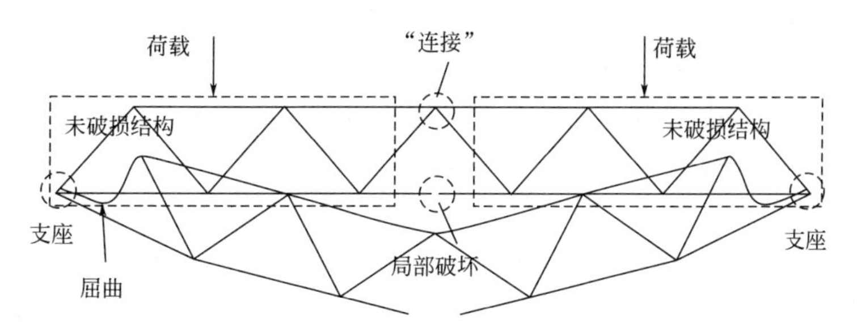

图 3-77 增大荷载时，拱效应因杆件的局部失稳而失效

拱机制发挥时，荷载向支座的传递使支座附近的杆件受到最大的压力，最易发生杆件失稳而诱发拱机制的失效。其中，腹杆 W1 的轴力相对稳定，但下弦 LC1 的轴力则取决于桁架的高跨比 H/L 和失效下弦的相对位置 p（图 3-78，式 3-6）；式(3-6) 可根据剩余结构整体和支座处的力平衡条件获得。图 3-77 算例显示 truss-PJ 模型拱机制失效的起因是腹杆 W1 的失稳，但若桁架结构几何参数及失效位置的改变使 LC1 内轴压力增大至一定程度时，LC1 可能会先于 W1 屈曲。定义单杆轴力与弹性欧拉临界力的比值为失稳系数 $B.I.$(Buckling Index，式 3-7)，则 LC1 与 W1 失稳系数的比值可用于判定两者之中哪一根会先失稳，即若 $B.I._{LC1}/B.I._{W1}>1$，LC1 率先失稳；反之，W1 率先失稳（式 3-8）。

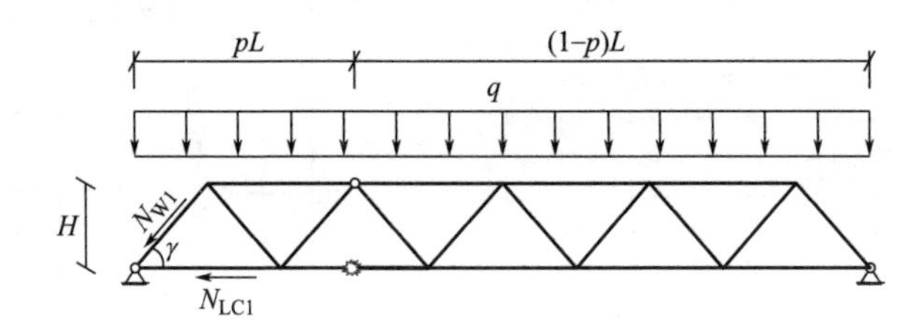

图 3-78 拱效应计算模型

$$N_{W1}=\frac{qL}{2}\cdot\frac{1}{\sin\gamma} \tag{3-6a}$$

$$N_{LC1}=\frac{qL}{2}\left(\frac{p(1-p)}{H/L}-\cot\gamma\right) \tag{3-6b}$$

$$B.I.=\frac{N}{N_E} \tag{3-7}$$

$$\frac{B.I._{LC1}}{B.I._{W1}}=\frac{N_{LC1}l_{LC1}^2I_{W1}}{N_{W1}l_{W1}^2I_{LC1}}=4\left(\frac{p(1-p)}{H/L}\cdot\sin\gamma-\cos\gamma\right)\cos^2\gamma\cdot\frac{I_{W1}}{I_{LC1}} \tag{3-8}$$

式中，N_{W1} 与 N_{LC1} 分别为 LC1 与 W1 的轴力；N_E 为杆件的弹性欧拉临界力；I_{LC1} 与 I_{W1} 分别为 LC1 与 W1 的惯性矩；q 为桁架均布荷载；p 表征失效下弦的位置；H 为桁架高度；L 为桁架跨度；γ 为腹杆与下弦夹角，见图 3-78。

以试验桁架模型 truss-PJ 的几何参数为例（$\gamma=48°$，$I_{W1}/I_{LC1}=3.11$），计算 $B.I._{LC1}/B.I._{W1}$ 随桁架高跨比 H/L 和初始破断下弦位置 p 的演化趋势(图 3-79)。对于 truss-PJ 模型，无论发生在下弦的局部破断出现于何处，率先屈曲的杆件（增大外荷载直至有杆件屈曲出现）都为腹杆 W1，正如图 3-77 所示算例。由式(3-6a) 知，腹杆 W1 的轴力与下弦初始失效位置无关，桁架能承担的临界荷载 q_{W1} 是相同的。对于高跨比为 truss-PJ 模型 1/2 的 truss-PJ-LS 模型，靠近支座位置的下弦破坏仍将诱发 W1 的率先屈曲，且此时的临界荷载 q_{W1} 也是相同的。然而，当初始破坏发生在跨中附近的下弦段时，$B.I._{LC1}/B.I._{W1}$ 比值

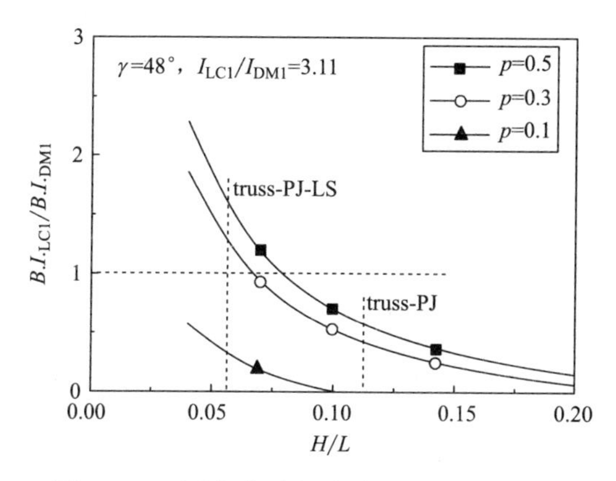

图 3-79　下弦杆与腹杆失稳系数的变化趋势

可能增大至超过 1，即此时下弦 LC1 将率先失稳；此时的临界荷载 q_{LC1} 必定小于 W1 率先失稳模式的临界荷载 q_{W1}，否则腹杆 W1 将率先失稳。

上述分析可为数值模拟所验证。对于 truss-PJ-LS 模型，更易使 W1 率先失稳的工况（LC2 初始破坏）并未导致任何构件的屈曲，结构藉由拱效应重获稳定平衡状态（图 3-80）。但在相同荷载下，随着局部失效位置向跨中转移，$B.I._{LC1}/B.I._{W1}$ 比值随 LC1 轴力的增大而变大；发生于跨中的局部失效导致了 LC1 的屈曲，并触发了整体结构的后继倒塌，屈曲下弦在倒塌过程中又被拉直（图 3-81）。总而言之，当桁架结构高跨比较大时，无论下弦的初始失效发生于何处，拱效应的失效均由 W1 的屈曲控制，其临界荷载是恒定的，与初始失效位置无关；但当桁架的高跨比较小时，跨中附近的下弦初始失效更易触发 LC1 的屈曲及后续倒塌，使拱效应的失效临界荷载降低。

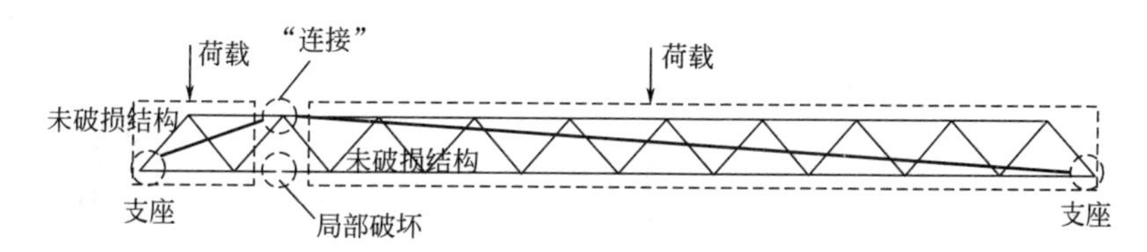

图 3-80　桁架结构高跨比较小时，靠近支座的下弦局部破断不会触发整体的倒塌

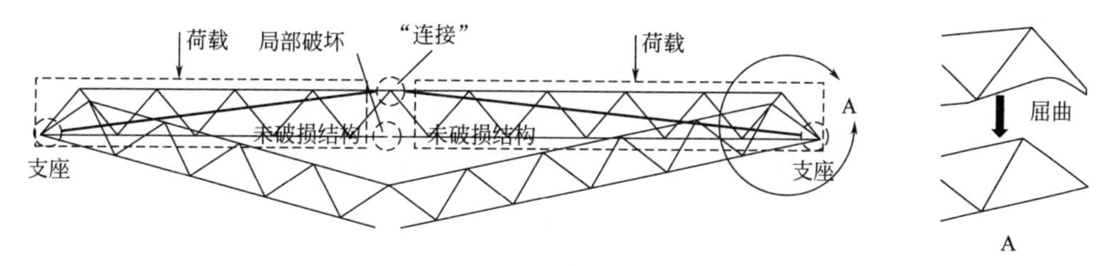

图 3-81　桁架结构高跨比较小时，跨中下弦的局部破断导致 LC1 的屈曲并触发整体的倒塌

前述关于拱效应失效的分析建立在“连接”两侧未破损结构具有整体稳定性的基础之上。但存在一种特例工况，亦是最危险的工况：若下弦失效发生于紧邻支座的 LC1 段，则左侧未破损结构不再是稳定的三角形网格，而仅为承载能力相当有限的单根腹杆 W1。可以预期的是，它承受拱效应压力时必将更易失稳，而后使整个桁架发生垮塌（图 3-82）。

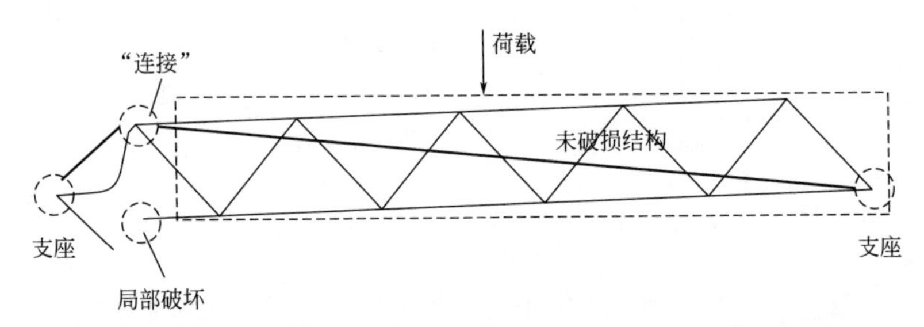

图 3-82　局部破坏发生于下弦 LC1 段时，W1 受压失稳

3.4　平面桁架结构防连续性倒塌设计对策

本书 1.3.2 节概述了拉结力设计法、局部抗力设计法和备用荷载路径法等建筑结构抗连续性倒塌定量设计方法；其中，备用荷载路径方法不依赖于结构形式、不依赖于局部破坏产生的原因，是最适于为大跨度空间结构抗连续性倒塌设计所采用的方法。本章前述的试验、数值与理论研究建立了平面桁架结构备用荷载路径分析的一些基本原则，包括：

（1）建立平面桁架结构分析模型时，桁架杆件可采用梁单元，桁架节点宜采用弦杆连续、腹杆与弦杆铰接的简化节点模型；

（2）桁架结构不同位置初始破坏导致的动力效应差别明显，故推荐使用动力非线性分析方法，荷载应使用现行建筑结构抗倒塌设计规范[82、83、100] 中的动力非线性分析的荷载组合，即式(2-2)；

（3）倒塌分析工况拆除的杆件应包含桁架跨中位置的腹杆、弦杆及紧邻支座位置的下弦杆等敏感杆件；

（4）推荐使用本书 2.2.2 节提出的改进的连续性倒塌数值分析流程进行连续性倒塌动力非线性分析，可大幅提高空间结构备用荷载路径分析的效率。

已有研究同时指出，进行以提高平面桁架结构抗连续性倒塌能力为目标的结构概念设计时，应注意：

（1）过高的桁架节点刚度可能会降低节点的转动能力，使之无法与相连构件的大变形、大转动相协调，进而降低平面桁架结构的抗倒塌承载力，故设计时应避免采用插板或套管等节点加劲方式；

（2）桁架结构的悬链线作用和拱作用这两种抗倒塌机制的发挥均依赖于足够的支座水平约束刚度，故设计时需保证桁架结构两端支座的水平刚度与强度。

3.5 新型防连续性倒塌桁架节点

模型试验、数值分析与理论分析均表明，下弦的悬链线作用在桁架结构抵抗连续性倒塌过程中发挥了关键性的作用。然而，试验结果却显示，下弦各段的受拉程度是极不均匀的。重新获得稳定构型的 truss-WJ 模型和 truss-PJ 模型中，LC3 段内的拉力远超其他各段，且平均拉应变远超屈服应变。此种不均匀的受拉模式极大地增加了关键构件 LC3 受拉断裂、而后触发连续性倒塌的风险。

实际上，在建筑结构遭遇到非预期的局部初始破坏后，剩余结构中将出现某个或某些关键构件，例如下弦 LC3，它们在倒塌工况下承担着比其他构件更大的内力，对结构重新获得稳定构型也起到更重要的作用。实际上，此类关键构件的存在有其深刻的内在原因。局部初始破坏本质上是一种不平衡力的产生，结构所具有的抗连续性倒塌能力来源于通过力流的重构来有效释放此不平衡力的能力。传统建筑结构设计中，往往通过提高结构构件自身的抗力，以全力抵抗局部破坏及后续变形产生的不平衡力；但此种抵抗造成的后果是，在一定构型下，不平衡力会在局部越积越多，如下弦 LC3 与邻近 LC2 和 LC4 之间便存在着不平衡力，此不平衡力是依靠 LC3 杆件与 LJ3、LJ4 节点的承载力而抵抗的；但此时结构始终面临着关键构件失效而释放更大不平衡力的风险。若将结构中的力流比作水流，则此种倒塌下不平衡力在局部的汇集与堰塞湖的形成类似，因火山熔岩流或地震致山体滑坡等原因形成的堰塞体堵住了原有水系形成堰塞湖，在堰塞体两侧存在着巨大的压力差；一味加固堰塞体以抵抗两侧的不平衡水流（不平衡力）防止溃堤的发生可能是有效的，但最好的办法还是采用人工挖掘等引流的方式，逐步缓慢地释放两侧的不平衡水流（不平衡力流）。

将上述类比退回到建筑结构中，如果能使不平衡力缓慢地释放而不超过任何单根构件的承载能力，则将不会发生局部初始破坏的扩展而可以避免连续性倒塌的发生。特别地对于桁架结构，避免下弦某段的过分受拉能保证桁架下弦整体悬链线作用的发挥，从而提高结构的抗连续性倒塌能力。为此，设计了一种全新的用于桁架结构的节点构造。本节将给出该节点的原型设计、关键部件设计方法和节点抗滑力设计方法，并通过一个采用该节点的 Warren 型桁架模型的连续性倒塌试验及数值模拟验证该节点的抗倒塌性能。

3.5.1 节点原型设计

(1) 节点构造

新型节点应能实现以下的功能：(1) 设计荷载下，节点与焊接相贯节点等常规节点具有相同的行为；(2) 当桁架遭遇局部失效、下弦发展悬链线机制以抵抗连续性倒塌时，节点能够确保发挥该抗倒塌机制，以尽可能实现下弦的均匀受拉；(3) 为确保悬链线机制的抗倒塌作用，节点应能实现腹杆与弦杆的铰接连接，避免出现 truss-RJ 桁架中的腹杆连续失稳现象。

基于以上概念，设计了该新型节点。图 3-83 展示了该节点的组成部分和安装方式。上、下两个钢块通过四个预紧螺栓牢固地安装于下弦，钢块在下弦的位置由一个穿过钢块与下弦的定位销钉保证。腹杆与上部钢块通过“耳板-销轴”构造实现铰接连接。在常规设计荷载下，由螺栓预紧力产生的摩擦力与定位销钉提供的抗剪力将通过某种方式组合，提供将钢块固定于下弦节点位置的抗滑力。当连续性倒塌工况下出现悬链线作用时，如果某个下弦节点两侧的下弦杆件之间的轴力差值（定义为该节点的不平衡力）超过了节点的设计抗滑力，则抗剪销钉会被剪断，节点钢块将会沿着下弦滑动，释放节点的不平衡力。

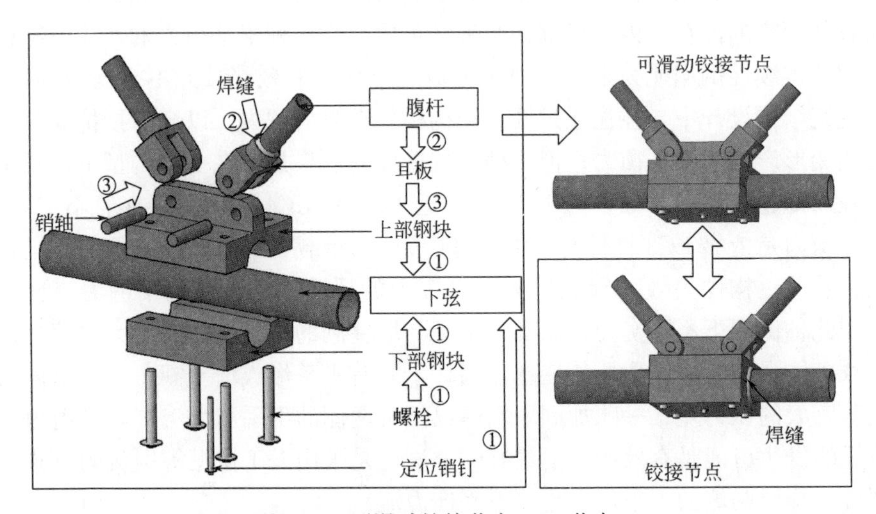

图 3-83 可滑动铰接节点（PS 节点）

因此，该新型节点命名为可滑动铰接节点（Pinned-Slidable Joint，简写为 PSJ 或 PS 节点）。可以看出，PS 节点与铰接桁架模型 truss-PJ 试验中的铰接节点连接件非常相似。区别在于，铰接节点连接件中，除了预紧螺栓和定位销钉外，还在节点钢块与下弦接缝处辅以焊缝，保证在任何工况下，节点钢块都不会沿下弦有任何滑动。

（2）节点关键部件设计

节点的抗滑力由预紧螺栓的型号、数量和定位销钉的大小决定。对于预紧螺栓，其产生的最大静摩擦力（F_S）大于滑动后产生的滑动摩擦力（F_K）。对于定位销钉，由于安装时存在配合空隙，其抗滑力的发挥滞后于螺栓预紧力提供的抗滑力。因此，典型的节点抗滑力与节点滑动距离的关系曲线如图3-84所示。

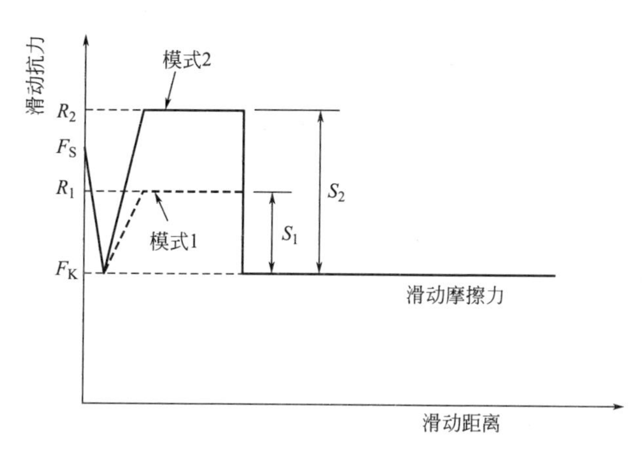

图3-84　PS节点的抗滑力构成与模式

当节点固定于下弦不动时，抗滑力由螺栓产生的静摩擦力单独提供。如果节点不平衡力超过了最大静摩擦力，则节点将开始沿着下弦滑动。在定位销钉的抗剪力发挥作用前，节点的抗滑力将有一个瞬时的下降。此后，依据定位销钉的抗剪力的不同，节点可能存在两种不同的滑动抗力模式。这两种模式对应着两种节点组件设计方法。

如果节点的设计抗滑力 R 可以完全由预紧螺栓产生的静摩擦力提供，则节点滑动后的行为可由模式1表示。此时，定位销钉的尺寸必须小，甚至可以取消定位销钉，即“强螺栓、弱销钉”：

$$\begin{cases}F_S=R\\S_L=S_1\leqslant F_S-F_K\end{cases}\tag{3-9}$$

据此进行预紧螺栓和定位销钉的设计，其中，S_L 为定位销钉的抗剪承载力。假定两个钢块内表面与下弦之间的圆柱接触面之间摩擦力是均匀的，所有螺栓提供的预紧力之和为：

$$n\cdot P=\frac{R}{\pi\mu_S}\tag{3-10}$$

式中，n 为预紧螺栓个数；P 为单个螺栓的预紧力；μ_S 为接触面静摩擦系数。

定位销钉的抗剪力应满足：

$$S_L\leqslant\left(1-\frac{\mu_K}{\mu_S}\right)\cdot R\tag{3-11}$$

式中，μ_K 为接触面动摩擦系数。

有时，出于建筑或施工考虑，预紧螺栓的尺寸、数量不足以提供足够的抗滑力，则定位销钉需要具有足够的抗剪能力，以弥补预紧螺栓产生的滑动摩擦力与设计抗滑力之间的不足。此种设计方案是一种“弱螺栓、强销钉”的设计，节点滑动后的行为可由模式 2 表示：

$$\begin{cases} F_S < R \\ S_L = S_2 = R - F_K \end{cases} \tag{3-12}$$

据此，定位销钉的抗剪力为：

$$S_L = R - \pi\mu_K \cdot n \cdot P \tag{3-13}$$

3.5.2 节点性能试验验证

(1) 试验概述

为验证 PS 节点的抗连续性倒塌能力，本节进行了一个在下弦节点处使用 PS 节点的桁架模型的连续性倒塌试验。为保证试验结果可与使用普通铰接节点的桁架 truss-PJ 的试验结果比对，试验模型的几何尺寸与构件材料均与 truss-PJ 桁架相同（图 3-85）。

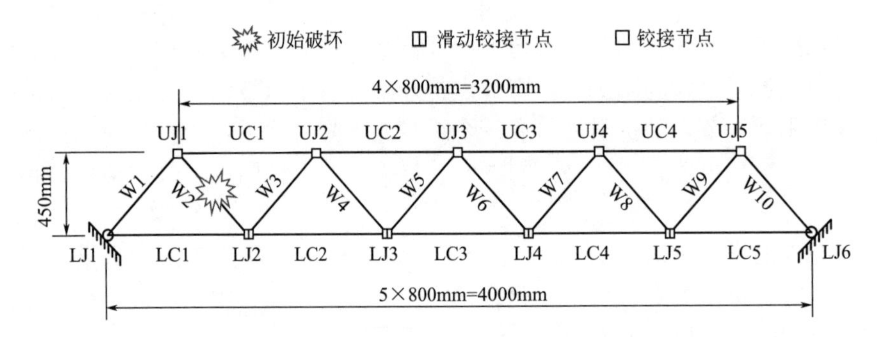

图 3-85　truss-PSJ 的几何尺寸

桁架模型设计的关键在于 PS 节点的抗滑力。若设计抗滑力小于静载工况下将 PS 节点固定于下弦所需的最低抗滑力，节点在静载工况下便会发生滑动，这显然是不可取的。但若设计抗滑力过大，则即便是连续性倒塌工况使下弦出现了很大的不平衡力，PS 节点也不会滑动，这同样是不可取的。对于 truss-PSJ 模型试验，下弦各节点的设计抗滑力以 truss-PJ 模型试验中下弦节点出现的不平衡力为依据，保证设计抗滑力取值的合理性。如图 3-86 所示，下弦节点 LJ2 和 LJ5 的设计抗滑力为 7.5kN，而下弦节点 LJ3 和 LJ4 的设计抗滑力为 5kN。

truss-PSJ 模型采用“强螺栓、弱销钉”设计。LJ2 和 LJ5 节点对螺栓的预紧力和定位销钉的抗剪力的要求为：

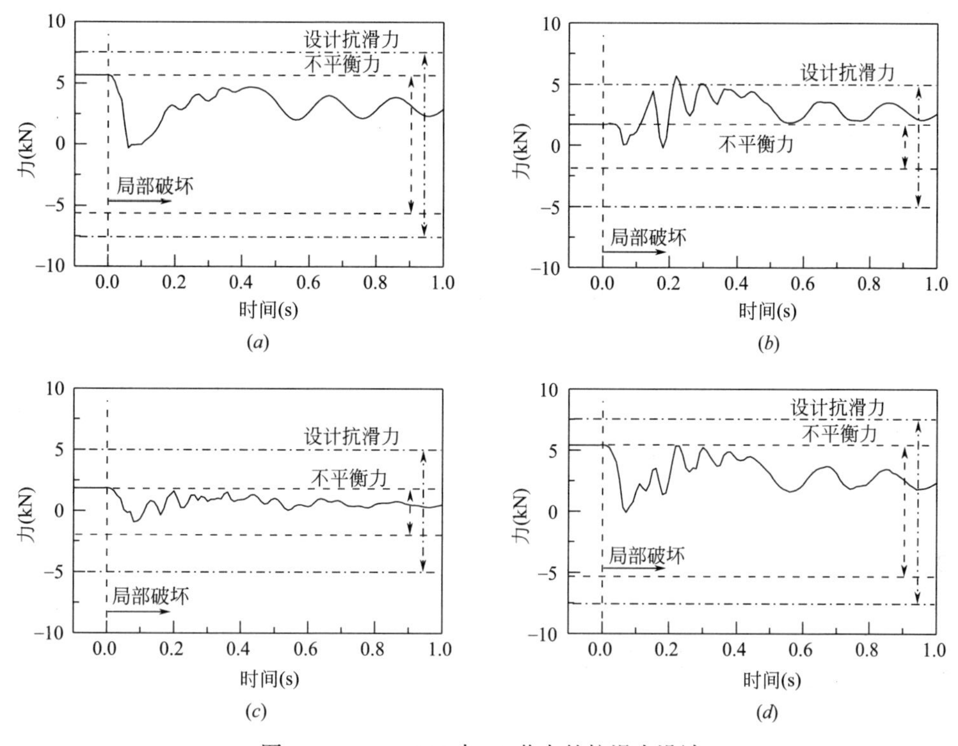

图 3-86　truss-PSJ 中 PS 节点的抗滑力设计

(a) LJ2；(b) LJ3；(c) LJ4；(d) LJ5

$$P_1=P_4=\frac{7.5}{4\times\pi\times0.30}=1.99\text{kN} \tag{3-14}$$

$$S_L\leqslant\left(1-\frac{0.15}{0.30}\right)\times7.5=3.75\text{kN} \tag{3-15}$$

式中，对于干净钢-钢接触表面，μ_S 取 0.3[156]，μ_K 取 μ_S 的一半，即 0.15[157]。螺栓采用直径为 6mm 的 8.8 级高强度螺栓。对单个螺栓，产生 1.99kN 所需施加的扭矩可由下式计算[157]：

$$T=K\cdot P\cdot d \tag{3-16}$$

式中，K 为依赖于螺栓材料和尺寸的常数，此处可取为 0.2；d 为螺栓直径。通过上式得到螺栓扭矩为 2.39kN·mm；该扭矩通过扳手和附加在扳手后面的测力计施加。

定位销钉使用精加工的直径为 2.5mm 的钢圆杆。通过材性试验，钢圆杆材料的抗拉强度约为 320MPa，故材料的抗剪强度约为 256MPa（=0.8×320MPa）。故定位销钉的抗剪力为 1.26kN，满足式(3-15) 的要求。

对于 LJ3 和 LJ4 节点，螺栓和定位销钉采用上述相同的设计方法。单个螺栓的预紧力为 1.33kN，相应的扭矩为 1.59kN·m。销钉的容许最大抗剪力为 2.5kN，故可同样适用直径为 2.5mm 的钢圆杆。

试验采用与 truss-PJ 试验相同的试验装置，施加相同的试验荷载，采用相同的试验流程使腹杆 W2 突然失效。此处不再详述。

(2) 试验结果

当对 truss-PSJ 模型静力加载时，所有的节点件均保持在弦杆上的原有位置不变，没有发生任何滑动。W2 开始失效后，剩余结构发生了快速的竖向变形，悬链线作用开始在桁架下弦出现。在 0.24s 后，下弦 LJ3 节点突然开始沿着 LC2 朝向 LJ2 发生滑动，并导致了整体模型构型的显著改变。而后大约过了 0.5s，剩余结构获得新的稳定平衡构型（图 3-87）。在此过程中仅有 LJ3 节点出现了滑动状态，最后的滑动距离为 143mm。平衡构型的变形接近对称，最大的位移出现在桁架的中部位置。另外，由于出现了节点 LJ3 的滑动及后续形状变化，truss-PSJ 的平衡构型与未采用 PS 节点的 truss-PJ 明显不同（图 3-88）。

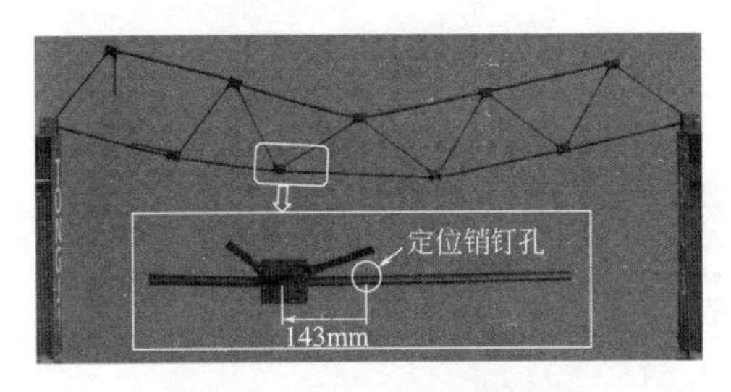

图 3-87 truss-PSJ 的平衡构型

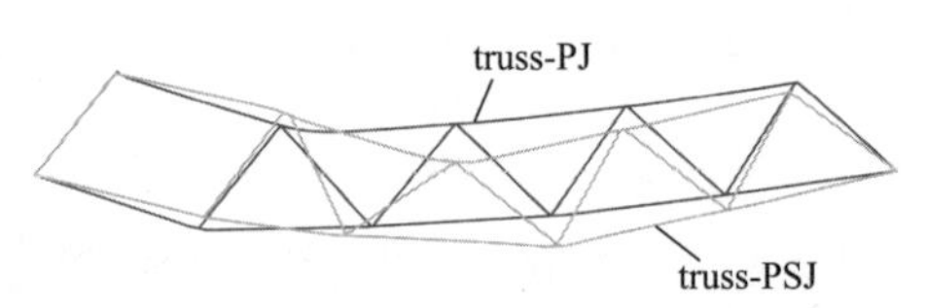

图 3-88 truss-PSJ 与 truss-PJ 平衡构型对比

腹杆 W2 的初始失效使下弦 LC2 和 LC3 之间的不平衡力大幅增加（图 3-89）。truss-PSJ 中，LJ3 的不平衡力在 0.24s 左右增大至 5.29kN，超过了设计滑动抗力，激活了 PS 节点的滑动机制。随着 LJ3 节点的滑动，节点两侧下弦杆件间的不平衡力得到了释放。对比而言，未采用 PS 节点的 truss-PJ 模型中 LJ3 的不平衡力始终未得到释放。同时，truss-PSJ 模型中 LJ2、LJ4 和 LJ5 节点的不平衡力始终未达到设计抗滑力，故这些节点始终保持固定不动的状态（图 3-90）。

随着 LJ3 的滑动并释放 LC2 和 LC3 间的不平衡力，各下弦段间因发展悬链线作用而产生的拉力几乎相同（图 3-91）。这明显有别于 truss-PJ 模型中 LC3 中拉力明显超过其他下弦杆段的情况（图 3-23）。因此，PS 节点的引入直接改善了 truss-PJ 下弦的承载状况，即受力最大的 LC3 因节点的滑动而拉力大幅减小，其他受力较小的下弦杆段内的拉力小幅增加，最终各下弦杆段均匀受力，提高了悬链线作用的抗连续性倒塌能力。

同时，随着 LJ3 的滑动，truss-PSJ 剩余结构的承载机制也发生了明显的改

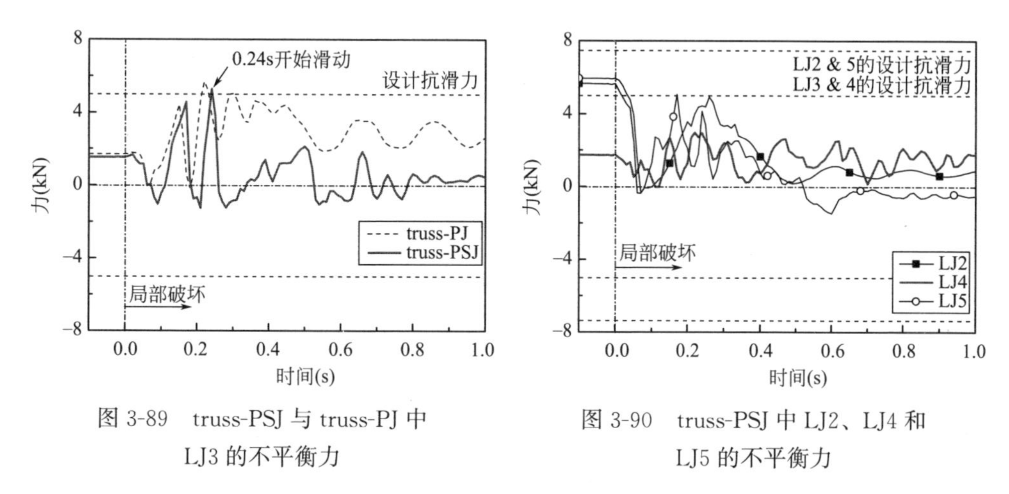

图 3-89　truss-PSJ 与 truss-PJ 中 LJ3 的不平衡力

图 3-90　truss-PSJ 中 LJ2、LJ4 和 LJ5 的不平衡力

变。对于典型桁架结构，相邻腹杆内轴力的方向相反，即腹杆存在拉-压交替模式；上弦杆件受压，与下弦杆件的拉力平衡，并形成力偶抵抗荷载产生的弯矩。但在 truss-PSJ 模型中，这种腹杆承载模式消失了，所有腹杆都以承压的方式将上弦节点的荷载直接传递到发展悬链线作用的下弦上（图 3-92）。上弦杆件内的压力消失了，在 UC2、UC3 和 UC4 中甚至还发展了一定的拉力（图 3-93）。试验结果表明，truss-PSJ 中各杆件的内力均小于 truss-PJ。剩余结构承载机制的变化说明，PS 节点可通过其滑动使剩余结构具有某种程度的自适应能力，有助于剩余结构获得在当前倒塌工况下的最优承载模式和平衡构型。

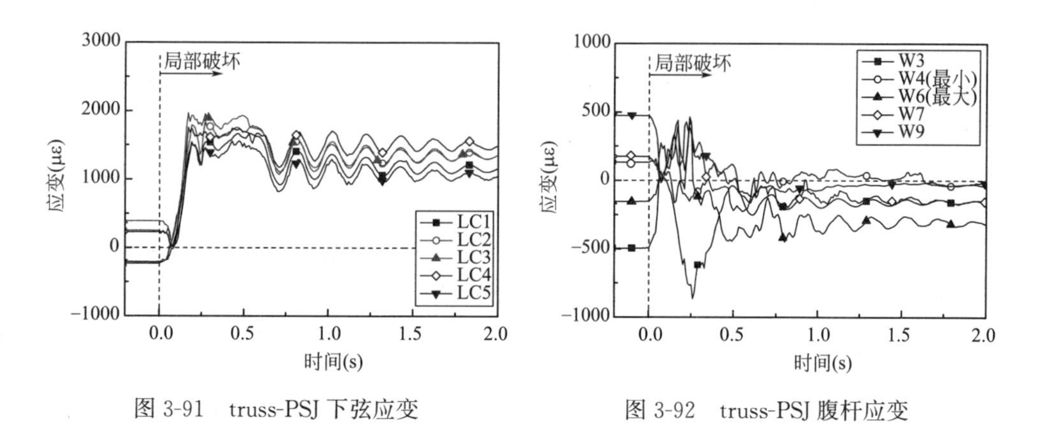

图 3-91　truss-PSJ 下弦应变

图 3-92　truss-PSJ 腹杆应变

另一方面，truss-PSJ 剩余结构在变形过程中发生了显著的形状变化，例如 W5 和 LC3 间的夹角从 48°变为了 33°。但在此过程中并未出现如 truss-RJ 中那样的腹杆失稳现象。说明 PS 节点采用铰接连接设计是重要的。

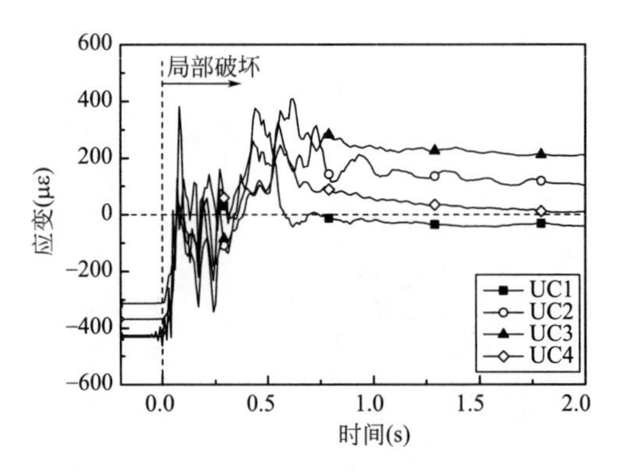

图 3-93　truss-PSJ 上弦应变

3.5.3　采用 PS 节点桁架的连续性倒塌数值模拟

(1) 数值模型

本节将应用通用有限元程序 Abaqus 建立应用 PS 节点的 truss-PSJ 桁架的数值模型，以更好地阐释 PS 节点在桁架结构遭遇局部初始破坏时的抗倒塌能力。模型的分析使用显式程序 Abaqus/Explicit 进行，并采用 2.2.2 节的改进的连续性倒塌数值分析流程，实现重力与试验荷载的施加及杆件在稳态平衡后的突然破断。

由于 truss-PSJ 在试验研究的倒塌工况下出现了节点的滑动，故采用一致多尺度的方法建立多尺度的 truss-PSJ 有限元模型（图 3-94），以模拟这种结构部件间动力接触的复杂行为。上弦和腹杆杆件使用两节点线性空间梁单元 B31 模拟，而下弦杆件使用四节点减缩积分双曲壳单元 S4R 模拟。下弦 PS 节点的钢块使用离散刚体模拟，上、下钢块在接触面处施加“绑定”约束。钢块圆柱体内表面与下弦外表面之间建立接触关系，法向上为无穿透的硬接触，切向上为摩擦系数为 0.3 的摩擦接触。

通常情况下，结构中的预紧螺栓提供的预紧力可通过 Abaqus 中的“装配力”模拟。但该模拟技术仅可应用于隐式求解器 Abaqus/Standard 中，故不能够为本分析所用。因为模型中的预紧螺栓仅为产生摩擦力以提供抗滑力，而相同的抗滑力效应可通过其他方式等代。故在实际建模时，并不建立预紧螺栓的模型，而是在节点处使用了一个连接下弦构件截面形心与上部钢块的虚拟的“抗剪键”，使其抗剪强度等于预紧螺栓提供的静摩擦力，来代替预紧螺栓对节点的抗滑力的贡献（见图 3-94）。需要指出的是，这个抗剪键并不是定位销钉或定位销钉的一部分，故其材料特性完全取决于预紧螺栓。因此，对于 LJ2 和 LJ5 的 PS 节点，抗剪键的抗剪强度为 7.5kN；而对于 LJ3 和 LJ4 的 PS 节点，抗剪键的抗剪强度为 5kN。抗剪键使用八节点线性减缩积分实体单元 C3D8R 模拟。同时，由于

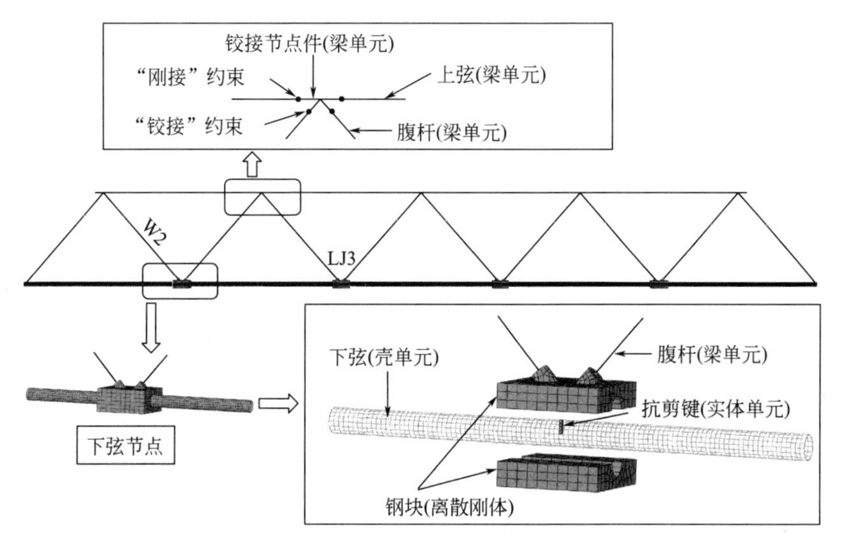

图 3-94　truss-PSJ 有限元模型

truss-PSJ 桁架中的 PS 节点基于“强螺栓、弱销钉”而设计，故有限元模型中可不对定位销钉建模。

（2）数值模拟结果

W2 破断后，truss-PSJ 产生向下的大幅、快速变形。随着变形的增加，悬链线作用开始在下弦中出现。在 0.21s 后，LJ3 处的 PS 节点开始出现向左的滑动，最终的滑动距离为 155mm。图 3-95～图 3-97 展示了有限元模拟得到的结果与试验结果的比对，包括最终的平衡构型、上弦跨中节点的竖向位移和下弦 LJ3 节点处的不平衡力。结果显示，有限元模拟与试验结果具有很好的吻合程度，说明该有限元模型可以准确地表现 PS 节点的滑动行为、桁架模型剩余结构的动力响应及抗倒塌机制。因此，该有限元模型可为后续的参数分析所用，研究 PS 节点在其他倒塌工况下对桁架结构抗倒塌能力的提升。

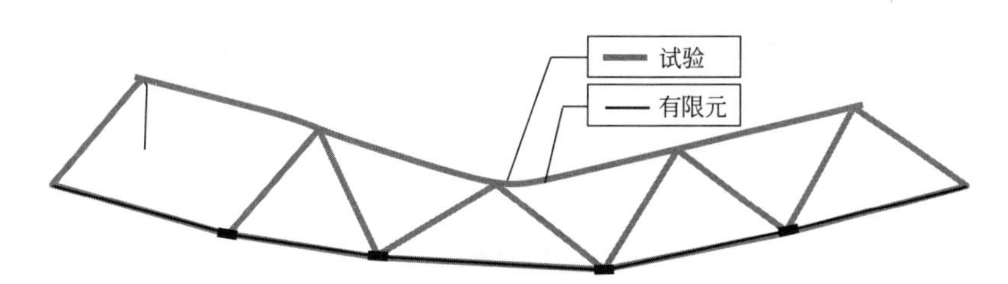

图 3-95　truss-PSJ 试验与有限元平衡构型对比

当桁架结构的初始破坏发生在其他位置时，可以预期的是，下弦各 PS 节点处的设计抗滑力将有别于试验工况。试验中针对初始破坏发生于 W2 而设计的抗

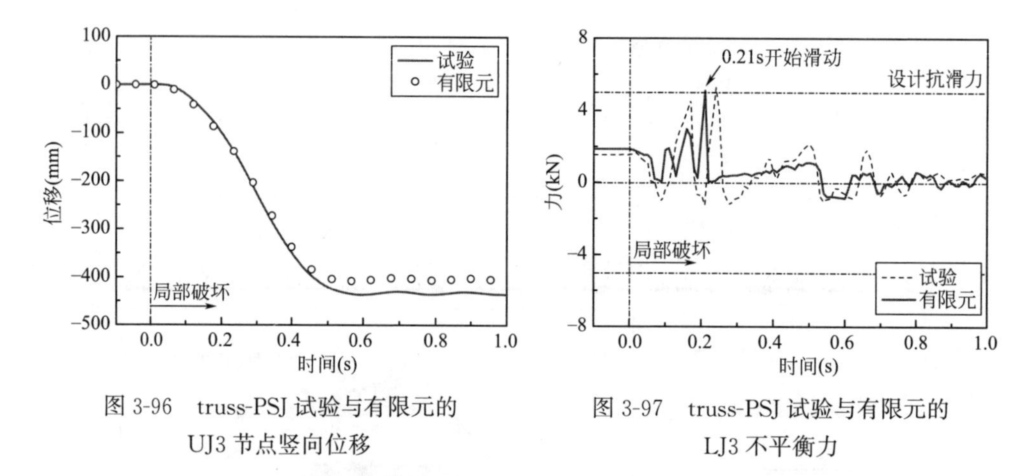

图 3-96 truss-PSJ 试验与有限元的 UJ3 节点竖向位移

图 3-97 truss-PSJ 试验与有限元的 LJ3 不平衡力

滑力将不会适用于其他倒塌工况，不能保证 PS 节点抗倒塌性能的正常发挥。因此，进行采用 PS 节点的桁架的设计与分析时，首先需要确定各 PS 节点能够满足各倒塌工况要求的设计抗滑力。下面一节将介绍这种设计方法。

3.5.4 采用 PS 节点桁架的设计方法与分析

(1) 节点设计抗滑力

PS 节点在不同的倒塌工况下都应能正常发挥其增强下弦悬链线作用的能力。因此，进行节点抗滑力设计时，需考虑到以下几点：①在未发生初始破坏时，PS 节点应固定于原有下弦节点位置不动，因此节点抗滑力应大于设计荷载下节点的不平衡力；②节点的抗滑力不应该太高，因此需要确定各种悬链线工况（指下弦形成不同位形的悬链线作用）下节点的不平衡力；③对于某些下弦节点，其在所有悬链线工况下的最大不平衡力可能仍小于其在设计荷载下的不平衡力，则 PS 节点的滑动机制无法激活，故这些节点处不应采用 PS 节点；④当下弦杆件发生初始破坏导致拱机制承载时，PS 节点应能够固定于原有下弦节点位置不动，确保拱机制的正常发挥，因此 PS 节点的抗滑力应大于各种拱机制工况（指以不同上弦节点为拱顶的拱机制）下的最大节点不平衡力。综合以上几点，节点抗滑力的设计分为五个步骤进行（图 3-98）。PS 节点的不平衡可通过假定所有 PS 节点处于不可滑动状态来计算，因此，计算时采用的有限元模型使用 3.2.1 节中最基本的梁单元有限元模型即可。

步骤 1：计算下弦各节点 LJm 在设计荷载下的不平衡力（F_{m}^{0}）。该不平衡力通过对完好桁架（未发生初始破坏的桁架）进行设计荷载下的线性静力分析获得。若下弦杆件 LCm 的轴力为 T_{m}^{0}，则节点 LJm 的不平衡力为：

$$F_{\mathrm{m}}^{0}=\left|T_{\mathrm{m}}^{0}-T_{\mathrm{m}-1}^{0}\right| \tag{3-17}$$

步骤 2：计算各悬链线工况下各下弦节点的不平衡力。该不平衡力通过对桁

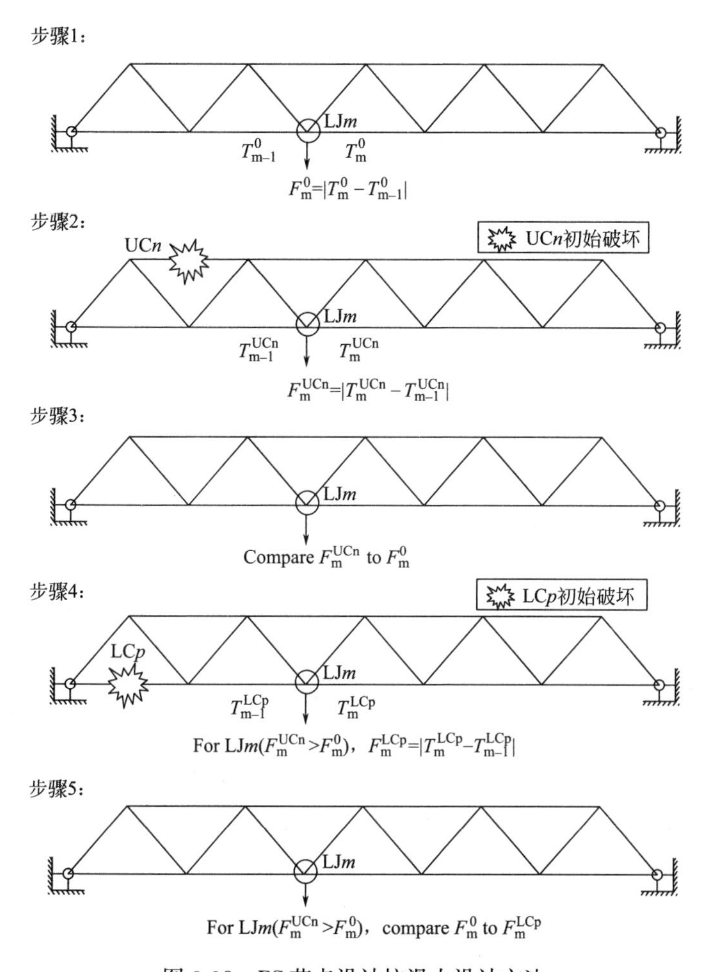

图 3-98　PS 节点设计抗滑力设计方法

架进行备用荷载路径分析获得。对于有 m 个下弦节点的桁架，以每一个下弦节点作为悬链线的最低点，则该桁架具有 m 个悬链线工况。这些工况可以通过分别拆除下弦节点正上方的 m 根上弦杆件得到。例如，当腹杆 W1 或 W2 发生突然的局部失效时，桁架剩余结构的平衡构型与上弦 UC1 失效的平衡构型是几近相同的（图 3-99）。故尽管腹杆的初始失效同样会触发悬链线机制，但在此步骤进行各悬链线工况计算时，仅分别拆除各上弦杆件即可。因此，对于下弦节点 LJm，在上弦杆件 UCn 失效时的不平衡力为：

$$F_m^{UCn}=|T_m^{UCn}-T_{m-1}^{UCn}| \tag{3-18}$$

因为这里进行备用荷载路径分析的目的是为了获取下弦节点的不平衡力，故采用非线性静力分析是合适的。现行规范并未对桁架结构的非线性静力分析规定动力放大系数。文献［158］对桁架钢桥进行线性静力分析，指出动力放大系数

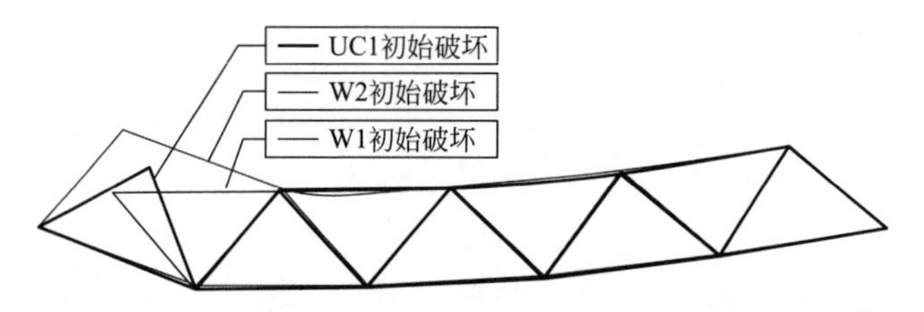

图 3-99 truss-PSJ 在 UC1、W1 和 W2 初始失效后的平衡构型

依桥梁的特性和初始破坏的位置而不同，但该文献进行的所有算例得到的动力放大系数均小于 1.4。因此，为简化起见，此处进行桁架结构的非线性静力分析时，动力放大系数可取为常数 1.4。

步骤 3：确定在下弦的哪些节点处使用 PS 节点。对于某一节点，对比其在所有悬链线工况下的最大不平衡力 F_{m}^{UC} 和其在设计荷载下的不平衡力 F_{m}^{0}。若 F_{m}^{UC} 小于 F_{m}^{0}，则意味着该节点即便使用了 PS 节点，PS 节点的滑动机制也永远不会被触发。因此，PS 节点仅应用在 F_{m}^{UC} 大于 F_{m}^{0} 的下弦节点处。

步骤 4：确定各拱机制工况下的各 PS 节点的不平衡力。同样进行非线性静力的备用荷载路径分析，每次拆除一根下弦杆件。对于采用 PS 节点的下弦节点 LJm，因拆除下弦杆件 LCp 而产生的不平衡力为：

$$F_{m}^{LCp}=|T_{m}^{LCp}-T_{m-1}^{LCp}| \tag{3-19}$$

步骤 5：确定每个 PS 节点的设计抗滑力。理想情况下，节点 LJm 的设计抗滑力 R_{m} 应该取为设计荷载下该节点的不平衡力 F_{m}^{0} 和各拱机制工况下该节点的最大不平衡力 F_{m}^{LC} 之间的较大值。但考虑到桁架结构可能出现的过载及备用荷载路径分析中潜在的分析不确定性，需对设计抗滑力引入一个安全系数。若采用 1.1 的安全系数，则节点 LJm 的设计抗滑力为：

$$R_{m}=1.1\times\max(F_{m}^{0},F_{m}^{LC}) \tag{3-20}$$

对于某些下弦节点，有时拱机制下的不平衡力可能会大于悬链线机制下的不平衡力，说明若保证拱机制下 PS 节点的固定不动，悬链线机制出现时 PS 节点同样不会发生滑动。这时，该下弦节点不宜采用 PS 节点设计。若采用 PS 节点设计，则需要对整体桁架进行下弦杆件初始失效的连续性倒塌分析，检查 PS 节点滑动对拱机制发挥的影响。连续性倒塌分析的模型应采用 3.5.3 节建立的多尺度的、可考虑节点滑动的数值模型。

(2) 不同倒塌工况下 PS 节点的行为

本节首先使用上一节的节点抗滑力设计方法对 truss-PSJ 桁架重新设计，使之可用于各种连续性倒塌工况。重新设计的桁架模型命名为 truss-PSJ-new。然后，对 truss-PSJ-new 模型进行多尺度建模与数值分析，研究重新设计的 PS 节点在腹杆、上弦杆和下弦杆失效时的行为。

图 3-100 展示了 truss-PSJ-new 桁架下弦 PS 节点的设计过程与结果。步骤 2 和步骤 4 的备用荷载路径分析使用动力放大系数为 1.4 的非线性静力分析方法。同时，由于桁架构型左右对称，故拆除上弦杆件的工况和拆除下弦的工况可以据此分别简化为两个与三个。由步骤 1 与步骤 3 可知，PS 节点应用于 LJ3 和 LJ4。由步骤 4 和步骤 5 可知，LJ3 和 LJ4 的 PS 节点的设计抗滑力为 $R_{LJ3}=R_{LJ4}=1.1\times2.55=2.8$kN。上弦节点和 LJ2 与 LJ5 均使用 truss-PJ 中使用的铰接节点连接件。

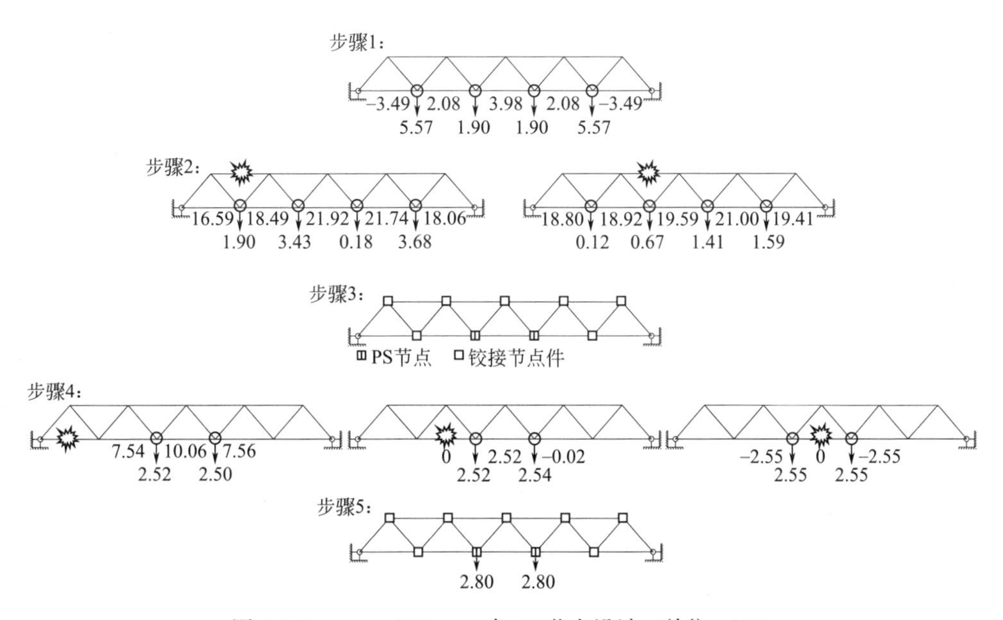

图 3-100 truss-PSJ-new 中 PS 节点设计（单位：kN）

对腹杆失效工况的研究仍选取 W2 腹杆作为初始失效腹杆。这是因为 truss-PSJ-new 桁架中 LJ3 节点的设计抗滑力远小于 truss-PSJ 桁架，故此研究可探究节点设计抗滑力大小的影响。W2 腹杆的失效导致了 truss-PSJ-new 桁架下弦的悬链线作用及节点 LJ3 的不平衡力。0.16s 后，LJ3 处的 PS 节点开始滑动，释放 LJ3 节点的不平衡力（图 3-101）；最终的滑动距离约为 157mm。与 truss-PSJ 桁架相比，truss-PSJ-new 桁架中 LJ3 节点滑动开始的时间早了 0.05s。但两个桁架的最终平衡构型及 LJ3 节点的滑动距离几乎完全相同。图 3-102 进一步比较了上弦跨中的竖向位移。结果显示两个桁架仅在 0.16s 后由于 PS 节点开始滑动的先后存在非常小的差别。因此，不同的节点设计抗滑力会导致节点滑动时间的不同。但由于节点最终的滑动距离和与之相关的平衡构型取决于剩余结构内的力流，故受节点设计抗滑力影响很小。所以，尽管节点设计抗滑力存在一个允许范围，但在设计时以选取这个允许范围的下限为佳，如式(3-20)，以确保 PS 节点

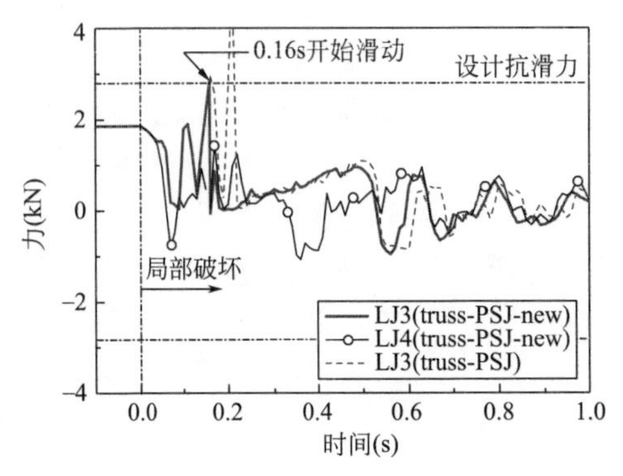

图 3-101 truss-PSJ-new 在 W2 失效后 LJ3 和 LJ4 的不平衡力

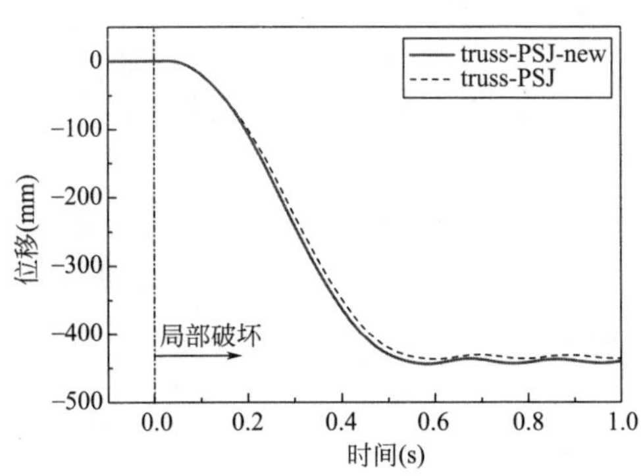

图 3-102 truss-PSJ-new 在 W2 失效后 UJ3 竖向位移

滑动机制的及时发挥。

当初始破坏发生于上弦杆件时，同样将触发下弦的悬链线机制以抵抗连续性倒塌，故 PS 节点在上弦初始破坏工况下的作用与腹杆初始破坏工况是相近的。因此，对上弦初始破坏工况的研究选取 UC1 杆件为初始破坏杆件，以与 W2 初始破坏工况相对应。LJ3 处的 PS 节点在 UC1 失效后 0.17s 开始滑动，并最终滑动了 159mm（图 3-103、图 3-104）。这一现象与 W2 初始失效工况是非常接近的。究其原因，是因为 UC1 与 W2 的初始失效对应的是相同的悬链线工况，即触发以下弦 LJ2 节点为最低点的悬链线。因此，两种工况下下弦 LJ3 节点的不平衡力是相近的。

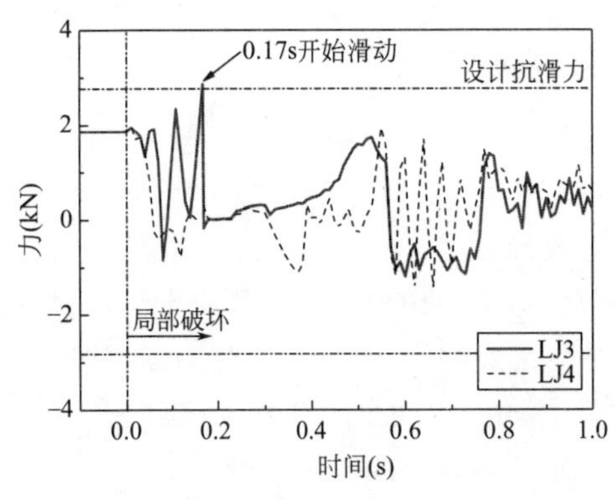

图 3-103 truss-PSJ-new 在 UC1 失效后 LJ3 和 LJ4 的不平衡力

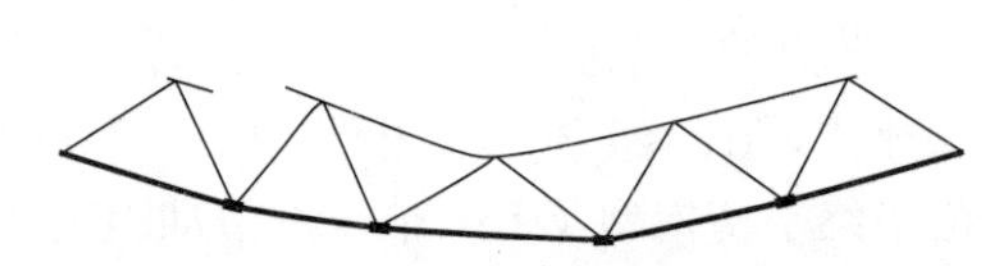

图 3-104 truss-PSJ-new 在 UC1 失效后的平衡构型

对于所有下弦杆件初始破坏的工况，LC3 的破坏在 LJ3 出产生最大的不平衡力，故选取 LC3 为代表研究 PS 节点在拱机制下的行为。LC3 突然失效后，拱机制开始发挥抵抗连续性倒塌的作用。下弦 LJ3 和 LJ4 处的节点不平衡力始终小于设计抗滑力（图 3-105），故这两个节点始终保持在原有位置不动。剩余结构可以藉由拱机制轻易地获得与原有平衡构型相近的新的稳定平衡构型（图 3-106）。

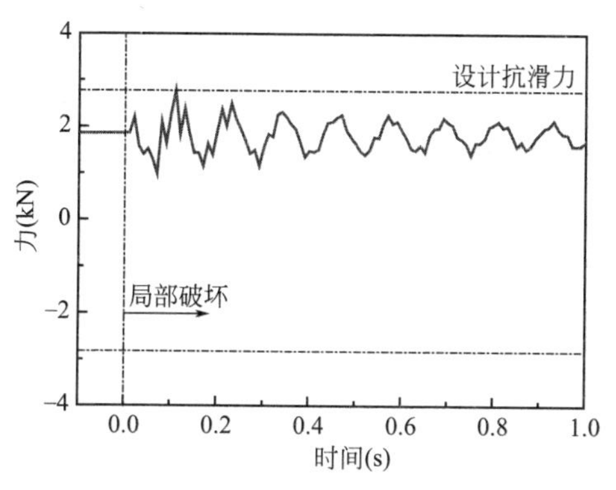

图 3-105　truss-PSJ-new 在 LC3 失效后 LJ3 和 LJ4 的不平衡力

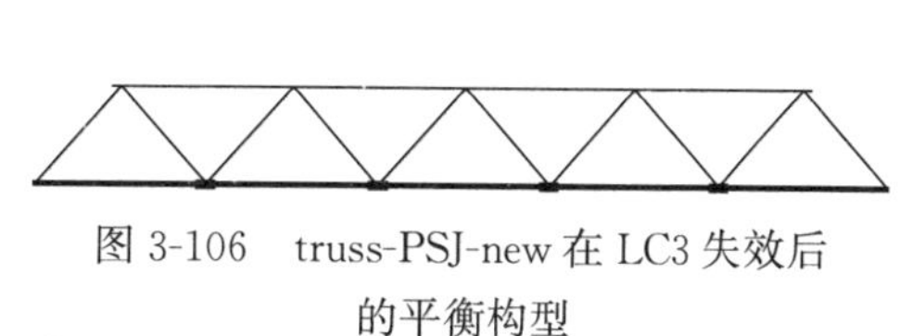

图 3-106　truss-PSJ-new 在 LC3 失效后的平衡构型

第4章 桁架结构体系连续性倒塌分析与设计对策

对于桁架结构体系等以平面传力为主的结构，当一榀桁架发生破坏后，除依赖桁架自身的抗倒塌机制外，纵向檩条对于初始破坏榀单元的拉结作用是该体系抗倒塌能力的重要来源。在连续性倒塌工况下，檩条节点往往处于超常规的受力状态，其强度、刚度与延性等节点特性对整体结构体系的抗倒塌行为必然有重要影响。但结构设计中，通常仅将檩条作为非主要受力构件处理，故其端部连接构造是否具有足够的强度与延性以充分发挥檩条的拉结作用仍值得探讨。因此，本章对典型檩条节点进行试验研究，掌握其在连续性倒塌工况下的力学行为，建立其在连续性倒塌工况下的简化数值模型，以实现桁架结构体系连续性倒塌全过程模拟。

4.1 倒塌工况下檩条节点性能

4.1.1 檩条节点试验概述

(1) 试验模型

与框架结构在中柱失效条件下的梁柱节点试验相类似，对檩条节点拉结作用的试验研究也有两种模式[37]，其一为三榀桁架两跨檩条子结构模式，由发生初始破坏的中间桁架单元与两侧相邻桁架单元以及相应的檩条组成，见图 4-1(a)；其二为一榀桁架双半跨檩条子结构模式，由发生初始破坏的桁架单元以及两侧的半跨檩条组成，见图 4-1(b)。本试验采用后一种子结构模式，共设计了 10 个檩

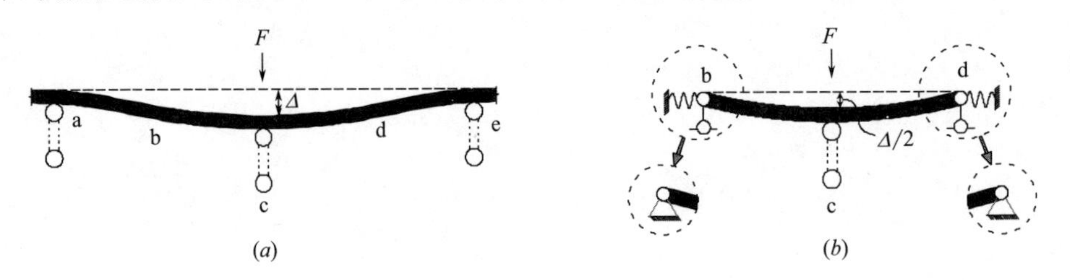

图 4-1 檩条节点连续性倒塌性能试验子结构形式

条节点试件，每个试件均为包含桁架—檩条连接节点与两侧半跨檩条的子结构，各试件的设计参数见表 4-1。

檩条节点试件设计参数　　**表 4-1**

试件编号	跨度(m)	螺栓群高度 H (mm)	螺栓群形心位置 C (mm)	檩条与屋架间距 S (mm)	加载方向	螺栓等级	螺栓规格	单侧螺栓个数	预紧力(kN)
S1	**6**	**70**	**150**	**30**	向下	**8.8 级**	**M12**	**2**	**20**
S2	**9**	70	150	30	向下	8.8 级	M12	2	20
S3	6	**150**	150	30	向下	8.8 级	M12	2	20
S4	6	70	**105**	30	向下	8.8 级	M12	2	20
S5	6	70	**105**	5	向下	8.8 级	M12	2	20
S6	6	70	**105**	30	向上	8.8 级	M12	2	20
S7	6	70	150	30	向下	**4.8 级**	**M18**	2	20
S8	6	150	150	30	向下	**4.8 级**	**M12**	**4**	20
S9	6	70	150	30	向下	8.8 级	M12	2	**30**
S10	6	70	150	30	向下	8.8 级	**M18**	2	20

试件 S1 为基准试件，见图 4-2。檩条采用高频焊接 H 型钢，截面尺寸为 H300×150×4.5×6。每侧的半跨檩条长度为 2780mm，两檩条之间的距离为 10mm，檩条端部至支座转动中心的距离为 215mm，因此，檩条节点试件的跨度为 6m。檩条通过檩托与下部屋架相连。考虑到屋架的强度、刚度远大于檩条及檩条节点，在连续性倒塌工况下，节点变形均集中于檩条腹板与檩托的连接；因此，将屋架简化为一块平板及直接与之通过螺栓相连的加载短柱。檩托单板采用焊脚尺寸为 8mm 的双面角焊缝焊接于“屋架平板”的上表面，并布置加劲肋防止檩托的面外变形。檩条与檩托采用单排布置的 2 个 8.8 级 M12 的普通螺栓连接，螺栓间距 70mm，螺栓群形心位于檩条截面的形心。试验现场，对安装螺栓施加的扭矩进行测定，并计算螺栓内的预紧力，约为 20kN。檩条底面与下部屋

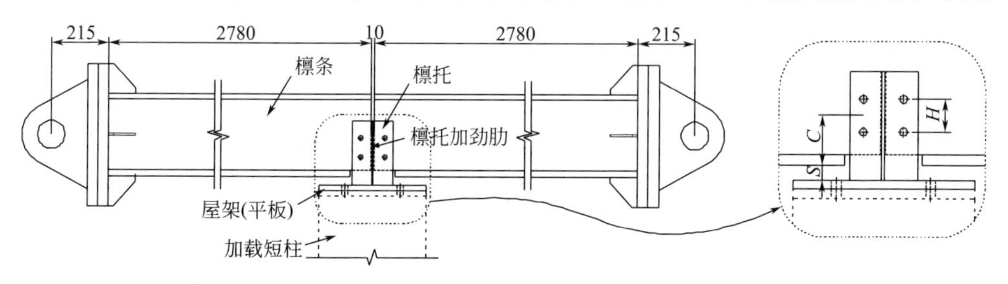

图 4-2　基准试件 S1（单位：mm）

架的间距为 30mm。

在连续性倒塌工况下，初始失效榀屋架向下运动，导致相邻榀屋架处檩条与下部屋架可能发生接触、碰撞，故相较初始失效榀屋架檩条节点处于更不利的状态。因此，本试验以初始失效榀相邻屋架处的檩条节点为研究对象。为模拟连续性倒塌工况，需对节点施加竖直向上的荷载或位移。试验时，试件与实际结构反向放置，即等代屋架的平板位于檩条与檩条节点的上方。此时，试验荷载方向同样反向，为竖直向下。

试件 S2～S10 以试件 S1 为基准，调整局部参数：

试件 S2 调整试件跨度，跨度改为 9 m；

试件 S3 调整螺栓间距，间距改为 150mm；

试件 S4 调整螺栓群形心位置，将螺栓群形心向屋架方向移动 45mm；

试件 S5 将螺栓群形心向屋架方向移动 45mm，并将檩条与屋架间距减小至 5mm；

试件 S6 将螺栓群形心向屋架方向移动 45mm，并将加载方向改为竖直向上，模拟初始失效榀节点；

试件 S7 调整螺栓强度与规格，改为 4.8 级 M18；但单个螺栓的抗剪承载力是相同的，均为 26.88kN；

试件 S8 调整螺栓数量、强度与规格，改为单侧 4 个 4.8 级 M12；但螺栓总的抗剪承载力是相近的，S1 两个螺栓的抗剪承载力为 53.76kN，S8 四个螺栓的抗剪承载力为 47.04kN；螺栓间距为 50mm；

试件 S9 增大螺栓的预紧力至 30kN。

试件 S10 仅调整螺栓规格，改为 M18。

(2) 试验装置

图 4-3 为试验加载装置，由两侧的水平反力墙、位于中部的两个反力框架、作动器与加载短柱以及滑动约束装置组成。檩条端部通过铰支座固定于水平反力墙上，约束檩条端部的水平和竖向位移，并释放平面内转动约束。作动器顶端固定于反力框架的横梁上，底端连接加载短柱，加载短柱底端通过螺栓与等代屋架的平板相连，从而对檩条节点施加荷载。节点在受力过程中不可避免地将呈现非对称破坏模式，进而可能造成加载装置的转动与破坏，为此，采用滑动约束装置保证作动器及加载短柱只能沿竖向运动。滑动约束装置由外箍套筒与内滑动装置配合使用（图 4-4），等代屋架的“平板”与内滑动装置相连，后者四面安装 12 个万向球，可沿外箍套筒的内壁上下无摩擦滑动[37]；滑动约束装置外箍套筒通过约束横梁固定于反力框架上。

(3) 加载与测试方案

试验全程采用位移加载，加载速度为 2mm/min。当子结构试件一侧完全破

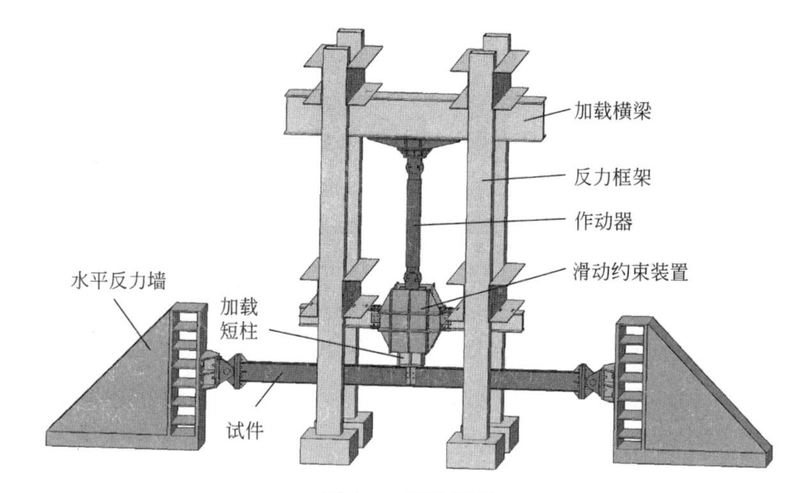

图 4-3 试验装置

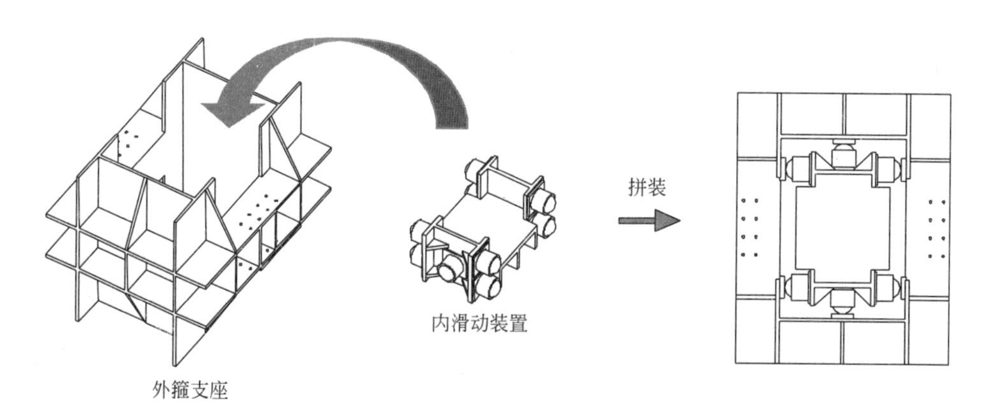

图 4-4 滑动约束装置

坏，檩条掉落时，停止加载。

通过在试件上布置位移计监控试件在加载过程中的竖向构型变化，以及檩条端部铰支座的位移，见图 4-5。D1～D10 布置在檩条下表面翼缘中线处。

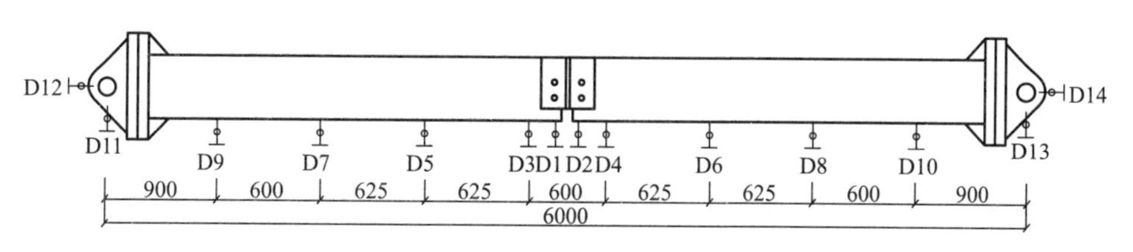

图 4-5 试件位移计测点布置（单位：mm）

檩条内力的发展通过布置于檩条上的沿檩条轴向的应变片监控，选择两侧檩条各三个截面布置应变片，如图 4-6 所示。由于此种构造檩条节点的承载力远小

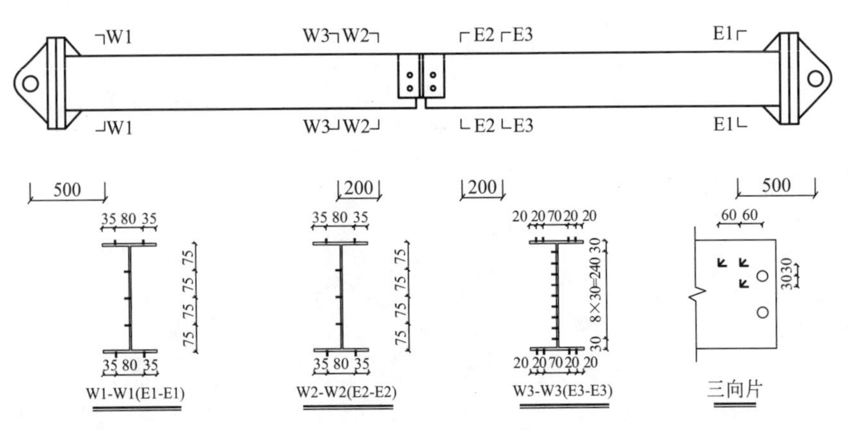

图 4-6 试件应变测点布置（单位：mm）

于檩条构件的承载力，根据预分析知，檩条在试验全过程中保持弹性。因此，可根据下式计算檩条内力，其中轴力 N 以拉伸为正，弯矩 M 以使试件的檩条上翼缘受拉为正，剪力 V 向下为正（图 4-7）：

$$N=EA\bar{\varepsilon} \tag{4-1}$$

$$M=EI\frac{\varepsilon_U-\varepsilon_L}{h} \tag{4-2}$$

$$V=\frac{M}{\sqrt{l^2+\delta^2}} \tag{4-3}$$

式中，E 为钢材弹性模量，取为 2.06×10^5MPa；A 为檩条截面面积；I 为截面绕强轴惯性矩；$\bar{\varepsilon}$ 为截面各测点平均应变；ε_U 为截面上翼缘平均应变；ε_L 为截面下翼缘平均应变；h 为截面高度；l 为截面距铰支座的距离；δ 为截面的挠度。

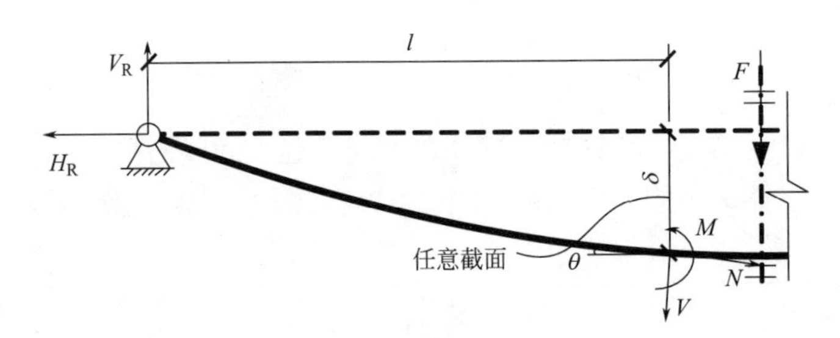

图 4-7 试件檩条内力计算简化模型

支座竖向反力 V_R 与水平反力 H_R 通过 3-3 截面（E3-E3，W3-W3）内力计算：

$$V_R=V_3\cos\theta_3+N_3\sin\theta_3 \tag{4-4}$$

$$H_R=N_3\cos\theta_3-V_3\sin\theta_3 \tag{4-5}$$

式中，V_3 和 M_3 分别为 3-3 截面的剪力与弯矩；θ_3 为 3-3 截面的倾角，$\theta_3=\arctan(\delta_3/l_3)$。

檩条通过弯曲机制提供的竖向抗力 V_M 和通过悬链线机制提供的竖向抗力 V_N 分别为：

$$V_M = V_3 \cos\theta_3 \tag{4-6}$$

$$V_N = N_3 \sin\theta_3 \tag{4-7}$$

4.1.2　檩条节点试验结果

（1）试件 S1

试件 S1 为基准试件，其荷载—位移曲线如图 4-8 所示；荷载 F 为作动器荷载，位移 Δ 为节点处 D1、D2 位移测点位移的平均值。位移小于 2mm 时，曲线呈线性上升方式；其原因是，尽管檩条腹板和檩托的螺栓孔径均大于螺杆直径，但螺栓仍可通过安装拧紧（预紧力）时的静摩擦力传力。但是，普通螺栓的预紧力有限，螺栓处承受的剪力很快超过该静摩擦力，节点处开始出现螺栓滑移；随后，由于檩条节点与两端支座处于近乎三铰共线的瞬变体系状态，曲线进入缓慢上升的平台段，直至位移达到约 140mm。其后，随着螺杆与腹板、檩托螺栓孔壁顶紧，试件抗力快速增长；在这一过程中，下部两个螺栓原本相互平行的螺杆在端部相互靠近。当位移达到 228mm 时，E 侧下部螺栓断裂，荷载从 12.9kN 迅速降至 5.4kN。此后，荷载开始回升，上部两个螺栓的螺杆端部也开始靠近。当位移达到 260mm 时，E 侧上部螺栓断裂，E 侧檩条坠落至实验室地坪。试验结束后，试件的整体变形、螺栓的破坏、檩条腹板和檩托板螺栓孔的孔壁变形见图 4-9。檩条腹板螺栓孔的变形基本沿檩条纵向方向，檩托板上的螺栓孔无可见变形。

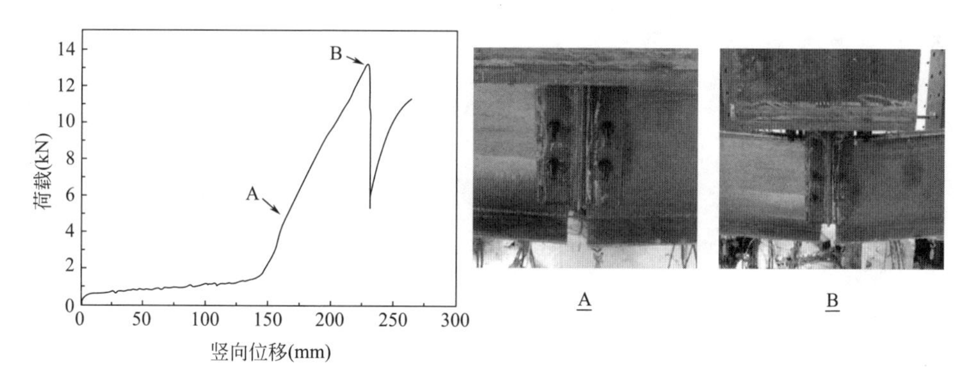

图 4-8　试件 S1 荷载位移曲线

（2）试件 S2

试件 S2 与基准试件 S1 的跨度不同，由试件 S1 的 6m 调整为 9m，其荷载—位移曲线如图 4-10 所示。整个试验过程与试件 S1 相似，当位移至 257mm 时，试件达到极限承载力，为 10.7kN；随即，E 侧下部螺栓断裂，荷载迅速降至

(a) (b) (c) (d)

图 4-9 试件 S1 破坏情况

(a) 试件整体变形；(b) 螺栓破坏；(c) 檩条腹板螺栓孔；(d) 檩托板螺栓孔

3.8kN。此后试件承载力重新增大，当位移达到 293mm 时，E 侧上部螺栓断裂，E 侧檩条坠落至实验室地坪。试验结束后，试件的整体变形、螺栓的破坏、檩条腹板和檩托板螺栓孔的孔壁变形见图 4-11。同样，檩条腹板螺栓孔的变形基本沿檩条纵向方向，檩托板上的螺栓孔无可见变形。

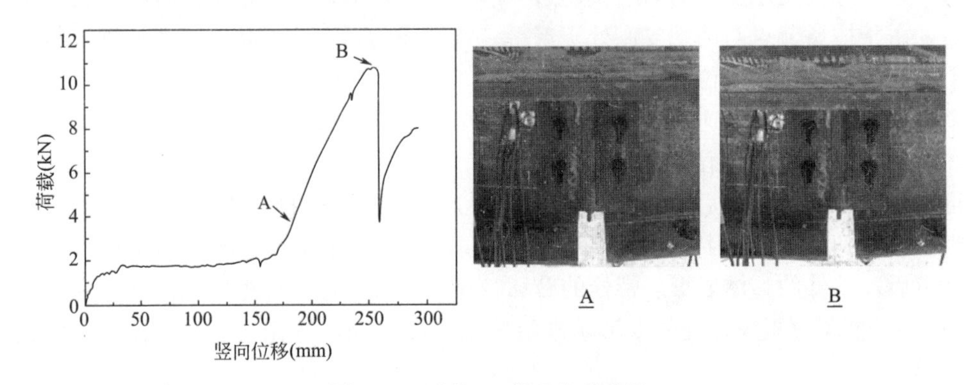

图 4-10 试件 S2 荷载位移曲线

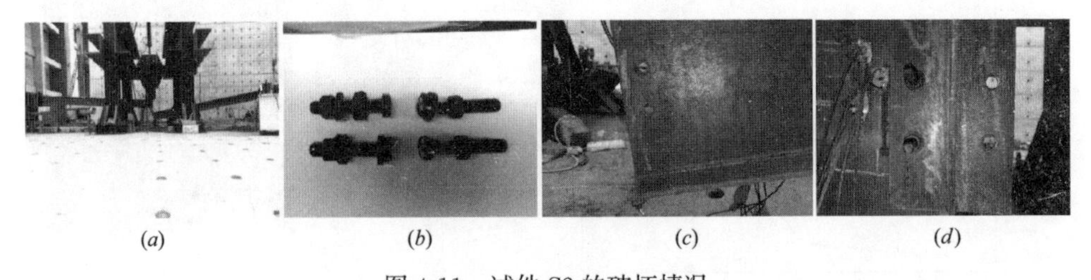

(a) (b) (c) (d)

图 4-11 试件 S2 的破坏情况

(a) 试件整体变形；(b) 螺栓破坏；(c) 檩条腹板螺栓孔；(d) 檩托板螺栓孔

(3) 试件 S3

试件 S3 与基准试件 S1 相比，每根檩条与檩托相连的两颗螺栓的间距不同，即由试件 S1 的 70mm 增加至 150mm，其荷载—位移曲线如图 4-12 所示。试验初期与 S1 试验相似，但节点处由于螺栓间距增大而能够承担一定的弯矩，檩条节点处于半刚性节点状态，曲线不再有缓慢上升的平台段，即经过了初始的竖向线性段后，承担的荷载就开始不断增加。当位移达到155mm时，E侧下部螺栓断裂，荷载从9.75kN迅速降至0.9kN。此后，荷载开始回升。当位移达到234mm时，W侧下部螺栓断裂，荷载从8.0kN迅速降至0.6kN。由于节点两侧的上部螺栓依然可以传力，故节点承载力再次回升。这与试件S1存在显著差别。当位移至314mm时，试件达到极限承载力，为9.75kN。E侧上部螺栓断裂，E侧檩条坠落至实验室地坪。试验结束后，试件的整体变形、螺栓的破坏、檩条腹板和檩托板螺栓孔的孔壁变形见图4-13。檩条腹板螺栓孔的变形基本沿檩条纵向方向，檩托板上的螺栓孔无可见变形。

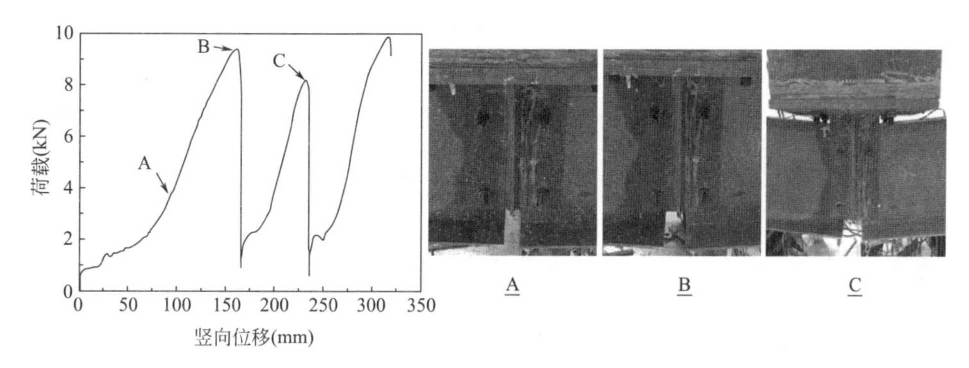

图4-12　试件S3荷载位移曲线

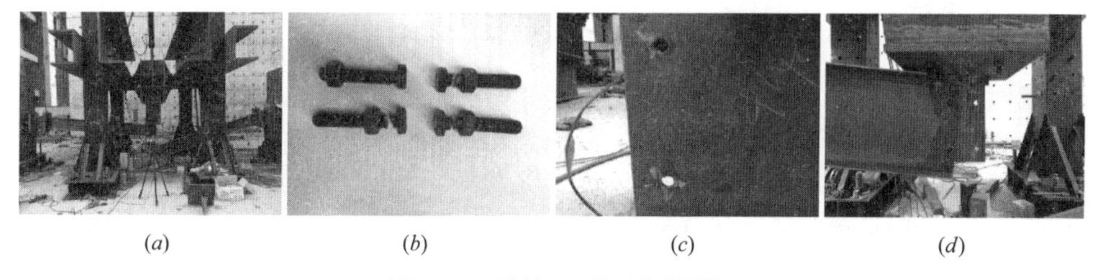

图4-13　试件S3的破坏情况

(a) 试件整体变形；(b) 螺栓破坏；(c) 檩条腹板螺栓孔；(d) 檩托板螺栓孔

(4) 试件S4

试件S4与基准试件S1相比，螺栓群的形心向屋架方向移动45mm，更靠近屋架。试件S4的荷载—位移曲线如图4-14所示。整个试验过程与试件S1相似。当位移加载至239mm时，试件达到极限承载力，为12.52kN。随即，W侧下部螺栓断裂，荷载迅速降至4.9kN。此后试件承载力重新增大，位移达到275mm时，W侧上部螺栓断裂，W侧檩条坠落至实验室地坪。试验结束后，试件的整体变形、螺栓的破坏、檩条腹板和檩托板螺栓孔的孔壁变形见图4-15。同样，檩条腹板螺栓孔的变形基本沿檩条纵向方向，檩托板上的螺栓孔无可见变形。

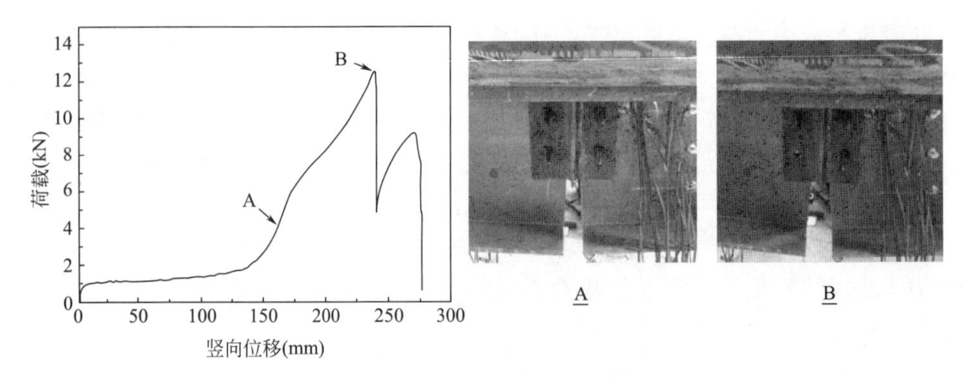

图 4-14 试件 S4 荷载位移曲线

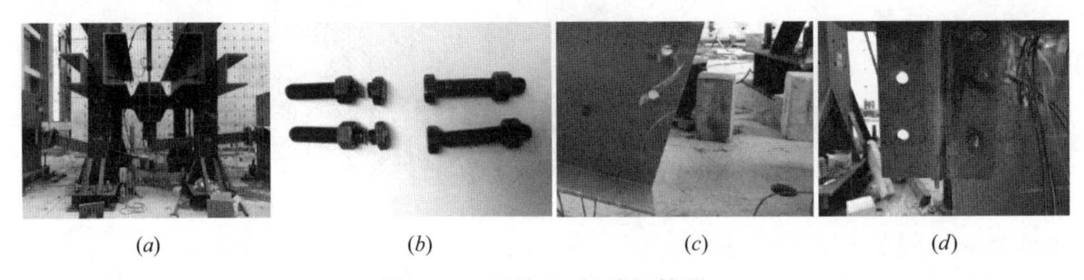

(a) (b) (c) (d)

图 4-15 试件 S4 的破坏情况

(a) 试件整体变形；(b) 螺栓破坏；(c) 檩条腹板螺栓孔；(d) 檩托板螺栓孔

(5) 试件 S5

试件 S5 与基准试件 S1 相比，螺栓群的形心向屋架方向移动 45mm，与试件 S4 相同；同时，又将檩条与屋架间距从 40mm 减小至 5mm。试件 S5 的荷载—位移曲线如图 4-16 所示。试验初期，曲线同样呈现出线性上升和随后由螺栓滑移导致的平台段。由于檩条与屋架间距很小，当位移增长至约 30mm 时，檩条翼缘与屋架（屋架平板及加载短柱）接触并逐渐顶紧，即图中 A 点。位移至 156mm 时，试件达到极限承载力，为 13.05kN。E 侧下部螺栓断裂，荷载迅速

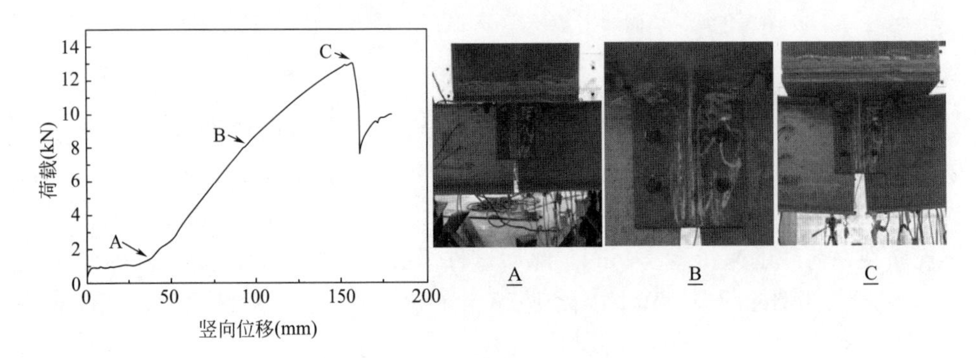

图 4-16 试件 S5 荷载位移曲线

降至 7.4kN。此后试件承载力重新增大，位移达到 180mm 时，E 侧上部螺栓断裂，E 侧檩条坠落至实验室地坪。试验结束后，试件的整体变形、螺栓的破坏、檩条腹板和檩托板螺栓孔的孔壁变形见图 4-17。与基准试件 S1 不同，檩条腹板螺栓孔的变形不再沿檩条纵向方向，而是与纵向有明显的夹角，檩托板上的螺栓孔无可见变形。

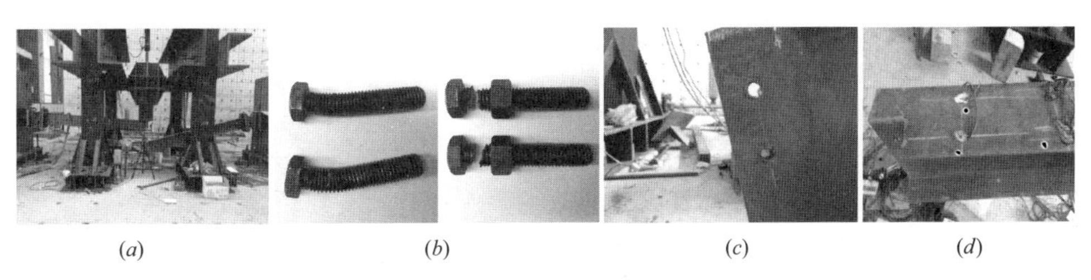

(a)　(b)　(c)　(d)

图 4-17　试件 S5 的破坏情况

(a) 试件整体变形；(b) 螺栓破坏；(c) 檩条腹板螺栓孔；(d) 檩条翼缘挤压痕迹

(6) 试件 S6

试件 S6 与基准试件 S1 相比，螺栓群的形心向屋架方向移动 45mm，与试件 S4 相同；同时，又将加载方向改为竖直向上，模拟初始失效檩节点。试件 S6 的荷载—位移曲线如图 4-18 所示。整个试验过程与试件 S1 相似，当位移加载至 136mm 时，试件达到极限承载力，为 11.0kN。随后，W 侧下部螺栓断裂，荷载迅速降至 3.9kN。此后，试件承载力重新增大，位移达到 174mm 时，W 侧上部螺栓断裂，W 侧檩条坠落至实验室地坪。试验结束后，试件的整体变形、螺栓的破坏、檩条腹板和檩托板螺栓孔的孔壁变形见图 4-19。同样，檩条腹板螺栓孔的变形基本沿檩条纵向方向，檩托板上的螺栓孔无可见变形。

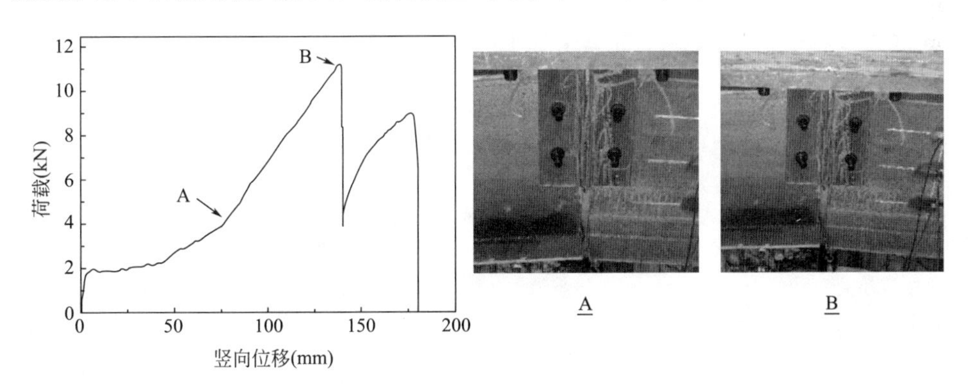

图 4-18　试件 S6 荷载位移曲线

(7) 试件 S7

试件 S7 与基准试件 S1 相比，螺栓的强度与规格不同，由单侧两个 8.8 级

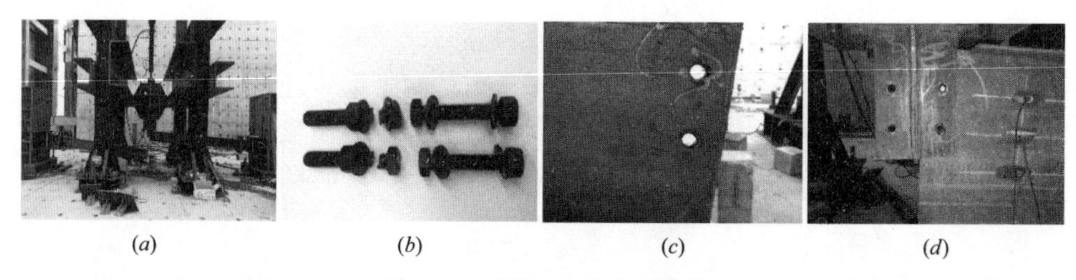

图 4-19 试件 S6 的破坏情况

(*a*) 试件整体变形；(*b*) 螺栓破坏；(*c*) 檩条腹板螺栓孔；(*d*) 檩托板螺栓孔

M12 螺栓调整为两个 4.6 级 M18 螺栓；但单个螺栓的抗剪承载力是相同的，均为 26.88kN。试件 S7 的荷载—位移曲线如图 4-20 所示。整个试验过程与试件 S1 相似，当位移加载至 212mm 时，试件达极限承载力，为 13.8kN。随即，E 侧下部螺栓断裂，荷载迅速降至 7.4kN。其后，试件承载力重新增大，当位移达到 241mm 时，E 侧上部螺栓断裂，E 侧檩条坠落至实验室地坪。试验结束后，试件的整体变形、螺栓的破坏、檩条腹板和檩托板螺栓孔的孔壁变形见图 4-21。同样，檩条腹板螺栓孔的变形基本沿檩条纵向方向，檩托板上的螺栓孔无可见变形。

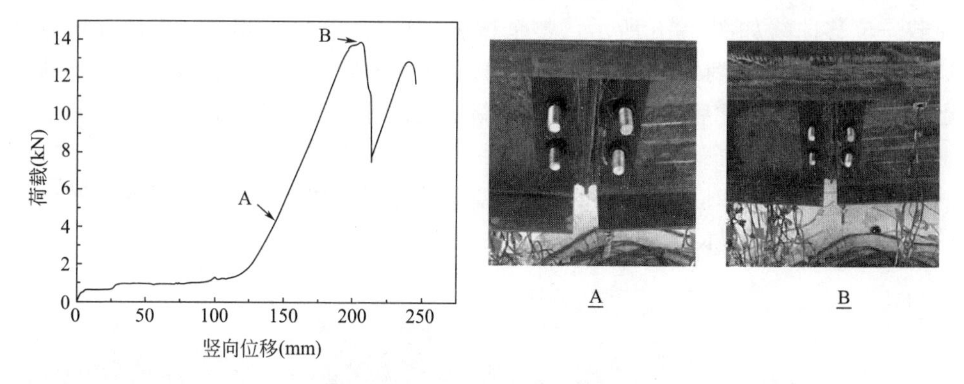

图 4-20 试件 S7 荷载位移曲线

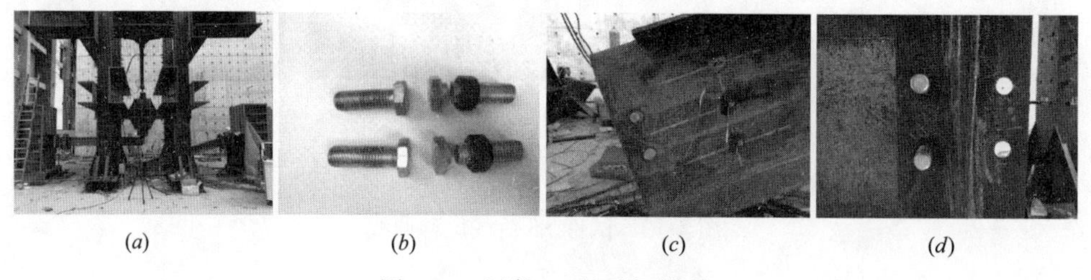

图 4-21 试件 S7 的破坏情况

(*a*) 试件整体变形；(*b*) 螺栓破坏；(*c*) 檩条腹板螺栓孔；(*d*) 檩托板螺栓孔

（8）试件 S8

试件 S8 与基准试件 S1 相比，螺栓的强度、规格与数量均不同，由单侧两个 8.8 级 M12 螺栓调整为四个 4.6 级 M12 螺栓；但螺栓总的抗剪承载力是相近的，试件 S1 两个螺栓的抗剪承载力为 53.76kN，试件 S8 四个螺栓的抗剪承载力为 47.04kN。试件 S8 的荷载—位移曲线如图 4-22 所示。由于节点单侧有四个螺栓，试件的荷载—位移曲线与试件 S1 有显著差别。试验初期，曲线同样呈现出线性上升及其后缓慢上升的平台段。尽管试件 S8 四个螺栓的总力臂与试件 S3 相同，但曲线此时并未如试件 S3 一样呈现出上升段；究其原因，试件 S8 的螺栓多集中于中和轴附近且单个螺栓的抗剪承载力较低，螺栓群的抗弯能力仍较低，节点整体处于弱刚性状态。其后，由于单个螺栓的抗剪承载力较低，当位移达到 130mm 时，E 侧最下部螺栓即发生断裂，此时试件的承载力也较低，仅为 4.9kN，并迅速降至 2.9kN。随后荷载开始回升，并超过最下部螺栓断裂前的荷载峰值。当位移达到 165mm 时，E 侧下部第二颗螺栓断裂，荷载从 7.6kN 迅速降至 4.8kN。此后荷载再次回升，并再次超过前两次螺栓断裂前的荷载峰值。当位移达到 165mm 时，E 侧下部第三颗螺栓断裂，荷载从 9.5kN 迅速降至 5.6kN。继续加载，试件仍可通过最上部的螺栓传递荷载，当位移达到 246mm 时，E 侧最上部螺栓断裂，E 侧檩条坠落至实验室地坪。试验结束后，试件的整体变形、螺栓的破坏、檩条腹板和檩托板螺栓孔的孔壁变形见图 4-23。檩条腹板及檩托板上的螺栓孔变形均很小。

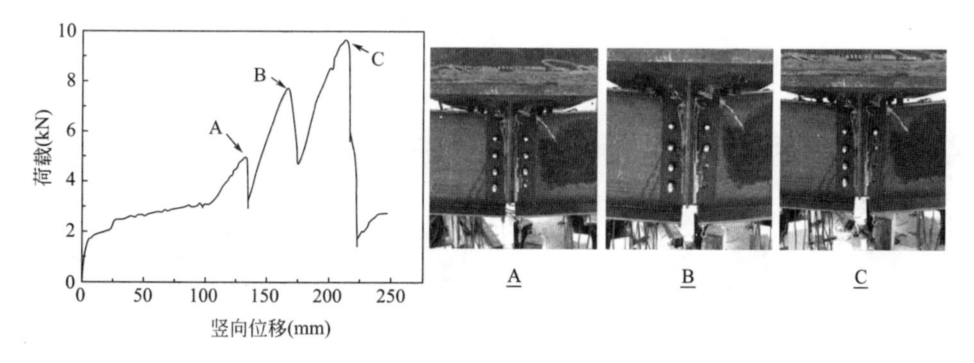

图 4-22　试件 S8 荷载位移曲线

（9）试件 S9

试件 S9 与基准试件 S1 相比，提高了对螺栓所施加的预紧力（至 30kN）。试件 S9 的荷载—位移曲线如图 4-24 所示。整个试验过程与试件 S1 相似，但由于施加了更大的预紧力，曲线的初始线性段更长，线性段结束时的荷载与位移均更大。当位移加载至 202mm 时，试件达极限承载力 12.7kN。随即，W 侧下部螺栓断裂，荷载迅速降至 6.0kN。其后，试件承载力重新增大，当位移达到

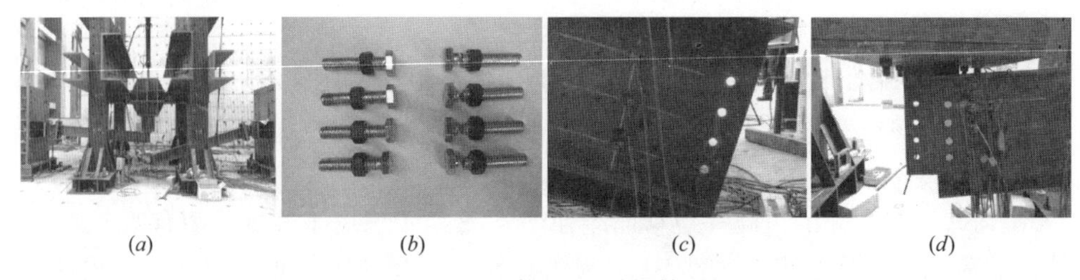

(a) (b) (c) (d)

图 4-23　试件 S8 的破坏情况

（a）试件整体变形；（b）螺栓破坏；（c）檩条腹板螺栓孔；（d）檩托板螺栓孔

232mm 时，W 侧上部螺栓断裂，W 侧檩条坠落至实验室地坪。试验结束后，试件的整体变形、螺栓的破坏、檩条腹板和檩托板螺栓孔的孔壁变形见图 4-25。同样，檩条腹板螺栓孔的变形基本沿檩条纵向方向，檩托板上的螺栓孔无可见变形。

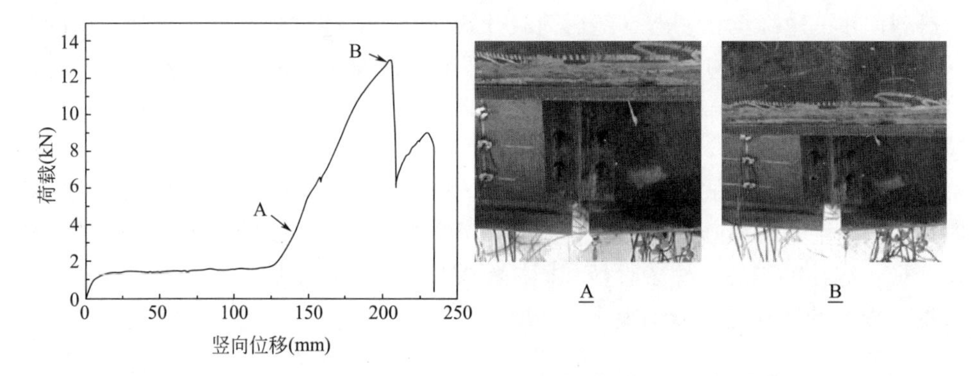

图 4-24　试件 S9 荷载位移曲线

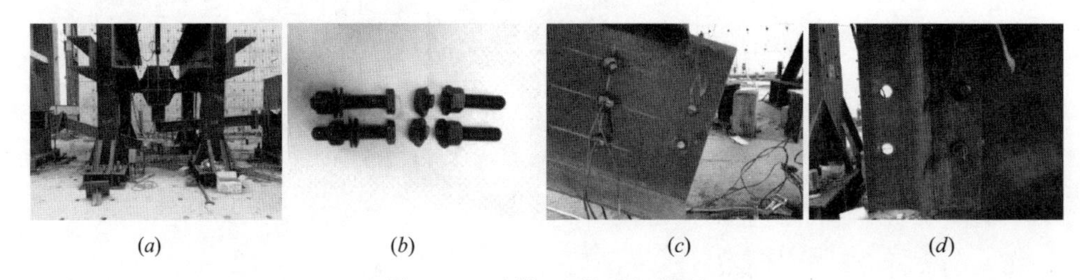

(a) (b) (c) (d)

图 4-25　试件 S9 的破坏情况

（a）试件整体变形；（b）螺栓破坏；（c）檩条腹板螺栓孔；（d）檩托板螺栓孔

（10）试件 S10

试件 S10 与基准试件 S1 相比，采用了更大尺寸的螺栓，由 M12 增大至 M18，其荷载—位移曲线如图 4-26 所示。加载初期，曲线存在明显的初始线性段与随后的平台段，当位移加载至 109mm 时，螺栓螺杆与腹板、檩托螺栓孔壁顶紧，试件抗力快速增长。至此，试验现象与基准试件 S1 非常相似。但由于采用了更大尺寸的螺栓，螺栓并未发生剪切破坏。相反，当位移加载至195mm时，E侧檩条腹板螺栓孔之间开始发展裂缝，表现为荷载—位移曲线上的波动。初始波动的幅度较小，随着裂纹的逐步扩展，波动的幅度越来越大。当位移增长至250mm以上时，可见檩条腹板螺栓孔沿檩条纵向方向的挤压变形；此后，该挤压变形不断增大，当位移增长至400mm时，试件达到极限承载力61.1kN。随后，E侧两螺栓孔间的裂缝贯通，荷载骤降至27.8kN。此后，贯通裂缝的空隙越来越大，当位移达到410mm时，檩条腹板下部螺栓孔边缘至腹板边缘形成沿檩条纵向的贯通裂缝，荷载继续大幅下降至13.4kN，试验结束。试件的整体变形、螺栓的变形、檩条腹板的孔壁破坏和檩托板螺栓孔的孔壁变形见图4-27。

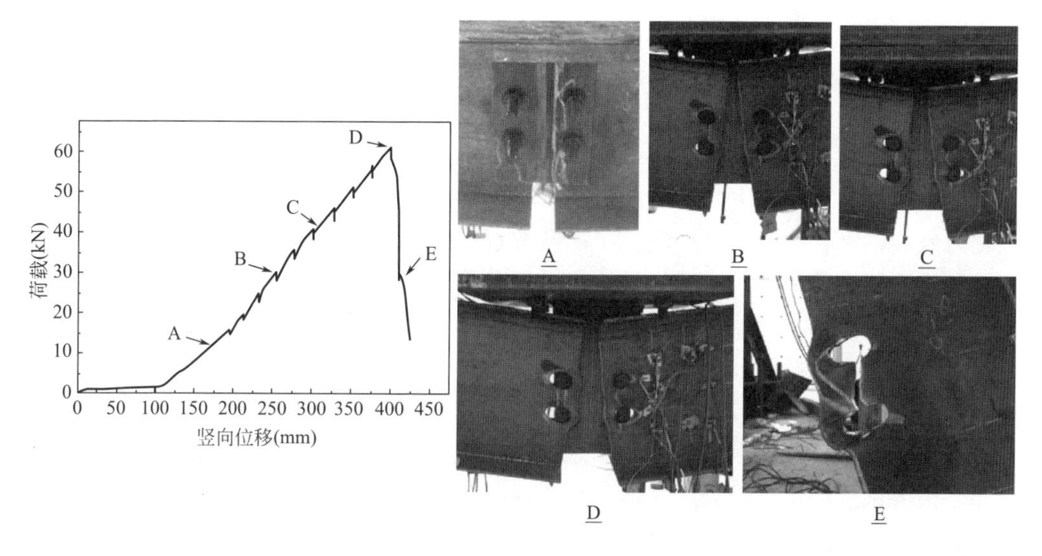

图4-26 试件S10荷载位移曲线

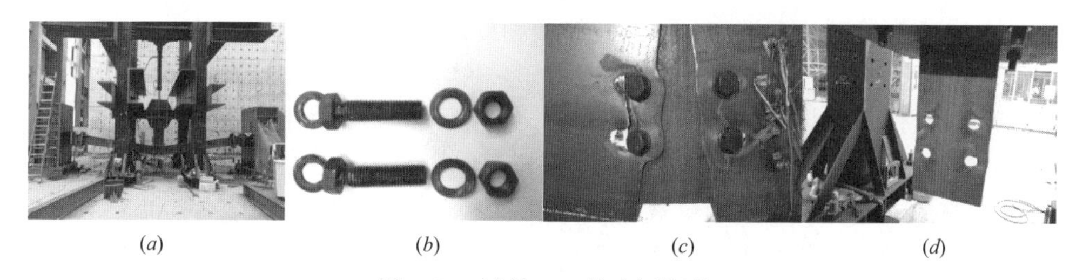

图4-27 试件S10的破坏情况

(*a*) 试件整体变形；(*b*) 螺栓及垫片变形；(*c*) 檩条腹板螺栓孔孔壁破坏；(*d*) 檩托板螺栓孔

4.1.3 檩条节点破坏模式

上述系列试验结果表明，在连续性倒塌工况下，檩条节点子结构试件的破坏均出现在节点区域。其破坏模式有两种，即螺栓剪切破坏（试件S1～S9）以及螺栓与檩条腹板孔壁挤压、剪切破坏（试件 S10）。

螺栓剪切破坏模式发生于螺栓相对于腹板较弱的情况。试验试件在加载后期，主要通过檩条发展悬链线机制抵抗竖向荷载，但同时弯曲机制仍有一定保留（见 4.1.4 节）。故在沿檩条轴向的拉力与使下部受拉的弯矩的共同作用下，檩条节点下部螺栓承受更大的剪力，故首先发生破坏。此后，破坏向上部螺栓扩展，呈现出螺栓的渐进破坏模式。这在采用单侧 4 个螺栓布置的试件 S8 中尤其明显，出现多次的荷载骤降与回升。

螺栓与檩条腹板孔壁间的挤压、剪切破坏模式发生于腹板相对于螺栓较弱的情况。因檩条腹板的变形是一个延性相对较好的受力过程，发生檩条腹板孔壁承压破坏模式的子结构的竖向变形能力大于发生螺栓剪切破坏模式的子结构，其竖向承载力也相应高于发生螺栓剪切破坏模式的子结构。

4.1.4 梁端内力与节点子结构竖向承载力

在屋架失效条件下，分析檩条节点子结构的力学性能需同时考虑弯矩效应和轴力效应，二者的发展规律决定了檩条节点子结构的弯曲机制抗力和悬索机制抗力的发展规律，进而决定了子结构竖向承载力的发展路径。

以基准试件 S1 为例。节点安装时，檩条自身重力的作用使得檩条腹板螺栓孔、螺栓、檩托螺栓孔三者之间的相对关系如图 4-28（*a*）所示，即螺栓分别与檩条腹板螺栓孔上部和檩托螺栓孔下部接触。因此在加载初期，檩条传来的剪力通过螺栓与螺栓孔壁的挤压传递，而局部弯矩通过螺栓预紧力产生的摩擦力传递。由各试件的试验现象知，尽管采用的是普通螺栓，但由于安装时存在一定的预紧力（扳手拧紧力），该预紧力所提供的弯矩抗力为：

$$M = 20\text{kN} \times 0.3 \times 2 \times 0.07\text{m} = 0.84\text{kN} \cdot \text{m} \tag{4-8}$$

当节点弯矩超过上述数值时，接触面间的静摩擦力将被克服，螺栓将产生滑动。图 4-29（*a*）所示的节点弯矩印证了这一结论。出现滑动后，因竖向剪力的作用，螺栓仍需保持与两个螺栓孔壁的接触传力关系，故其运动轨迹非任意的（图 4-28*b*）。这一过程中，螺栓在两个螺栓孔之间的运动为一种不稳定平衡状态，节点的竖向承载力与弯矩均可认为保持近似不变，直至螺栓与檩条腹板螺栓孔、檩托螺栓孔的接触方向与檩条轴线重合。在此之前，檩条内无法发展轴力，如图 4-29（*b*）所示。若螺栓孔直径大于螺杆直径的大小记为 t，两个螺栓孔间距记为 L，螺栓在运动过程中与檩条腹板螺栓孔、檩托螺栓孔接触并形成的接触角度与水平之间的夹角记为 θ，则檩条的转角 α 为：

$$\alpha = \frac{2tL\cos\theta - t^2\sin\theta\cos\theta}{L^2 - t^2\cos2\theta - t^2\sin\theta} \tag{4-9}$$

假定螺栓与螺栓孔接触方向呈水平方向时，檩条转角仍较小，则可认为此时螺栓与檩条腹板螺栓孔、檩托螺栓孔的接触方向与檩条轴线重合（图 4-28c）。故取 $\theta=0$，于是有：

$$\alpha=\frac{2tL}{L^{2}-t^{2}} \tag{4-10}$$

对于试件 S1，$t=2$ mm，$L=70$ mm，则由上式计算得到 $\alpha=0.057$。实际节点安装时，初始状态不会如图 4-28（a）那样完全对中，故檩条滑动状态的最终转角会小于 0.057。如试件 S1 中，转角发展至约 0.05 时，螺栓与螺栓孔即沿檩条轴向顶紧。

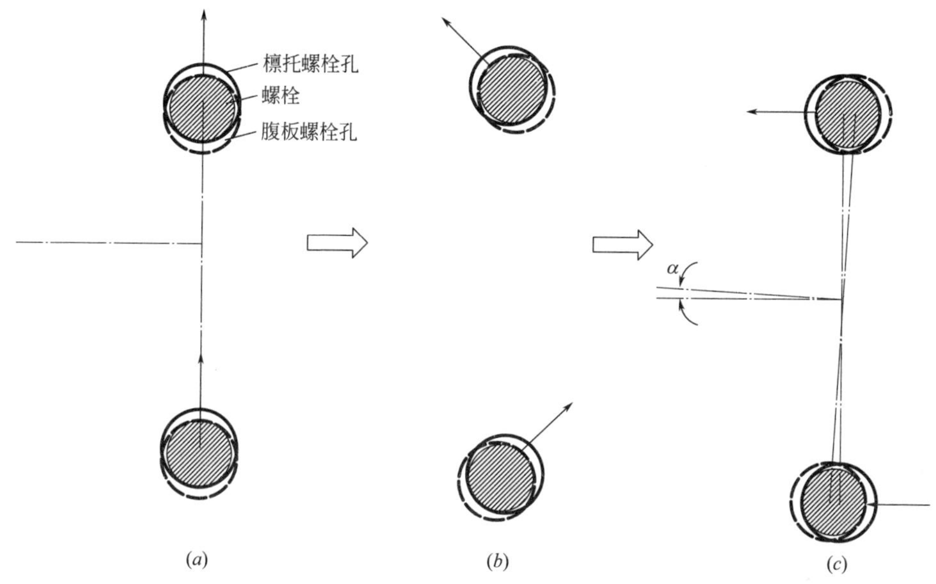

图 4-28　螺栓在螺栓孔之间的滑动模式

（a）初始状态；（b）过渡状态；（c）最终状态

此后，檩条内开始通过发展悬链线机制抵抗竖向荷载，表现为图 4-29（b）中檩条轴力的快速增长。檩条的竖向承载力通过檩条弯矩与悬链线拉结同时提供，檩条轴力的突然快速增长使得需要通过檩条弯曲承载提供的竖向承载力减小，如图 4-29（a）所示。随着加载的持续进行，外荷载持续增大，檩条弯矩随后出现反弹，但其提供的竖向抗力相较檩条悬链线机制提供的抗力而言非常小。

檩条拉力与弯矩的共同作用使节点下部螺栓首先发生破坏，节点承受的弯矩与轴力同时出现骤降。对于基准试件 S1，断裂发生于 E 侧，故图 4-29 所示的 W 侧节点仍可提供弯曲与拉力抗力，表现为弯矩与轴力的重新增加，直至 E 侧上部螺栓也发生断裂，试验结束。

总体而言，节点的内力变化分为四个阶段（图 4-30）。第一阶段为初始弹性阶段，此时节点通过弯曲作用承载，无轴力；且弯矩呈近似线性增长，弯矩通过节点处檩条腹板与檩托之间的静摩擦力抵抗；该阶段的节点转角很小，檩条呈近

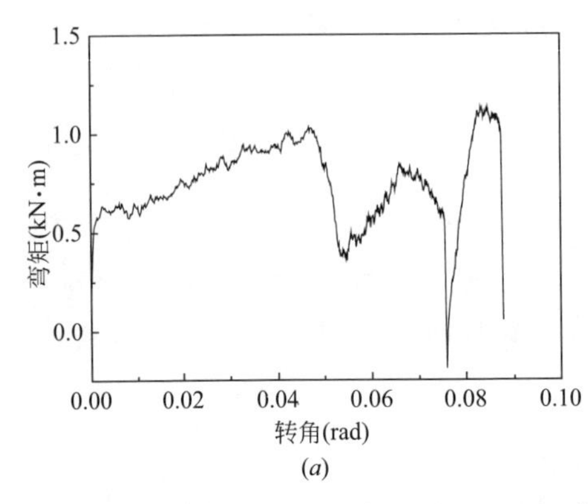

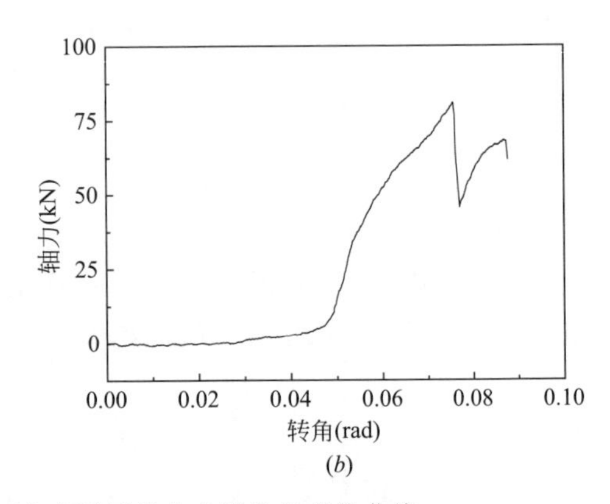

图 4-29 试件 S1 的 W3-W3 截面内力随檩条节点转角的变化曲线

（*a*）弯矩；（*b*）轴力

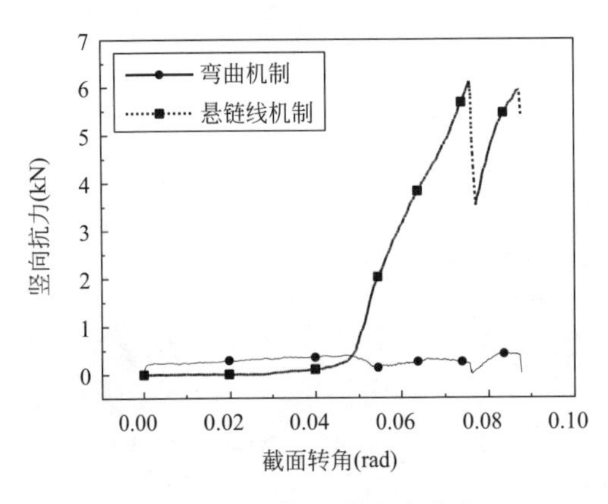

图 4-30 试件 S1 的竖向抗力

似水平状态。第二阶段是螺栓滑移阶段，此时节点板件间的最大静摩擦力被克服，螺栓开始滑动；但因螺栓螺杆与螺栓孔壁的接触方向与檩条轴向方向不重合，无法有效发展拉结作用；即使此时檩条已有一定倾角，仍以弯矩承载为主，轴力接近于零；由于倾角的出现，在相同竖向荷载作用下，檩条内剪力有所增加，导致节点弯矩有少量增加。第三阶段为拉结阶段，此时节点沿檩条轴向的拉力快速增加，而弯矩则呈现先减小后增加的趋势；但总体而言，此阶段子结构的抗力主要由檩条、节点的拉结力提供。第四阶段为破坏阶段，表现为节点螺栓（或板件）的顺次断裂导致弯矩、拉力的骤降及随后的回升；当一侧的所有传力部件，即螺栓或檩条腹板，完全失效后，檩条丧失承载能力。其余各试件的节点内力变化与基准试件 S1 均较相似，亦体现出上述几个内力变化阶段，区别在于试件参数变化导致的破坏幅值、破坏时序的变化。

4.2 桁架结构体系檩条节点模型

进行桁架结构体系的连续性倒塌分析时，檩条节点的准确建模至关重要。檩条节点实体单元精细化有限元建模涉及对螺栓施加预紧力、螺栓的滑移、螺栓与孔壁的接触以及材料的断裂模型等内容，建模方法和分析过程复杂、耗时，不便于工程设计人员应用。因此，基于组件法建立了檩条节点在连续性倒塌工况下的节点弹簧模型。檩条节点弹簧模型如图 4-31 所示，使用串联弹簧分别代表螺栓受剪、螺栓与檩条腹板孔壁承压、螺栓与檩托孔壁承压组件。

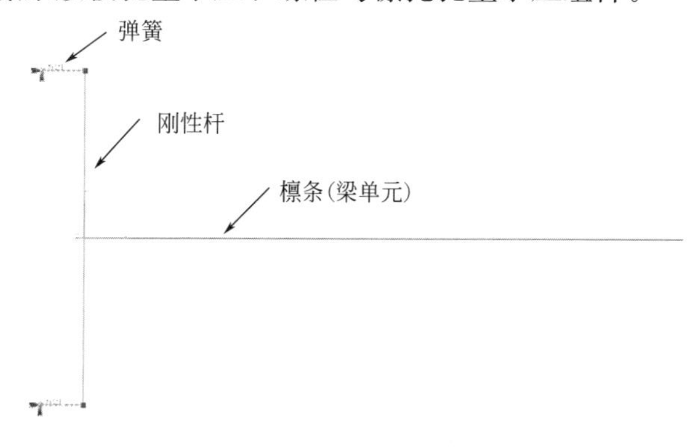

图 4-31　檩条节点弹簧模型示意图

各组件的刚度与强度均考虑初始阶段由预紧力产生的静摩擦力、螺栓的滑移以及螺栓与孔壁顶紧后螺栓产生的剪切变形与孔壁产生的承压变形。其中，螺栓组件的荷载—位移曲线由摩擦力公式（式 4-8)、几何运动关系（式 4-9、式 4-10）和剪切变形公式得出；而孔壁承压的荷载—位移曲线借鉴 Rex[159] 的公式，并简化为折线模型。螺栓剪切弹簧和孔壁承压弹簧模型如图 4-32 所示。

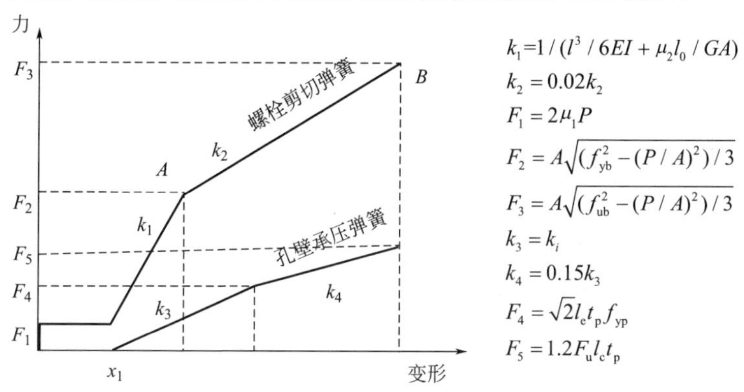

图 4-32　螺栓剪切弹簧和孔壁承压弹簧模型

以基准试件 S1 为例（图 4-33)，将试件的几何、材性参数带入上述弹簧模型，得到单个“螺栓—孔壁”串联弹簧的荷载—位移曲线；在通用有限元程序 ABAQUS 中使用该弹簧模型，得到试验的荷载—位移曲线。可见，有限元模拟结果无论是曲线的整体形状还是承载力都与试验结果有较好的吻合程度，说明基于组件法建立的节点模型可以较好地模拟檩条节点在连续性倒塌工况下的初始弹性阶段、螺栓滑移阶段、拉结阶段和螺栓断裂阶段等各阶段的力学行为。

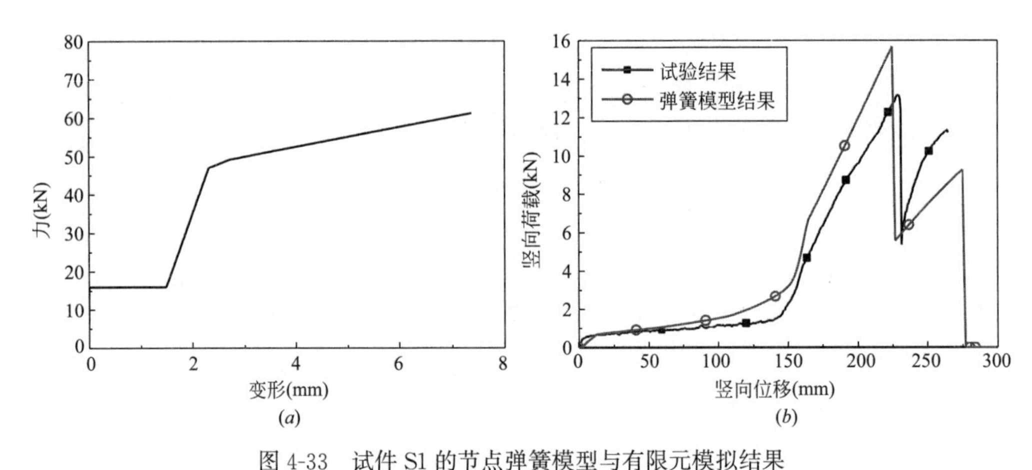

图 4-33　试件 S1 的节点弹簧模型与有限元模拟结果

(*a*）螺栓-孔壁串联弹簧的荷载-位移曲线；(*b*）数值模拟结果与试验结果对比

连续性倒塌工况下檩条节点的行为不能用简单的弯矩—转角曲线表示，故进行空间结构体系的整体分析时，需对每一个檩条节点建立含有弹簧与刚性杆的弹簧模型，并建立与檩条的约束连接。对于大尺度的大跨度空间结构，工作量非常巨大。因此，在弹簧简化模型的基础上，提出了使用单一梁单元模拟檩条节点的简化模型。在保证一定精度的条件下，可以在进行大跨度空间结构连续性倒塌分析时较为方便地考虑檩条节点的真实刚度和承载力，以及节点行为对剩余结构倒塌路径扩展行为的影响。

檩条节点梁单元简化模型示意图如图 4-34 所示。在屋架的每一侧，使用一个梁单元模拟檩条节点。因檩托通常通过焊接或多个螺栓固定于屋架，梁单元与屋架刚接连接。梁单元长度取为屋架中轴线至螺栓孔中心的距离。考虑到檩条节点虽然初始抗弯刚度较大，但初始阶段很短，随后便发生滑移，节点从抗弯机制的角度考虑可视作铰接。因此，檩条节点梁单元与檩条铰接连接。在梁单元内部，因按规范要求设计的檩托板本身一般无弯曲变形，梁单元应具有很大的抗弯刚度；但螺栓与螺栓孔孔壁在檩条悬链线作用下会产生沿檩条轴线方向的变形，故梁单元的材性设置应能保证拉结机制下的力—变形特征。若梁单元的截面面积为 A，单元长度为 l，则梁单元在大变形下的塑性材性可通过单个弹簧的力—位移（$F-\Delta$）曲线得到，即 $\sigma=F/A$，$\varepsilon=\Delta/l$。

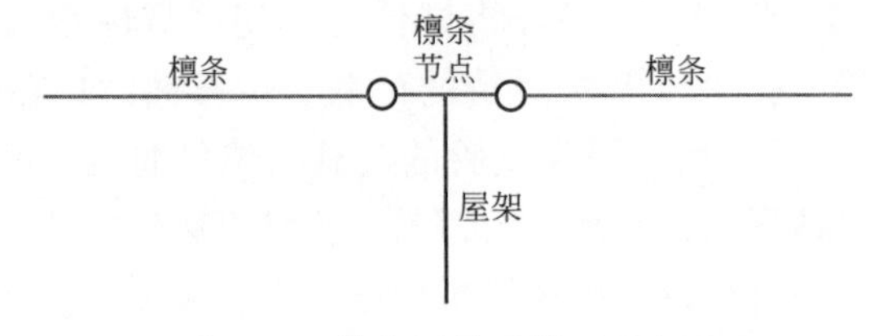

图 4-34　简化梁单元模型示意图

4.3 桁架结构体系连续性倒塌分析与设计对策

檩条节点对桁架结构体系发生初始破坏时的拉结作用受檩条节点的强度与刚度两方面的影响。节点强度方面，在常规荷载作用下，大跨空间结构中的檩条节点是按照檩条受弯来进行设计的，但在连续性倒塌工况下，檩条逐步发展悬链线作用，檩条构件与檩条节点的受力机制相较结构未发生初始破坏时均发生了很大变化，导致檩条节点极有可能先于檩条构件发生破坏，从而对桁架结构体系倒塌的发生及倒塌的扩展路径产生重大影响。同时，现阶段对大跨度空间结构进行连续性倒塌数值分析时，仍普遍采用檩条节点在倒塌过程中不会发生破坏的假定。但由前述的试验与分析知，此种假定仅适用于初始破坏发生后初期，其过高地估计了檩条屋面体系的拉结能力。因此，进行桁架结构体系的连续性倒塌分析时宜采用前面提出的檩条节点模型计算檩条节点的实际承载能力。

节点刚度方面，笔者对一个由7榀平面桁架单元经檩条和系杆拉结而成的桁架结构体系进行了连续性倒塌分析，分析模型分别采用檩条节点刚接与铰接假定，并涵盖上弦、下弦和腹杆的多个单根构件初始破坏工况。分析结果表明，采用檩条节点刚接假定的桁架结构模型得益于檩条节点的初始抗弯能力，相较节点铰接假定的模型具有更高的整体抗倒塌能力。但前面试验结果表明，对于试验所采用的H型钢经檩托连接的典型檩条节点连接方式，檩条节点表现出明显的铰接特征。因此，倒塌分析时应采用檩条节点铰接假定，以免过高地估计桁架结构体系的抗倒塌能力。综上，进行大跨桁架结构体系连续性倒塌分析与设计时，可采用2.2.2节提供的改进的连续性倒塌分析流程，并使用本章4.2节提出的檩条节点数值分析模型。限于篇幅，具体算例不再展示。

对于檩条节点，理想情况下，若能同时提高节点的强度与刚度，桁架结构体系的抗倒塌能力将得到大幅提升。但对于4.1节试验研究的典型H型钢檩条节点连接及类似的檩条节点连接方式，在倒塌工况下，刚度与强度往往是矛盾的。原因在于，提高节点刚度最直接的方式是增加节点中连接螺栓的间距，但这会使最外侧螺栓同时受到悬链线作用产生的剪切力与较大的由檩条弯曲产生的剪切力的共同作用，从而过早地发生螺栓强度破坏。檩条节点及各类梁柱连接节点试验与分析指出，悬链线作用提供的抗倒塌能力往往高于弯曲作用提供的抗倒塌能力。因此，檩条节点抗倒塌工况设计时，宜优先保障檩条构件悬链线作用的充分发挥，具体措施包括适当降低螺栓间距，使螺栓群形心位于檩条截面形心附近；或者，可采用檩条构件在每一榀桁架上方连续、在相邻榀桁架之间采用构件拼接的连接方式，在不损失檩条构件连接强度的情况下，同时提高檩条屋面体系在失效桁架处的初始抗弯能力。

另一方面，檩条节点在连续性倒塌工况下表现出螺栓剪切破坏和孔壁承压破坏两种破坏模式。相比螺栓剪切破坏，孔壁承压破坏的延性更好，更有利于失效榀桁架自身发展悬链线机制抵抗连续性倒塌。因此，在进行檩条节点设计时宜增加螺栓的抗剪能力，以使孔壁承压破坏成为檩条节点的控制破坏模式。

第5章

张弦梁结构连续性倒塌分析

第3、4章研究的是平面桁架结构及其空间结构体系的连续性倒塌性态，其基本单元是一类典型的刚性空间结构，即结构全部由刚性构件构成并具有很好的空间刚度。除此之外，还有一类由刚性、柔性两类构件共同构成的空间结构—刚柔性（或杂交）空间结构；张弦结构是其中的典型代表。张弦结构由桁架结构演变而来，其上弦由直梁、拱或桁架替代，腹杆由竖向撑杆替代，下弦由抗拉强度很高的钢索替代，并经预张拉形成一个自平衡整体体系。张弦结构在构型上与空腹桁架类似，且均是由多榀平行的平面单元构成。但由于柔性索的存在，张弦结构在倒塌工况下的结构响应与桁架等刚性空间结构存在较大差异。本章将以实际工程中的两类典型张弦结构为研究对象，探究结构在初始局部破坏后的内力重分布机制、连续倒塌破坏模式，进而为张弦结构抗连续性倒塌设计奠定基础。

5.1 平面张弦结构连续性倒塌数值模拟

5.1.1 数值模型

(1) 张弦梁结构

在通用有限元程序ABAQUS中建立图5-1、图5-2所示张弦梁结构的数值模型。该张弦梁跨度83.012m，上弦钢梁矢高5.001m，下弦钢索垂度6.352m。上弦由一根主弦和二根副弦通过连梁组成并与边梁相连接，主弦截面为□600×400×18，副弦和连梁截面为□300×300×6，边梁截面为□600×400×18；建模时考虑主、副弦形心竖向不平齐的影响。竖向撑杆采用ϕ350×10，上端经耳板与主弦在平面内铰接，下端与钢索通过球形节点连接。所有钢管构件为Q345B，钢索选用高强冷拔镀锌钢丝索ϕ5×241，弹性模量1.85×10^5N/mm^2，抗拉强度1570N/mm^2。对于钢索与撑杆的球形连接节点，在钢索突然破断后一般不能保证钢索不从球形节点的槽孔内滑动；但为说明整体结构的倒塌性态，这里假定在任何情况下钢索是始终能与撑杆有效连接的。

张弦梁模型的边界条件为：下弦左端支座铰支，右端支座可水平滑动，并约束全部上弦节点的平面外位移。使用2.2.2节的改进的连续性倒塌数值分析流程，结构分析以自重荷载下的变形和内力为初始条件，钢索内不含超张拉预张力。已有较多分析表明，当初始局部破坏发生于撑杆（包含撑杆与钢索的连接节点）时，结构动力响应很小，结构不会发生连续性倒塌[38、40～42]，故分析仅考虑钢索发生初始破坏的工况。为便于说明，对主要的构件和节点编号：索段 Cb××、撑杆 Lk××和主弦 PC××分别指从右端支座开始的第××区段的钢索、第××根撑杆和第××区段的钢梁主弦杆，如图 5-3 所示。

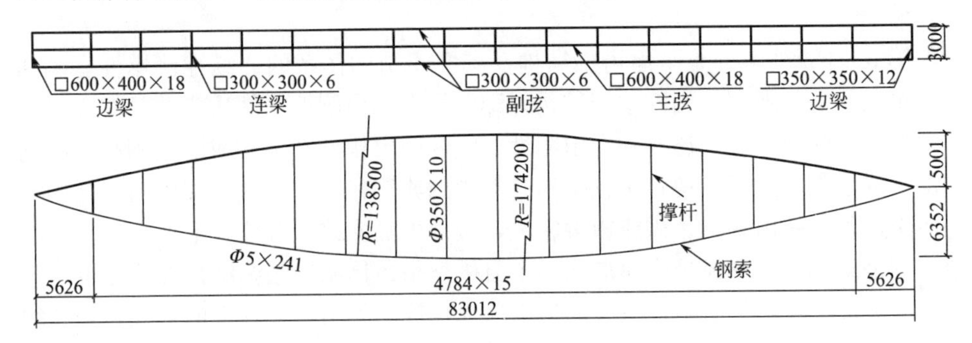

图 5-1 张弦梁结构分析模型的平立面布置（单位：mm）

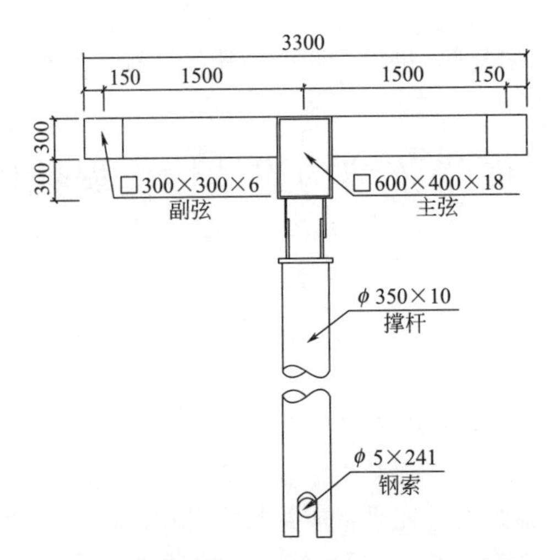

图 5-2 张弦梁结构分析模型的横断面形式（单位：mm）

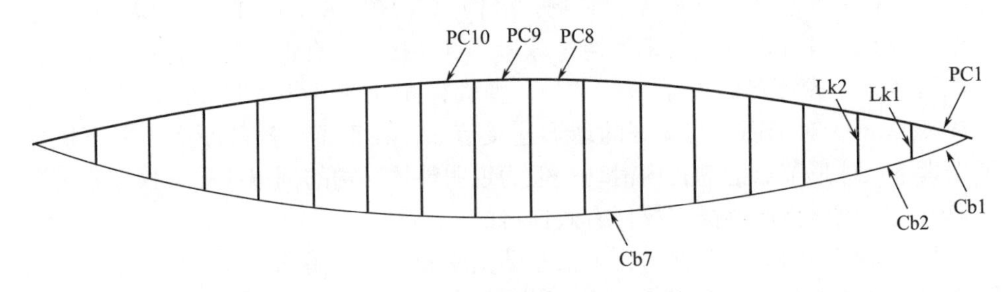

图 5-3 主要构件和节点的编号示意

(2) 张弦桁架结构

张弦桁架是张弦梁的一种改进形式，通过将结构上弦的实腹式梁截面替换为空腹的桁架，使上弦可承受较大弯矩；同时，组成桁架的杆件仍以轴向受力为主，以保持构件材料的充分利用。与张弦梁相比，张弦桁架刚度更大、承载力更高、稳定性更强，故可以跨越更大的空间。

ABAQUS 中建立图 5-4、图 5-5 所示的张弦桁架模型。桁架梁采用倒三角形桁架，跨度 126.6m，矢高 7.183m，钢索垂度 5.061m。桁架梁上弦为 ϕ457×10～14，下弦为 ϕ480×8～25，腹杆为 ϕ325×7.5；管段钢材均为 Q345B，且均

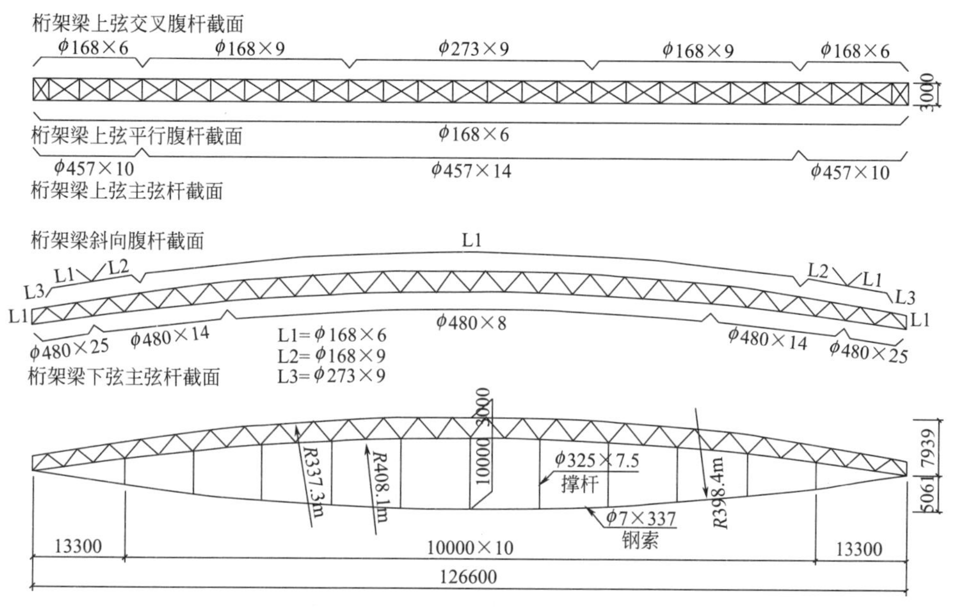

图 5-4　张弦桁架分析模型的平立面布置（单位：mm）

采用直管不作冷弯处理，节点处为相贯焊接节点。撑杆采用 ϕ325×7.5 圆管，上端经耳板销轴与桁架梁下弦铰接，下端采用球形节点与钢索咬合。钢索选用高强镀锌钢丝 ϕ7×337，弹性模量 $1.85\times10^5\mathrm{N/mm^2}$，抗拉强度 $1570\mathrm{N/mm^2}$。张弦桁架的边界条件、杆件与节点命名方式均与前述张弦梁相同。

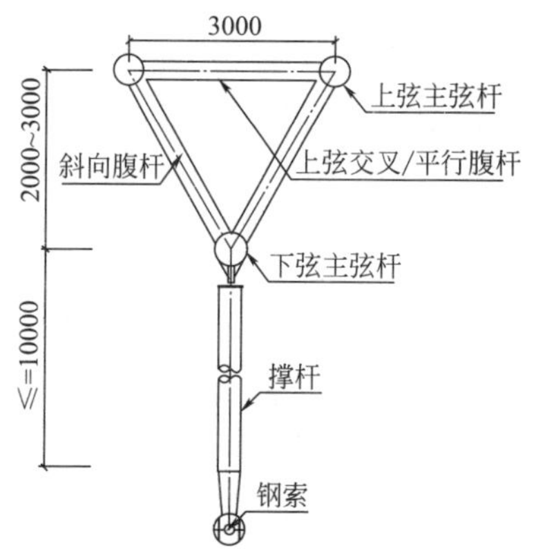

图 5-5　张弦桁架分析模型的横断面形式（单位：mm）

5.1.2　数值模拟结果

(1) 张弦梁结构

当端部区的索段 Cb1 发生初始破坏时，

其余索段由近及远相继退出工作，致使上弦钢梁因失去端部钢索的水平约束和跨中撑杆的支撑作用而发生整体的塌落。此后，如图 5-6 所示，撑杆 Lk1 被钢索 Cb2 拉离原竖向位置，并开始充当拉索作用，与其左侧部分的拉索、撑杆构成了新的传力体系，结构整体又达到了相对稳定的平衡状态。图 5-7 展示了钢梁端部的水平位移时程和跨中的竖向位移时程，可见结构达到稳定平衡状态时，经历了较大的变形；钢梁端部水平位移约为 0.63 m，跨中竖向位移为 3.7m。

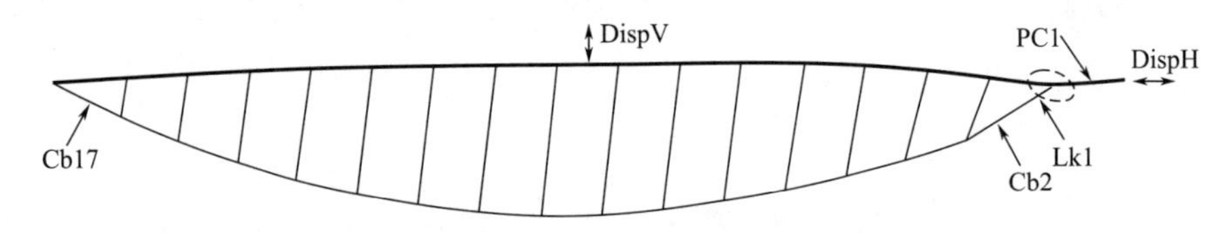

图 5-6　张弦梁索段 Cb1 破断后构成相对稳定的变形状态

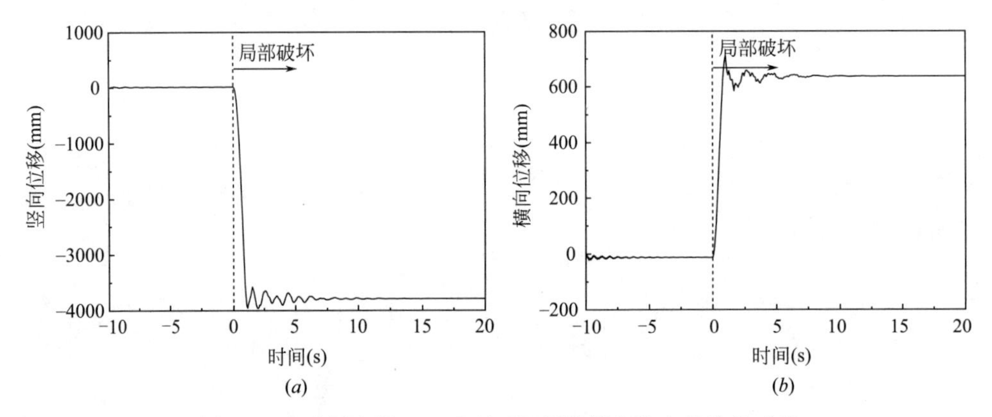

图 5-7　张弦梁索段 Cb1 破断后钢梁端部和跨中的位移时程

(*a*) 跨中竖向位移；(*b*) 支座侧向位移

这一过程中，各索段在相继退出工作后再次张紧，与其余构件形成新的传力体系，期间伴生着从松弛到张拉的显著冲击作用，拉力间歇地形成并释放（图 5-8）。需要指出的是，连接撑杆与钢梁的耳板销轴构造实际上难以承受如此大的冲击力。数值分析时仅以简单的平面内铰接处理，没有考虑连接的实际特性。

当局部初始破坏发生于索段 Cb2 时，则难以形成如 Cb1 初始破坏工况的新的张力体系。图 5-9 为索段 Cb2 破断后，剩余结构的最终稳定构型，此时钢梁跨中的竖向位移已达 12 m（图 5-10）。对于公共建筑 10m 左右的设计净高，结构显然已经触地，可能造成人员伤亡与财产损失。Cb1 破断后之所以能够快速形成新的张力体系，主要得益于撑杆 Lk1 较短的长度；而对于索段 Cb2 的破断，要使撑杆 Lk2（长度约为 Lk1 的一倍）及时地与剩余索段形成连续的张力则必然对应更大的变形，以便下弦内能够重新发展拉力。

若初始失效发生于靠近跨中的索段 Cb7，撑杆已无法再与剩余的索段形成有

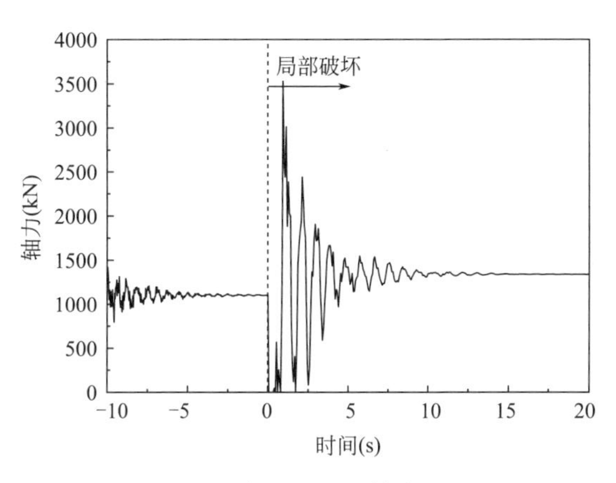

图 5-8　索段 Cb2 的轴力时程

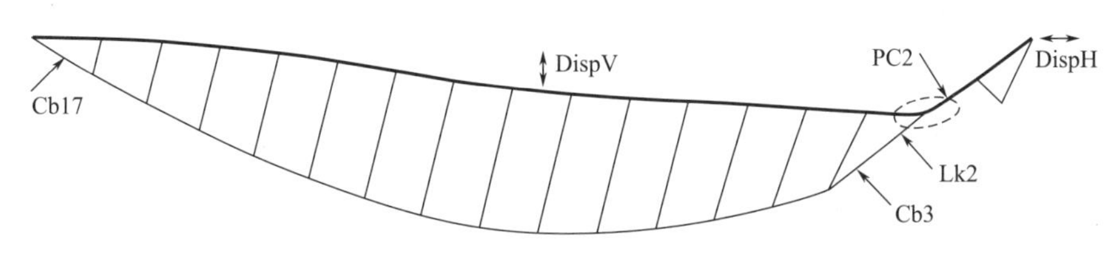

图 5-9　张弦梁索段 Cb2 破断后的相对稳定变形状态

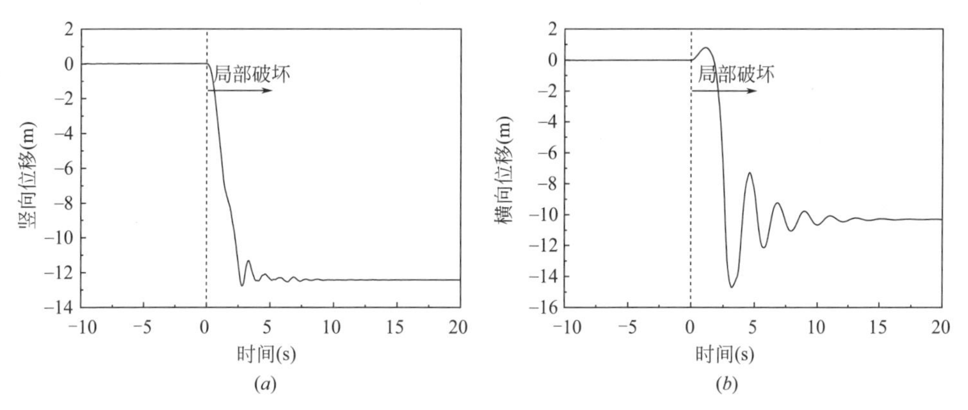

图 5-10　张弦梁索段 Cb2 破断后钢梁端部和跨中的位移时程

(*a*) 跨中竖向位移；(*b*) 支座侧向位移

效的张力体系。如图 5-11 所示，钢梁在重力作用下顺势塌落，在经历较大的变形后发生整体的倒塌；同时，钢梁跨中附近区段的塑性变形急剧增长。索段 Cb3～Cb6 中任一处的初始破断都将呈现与此类似的情形。

基于上述几种工况，可得到如下基本结论。首先，张弦梁结构在端部索段破断后，破断处的撑杆可与剩余钢索形成新的传力路径，有助于建立新的张力体系；但结构仍需经历明显变形，并引起钢索内数倍于初始拉力的冲击力和钢梁相

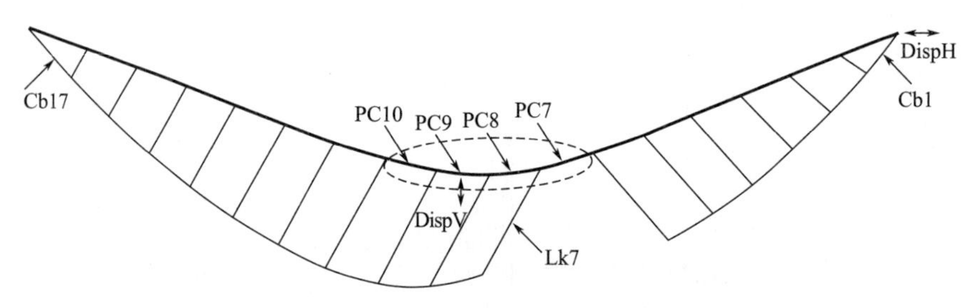

图 5-11　张弦梁索段 Cb7 破断后钢梁挠屈的倒塌模式

应位置的集中塑性变形；同时，参与受拉的撑杆的上端连接也会承受巨大的冲击作用，结构仍然存在连续倒塌破坏的危险。其次，当非端部索段发生破断时，剩余结构难以再次形成新的张力体系，导致变形的急剧增长和重力势能的不断释放，剩余结构快速塌落。由此可见，钢索作为张弦梁结构的关键传力环节，其破断的后果异常严重。因此，充分保障钢索及其端头锚具的安全与承载能力，是防止张弦梁结构倒塌破坏的根本手段。

（2）张弦桁架结构

当初始破坏发生于端部索段 Cbl 时，其余索段在短时间内相继退出工作。尽管桁架本身的刚度和承载力相对较大，但仍无法承受自身重量及其产生的动力效应，剩余结构快速向下塌落。在钢索破断后的 1.55s，撑杆 Lkl 被剩余钢索拉离初始竖直位置，随后与剩余钢索共同发展拉力，形成新的张力体系。整体结构最终在钢索破断后约 2.6s 时达到稳定状态，如图 5-12 所示。由图 5-13 的时程曲线可见，在新的稳定平衡下，桁架端部支座水平位移约 1.1m，跨中下弦节点竖向位移为 7.6m。

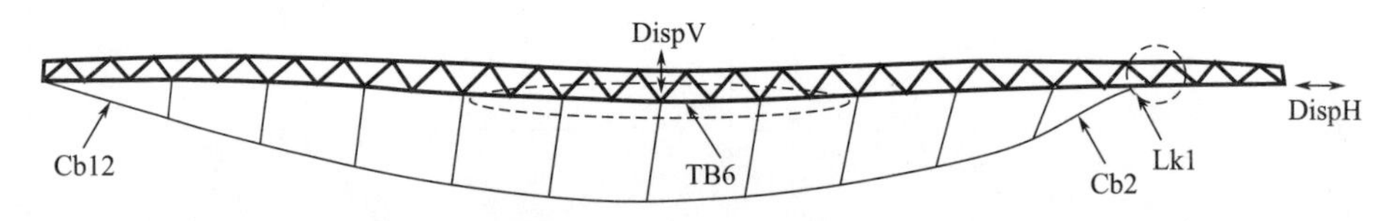

图 5-12　张弦桁架索段 Cb1 破断后的结构倒塌模式

当初始破坏发生于跨中索段 Cb6 时，如同张弦梁结构一样，剩余结构无法形成新的张力体系。桁架变形不断增长，应变能不断积聚；塑性变形集中于桁架下弦的跨中区段。塌落速度在 0.6s 后基本保持在 5.5m/s，直至完全倒塌。结构的倒塌破坏模式如图 5-14 所示。

可见，虽然张弦桁架结构的刚度和承载力与张弦梁结构相比有明显的提高，但按常规工况作用而设计的张弦桁架结构，在局部索段发生破断后仍表现出与张弦梁类似的倒塌破坏情形。

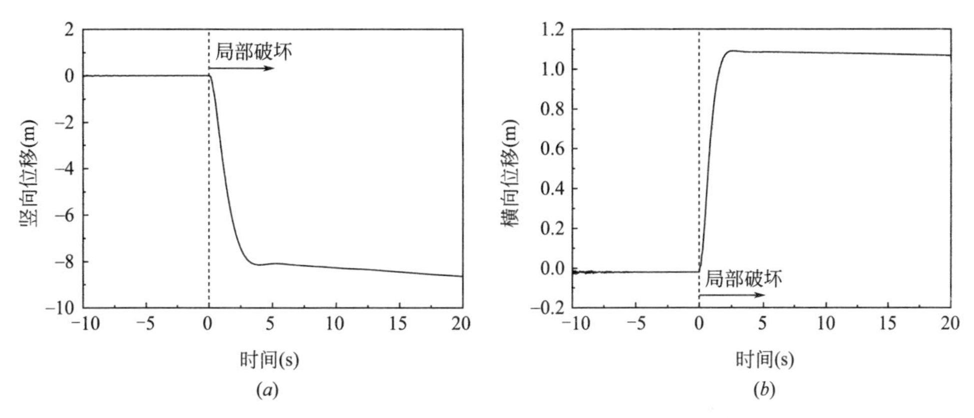

图 5-13 张弦桁架索段 Cb1 破断后钢梁端部和跨中的位移时程

（*a*）跨中竖向位移；（*b*）支座侧向位移

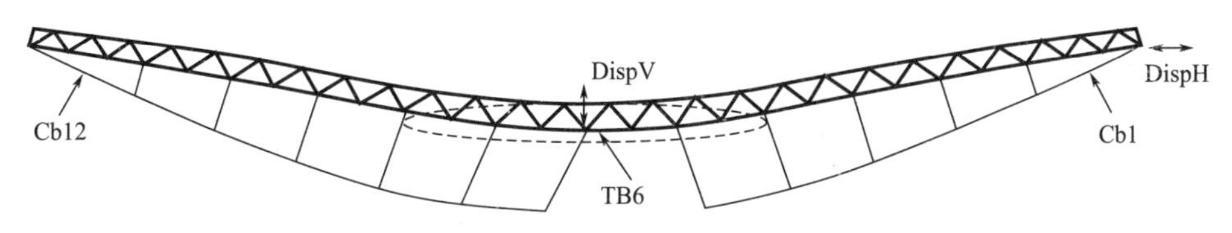

图 5-14 张弦桁架索段 Cb6 破断后的结构倒塌模式

5.2 张弦结构抗连续性倒塌机制

张弦结构的力学性能受结构整体几何尺寸与构件截面选取等因素影响显著，相应的，这些因素亦将影响结构的抗倒塌能力。张弦结构承受常规荷载且未发生初始破坏时，因结构平面单元为自平衡结构，故支座刚度对结构受力几无影响；平面外，檩条为非受力构件，故檩条及其连接节点对结构竖向承载的影响也很有限。然而，由前述倒塌算例可见，在连续性倒塌工况下，张弦平面结构的支座处将产生很大的反力需求；同桁架结构体系一样，张弦结构体系中檩条的拉结作用同样对提高张弦结构的整体性能、抵抗连续性倒塌起到关键作用。因此，支座刚度与檩条的拉结作用对张弦结构抗连续性倒塌具有重要影响。本节将基于数值算例，对此两点展开研究。

5.2.1 参数分析模型

为保证数值结果对工程设计具有足够的参考意义，张弦结构的数值模型参照实际张弦梁结构（上海浦东国际机场航站楼屋盖、广州国际会展中心屋盖和哈尔滨会展中心屋盖等）的几何参数缩尺确定。平面张弦梁结构跨度为6m，矢高和垂高均为 0.3m，均匀布置四根撑杆，见图 5-15（*a*）。上部刚性构件采用焊接截面，几何尺寸见图 5-15（*b*），撑杆采用 $\phi48\times2.5$ 圆钢管，钢材屈服强度为 210MPa。钢索采用 $\phi7$ 高强钢丝，弹性模量为 1.8×10^5N/mm^2，抗拉强度为 1670MPa。均布荷载取值为 1.0kN/m^2。

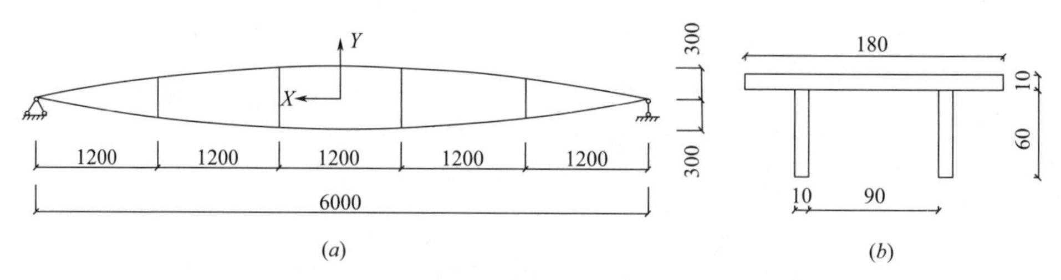

图 5-15　平面张弦梁结构计算模型（单位：mm）

（*a*）正视图；（*b*）上弦刚性构件截面

实际结构中，张弦平面单元的边界条件并非如 5.1 节中的理想简支条件，而是往往在其支座处通过托架将多榀平面单元连系在一起。此时，托架可为张弦结构提供一定的支座刚度。为对这一支座的水平约束作用进行研究，对支座刚度进行改变，分别研究一端铰支一端滑动（模型 BSS-A）、两端铰支（模型 BSS-B）和一端铰支一端弹性约束（模型 BSS-C）等三种支座刚度对张弦结构抗连续性倒塌能力的影响。其中，模型 BSS-C 弹性支座沿跨度方向刚度为 4×10^4kN/m。

张弦结构体系的计算模型由 3 榀平面张弦梁构成，相邻榀之间的间距为 600mm。檩条选用 C 型钢（12×6×2×1），材质为 Q235B。仅考虑檩条的拉结作用，忽略屋面支撑等其他纵向构件的影响。张弦梁平面内采用一端铰接、一端滑动的支座边界条件，即忽略实际结构中刚性托架或支承柱提供的支座刚度。

为研究檩条的拉结作用，使中间榀的索段发生局部初始破坏。并选取两个张弦梁空间体系模型 SBSS-A 及 SBSS-B，其中 SBSS-A 中檩条节点为刚接节点，SBSS-B 中檩条节点为铰接节点，考察节点刚度对檩条拉结作用的发挥及整体结构抗倒塌能力的影响。

5.2.2　支座的刚度

BSS-A 模型（一端铰支一端滑动）在某一索段（例如左侧第 2 索段）发生初始破坏后，整个拉索连同撑杆全部失效（图 5-16）。整体结构由未破坏前的自平衡张弦梁结构转变为仅由上弦承载的曲梁，而仅凭钢梁无法承受外部荷载，进而在重力作用下塌落（图 5-17）；倒塌过程中，钢梁跨中区域段的塑性变形显著。

BSS-B 模型（两端铰支）在发生相同的初始破坏后，索与撑杆同样全部失效。但因两侧支座均为固定铰支，沿张弦梁跨度方向具有无限的水平约束刚度，可为上弦提供轴向约束，使上弦发展拱机制独自承载。结构仅发生微小振动即达到新的平衡状态，未发生连续性破坏（图 5-18、图 5-19）。上弦的拱机制承载也可通过图 5-20 所示的上弦急剧增大的轴压力体现。

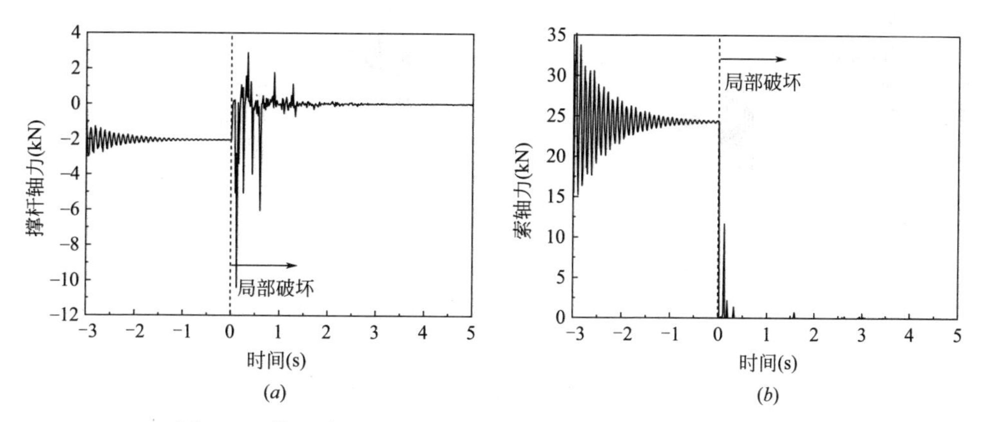

图 5-16　第二索段破断后，BSS-A 模型中撑杆与索的轴力变化

（a）撑杆轴力；（b）索轴力

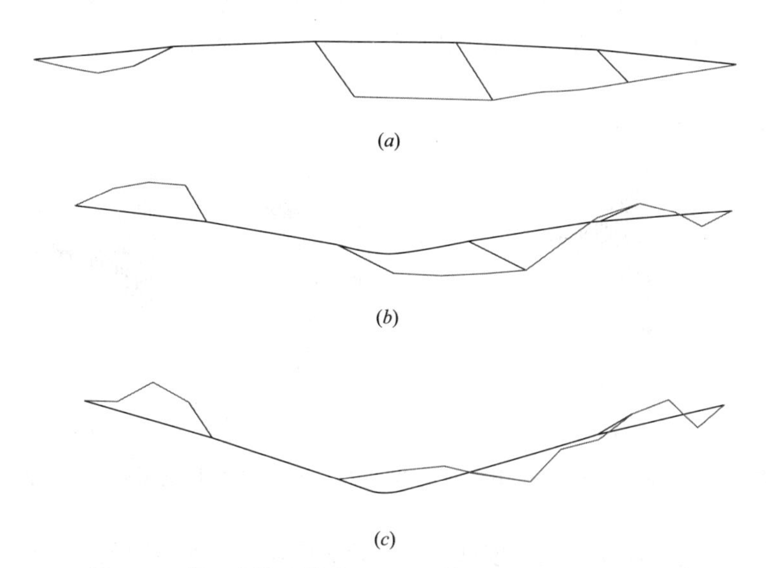

图 5-17　第二索段破断后，BSS-A 模型的连续性倒塌过程

（a）0. 05s；（b）0. 2s；（c）0. 25s

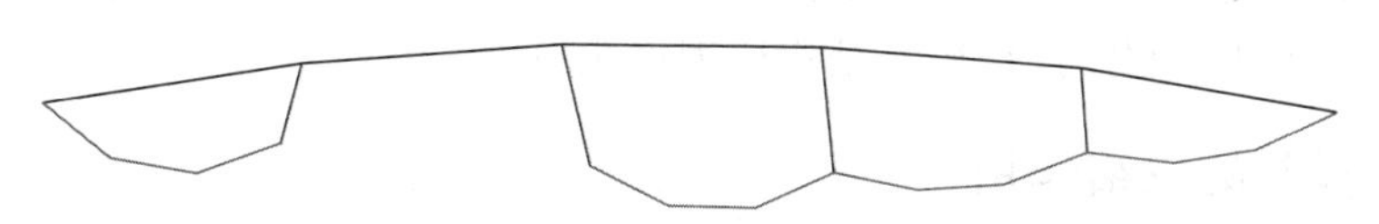

图 5-18　第二索段破断后，BSS-B 模型的平衡构型

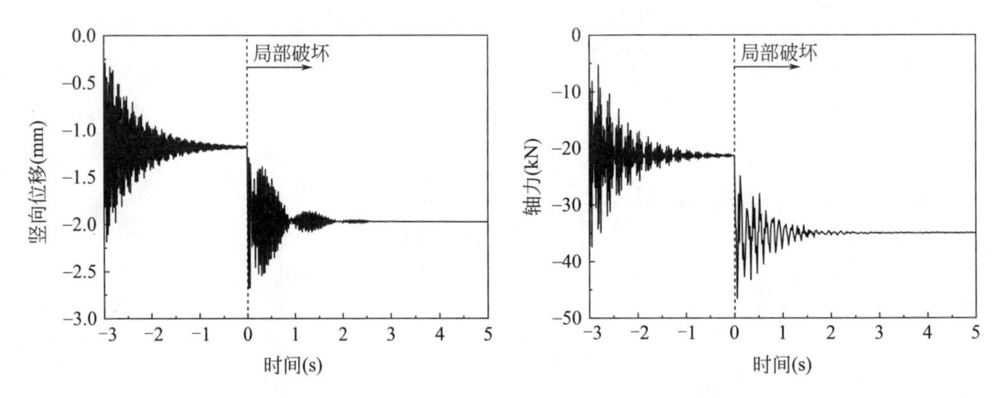

图 5-19 第二索段破断后 BSS-B 跨中竖向位移 图 5-20 第二索段破断后 BSS-B 钢梁跨中轴力

BSS-C 模型（一端铰支一端弹性约束）右端为弹性支座，具备有限刚度，故在初始破坏发生后，剩余结构可通过上弦钢梁的拱机制承载，抵抗连续性倒塌。相较 BSS-B 模型，BSS-C 因支座刚度较小，故竖向位移更大（图 5-21），上弦轴力更小（图 5-22）。由此可见，支座刚度越大，越有利于上弦钢梁在下部拉索完全失效后的拱机制的发挥，提高张弦梁结构的抗倒塌能力。

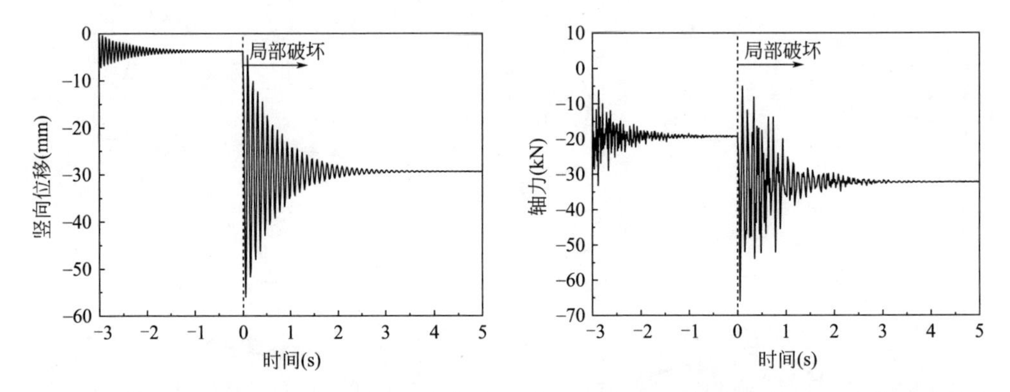

图 5-21 第二索段破断后 BSS-C 跨中竖向位移 图 5-22 第二索段破断后 BSS-C 钢梁跨中轴力

综上，张弦梁结构的冗余度低，在初始破坏发生在索的情况下，整个索段及撑杆会全部失效。此后，根据支座刚度的不同，张弦梁结构开始依靠上弦钢梁的拱机制或抗弯机制来抵抗外荷载。拱机制发挥的前提是支座具备一定的刚度，刚度越大，拱机制发挥的越充分，结构的抗倒塌能力越强。相应的，若支座刚度不足，则仅有抗弯机制发挥作用，结构抗倒塌能力大大减弱。

5.2.3 檩条的拉结作用

对于檩条节点刚接的 SBSS-A 模型，当局部初始破坏发生在中间榀张弦梁的某索段（例如左侧第二索段）处时，由于中间榀张弦梁受到边榀张弦梁的拉结作用，结构可以很快获得平衡构型，中间榀跨中仅产生了约40mm的竖向位移（图5-23、图5-24）。同时，由于平面内采用一端铰支一端滑动约束，中间榀张弦梁通过上弦钢梁弯曲承载（图5-25）。对比同样通过钢梁弯曲承载的BSS-A模型，可见檩条的拉结作用对于整体结构抗连续性倒塌能力的提高。

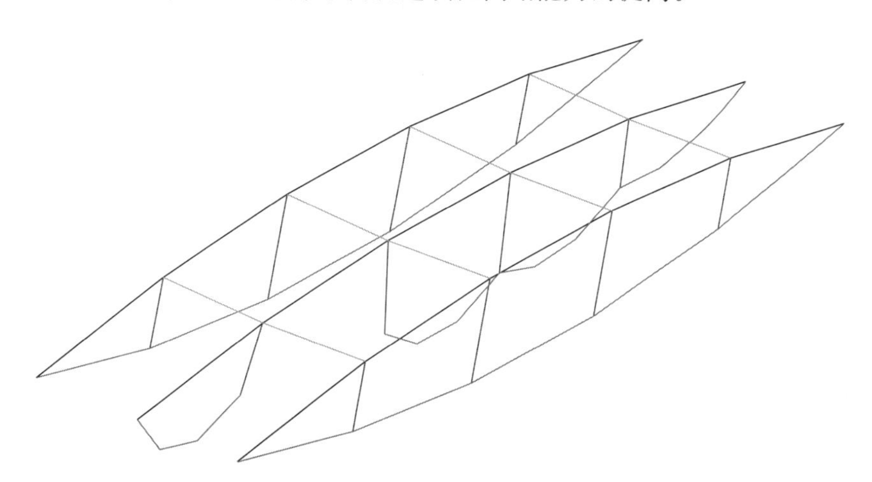

图5-23 中间榀第二索段破断后，空间张弦梁模型SBSS-A模型的平衡构型

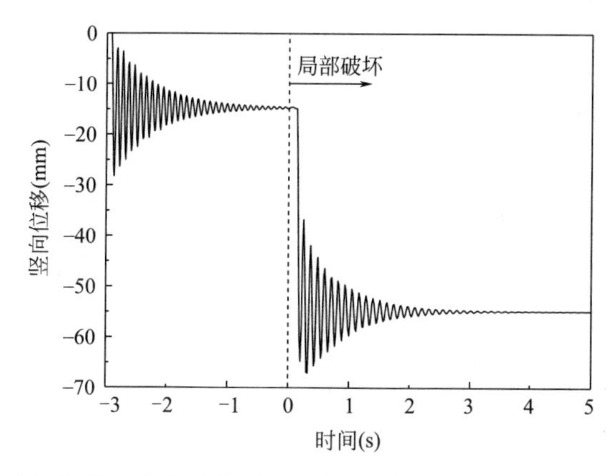

图5-24 中间榀第二索段破断后，SBSS-A模型中间榀跨中竖向位移变化

对于檩条节点铰接的SBSS-B模型，当局部初始破坏发生在中间榀张弦梁的相同索段时，中间榀张弦梁破坏后同样受到了边榀张弦梁的拉结作用，结构重新获得稳定平衡状态（图5-26）。在新的平衡状态下，中间榀的跨中竖向位移约为200mm（图5-27），远大于檩条刚接的SBSS-A模型。同时，通过中间榀跨中位置的轴力和弯矩的时程可以看出（图5-28），因平面内采用一端铰支一端滑动约束，支座无法为钢梁提供轴向约束，失效榀的受力机制同样为上弦的梁抗弯机

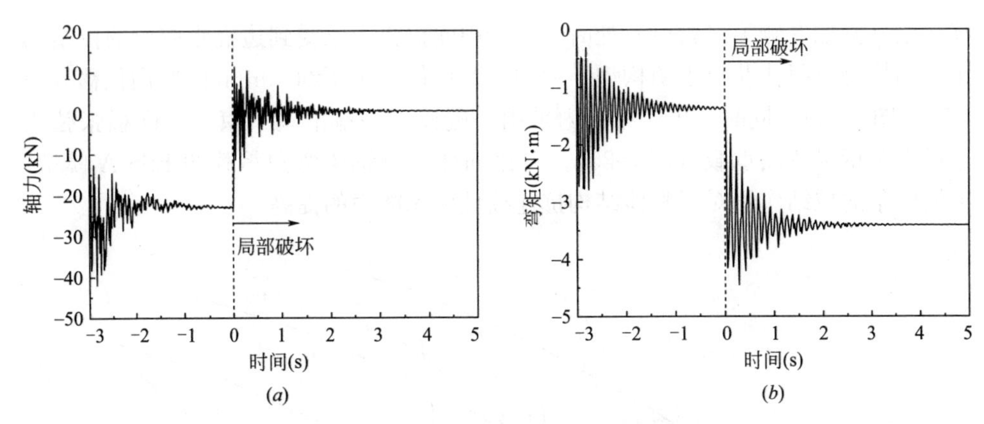

图 5-25　中间榀第二索段破断后 SBSS-A 模型中间榀钢梁跨中轴力与弯矩时程
（a）跨中轴力；（b）跨中弯矩

制。对比 SBSS-A 模型和 SBSS-B 模型的中间榀跨中弯矩，后者的弯矩约为前者的两倍，说明檩条刚接时可以更好地控制失效榀张弦结构的变形及内力发展，降低失效榀张弦结构的破坏程度，提高整体结构的抗倒塌能力。

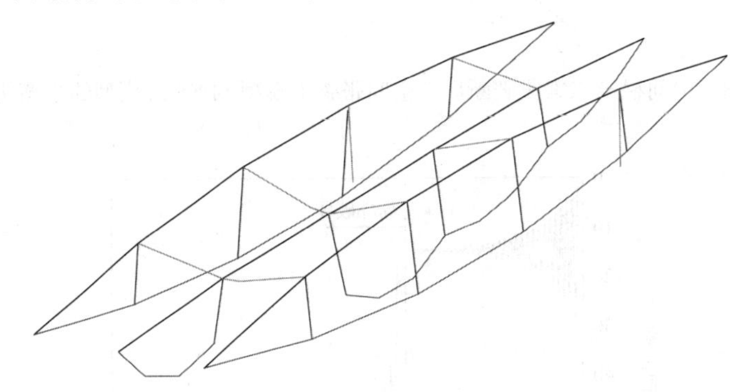

图 5-26　中间榀第二索段破断后，空间张弦梁模型 SBSS-B 模型的平衡构型

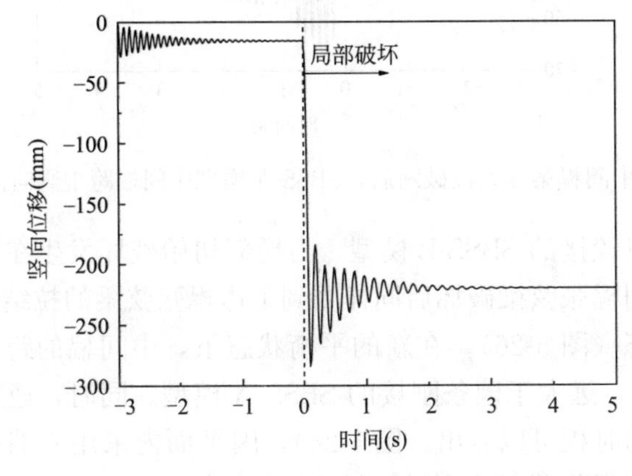

图 5-27　中间榀第二索段破断后，SBSS-B 模型中间榀跨中竖向位移变化

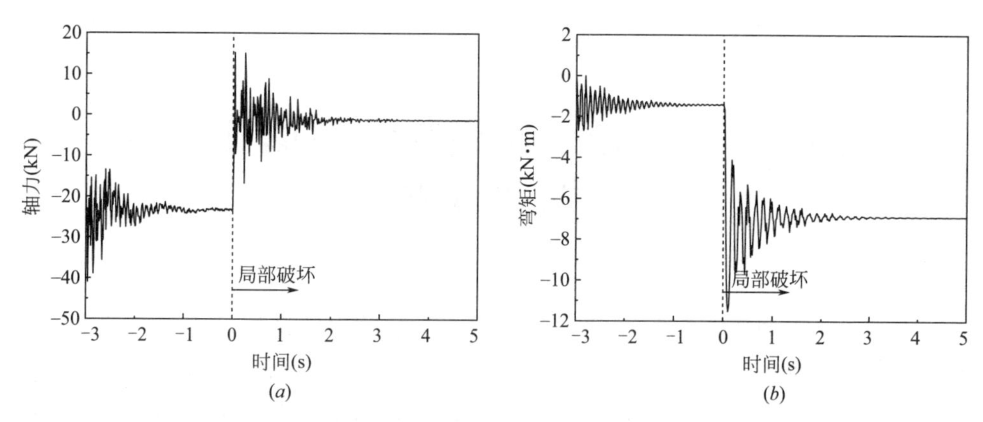

图 5-28　中间榀第二索段破断后 SBSS-B 模型中间榀钢梁跨中轴力与弯矩时程

（*a*）跨中轴力；（*b*）跨中弯矩

5.2.4　张弦结构的抗连续性倒塌机制

基于以上数值分析结果，可以得出以下结论：

（1）对于发生初始拉索失效的张弦梁平面单元，主要有两种抗连续性倒塌机制，它们的形成依赖于支座水平刚度：当支座处刚度足够大时，张弦结构在钢索破断后依旧可以利用拱机制抵抗外部荷载，此时上弦刚性构件受力以轴力为主；当支座刚度不足时，拱机制无法发挥，此时上弦刚性构件依靠梁的抗弯机制来抵抗外部荷载，上弦刚性构件中轴力近似归零，以承受弯矩为主。

（2）檩条对发挥整体协同作用、使失效榀荷载向相邻未失效榀转移至关重要。同时，檩条端部节点的抗弯刚度对檩条的拉结作用有较大影响：当抗弯刚度较大，甚至实现刚接时，张弦结构的整体抗倒塌能力可获得大幅提高。

（3）在张弦梁结构的抗倒塌设计中，对于支座的抗侧刚度评价及承载力计算将是抗倒塌设计的重点，需保证上弦刚性构件再次形成有效的拱机制；而对于支座抗侧刚度不足的情况，上弦刚性构件的抗弯能力将直接决定结构的抗倒塌能力，此时对上弦刚性构件的承载性能提出了更高的要求。在进行抗倒塌设计时，针对支座抗侧刚度的需求及上弦刚性构件承载性能的需求，仍需要进一步的理论研究。

（4）在索-杆节点具有较强的抗滑移承载力的情况下，某些索段的初始失效可通过撑杆与剩余拉索形成的新的传力体系获得稳定平衡；另外，檩条节点具有足够的承载力及转动能力是发挥檩条拉结作用的前提。因此，对索—杆节点和檩条节点在倒塌工况下的力学性能的试验与理论研究，对张弦结构的抗倒塌研究和设计尤为重要。

第6章 单层球面网壳结构连续性倒塌分析与设计对策

除前面章节研究的桁架结构及其体系、张弦结构体系外，还有一类空间结构，其结构几何构形的空间特征显著，主要依靠空间拓扑传力；在遭遇局部失效时，破坏将沿空间扩展，与单向传力为主的桁架、张弦结构差异显著。单层球面网壳是此类结构的最典型代表，是其他网壳结构或网壳结构与柔性构件组合而成的杂交网壳结构中的基础构造。因此，为理解单层球面网壳结构的连续性倒塌行为，本章进行了球面网壳模型的整体倒塌试验和数值模拟，确定单层球面网壳结构的连续性倒塌机制，建立结构关键构件的判定准则。

6.1 单层球面网壳结构连续性倒塌试验

单层球面网壳结构的连续性倒塌试验可研究此类结构遭遇初始局部破坏后的结构响应，并作为后续数值模拟的基准试验及网壳结构抗连续性倒塌机制研究的基础与依据。此外，模型试验仍有两个主要目的：①网壳结构杆件众多，通过试验探究是否存在单根杆件失效便触发连锁反应，引发连续性倒塌的现实可能性；②若未发生连续性倒塌，网壳结构是如何实现局部及全局的内力重分布，重新获得稳定平衡构型的。因此，本章共对两个矢跨比为1/7的网壳模型进行试验，区别在于两者所施加荷载不同，以求获得当发生单根杆件初始失效时，其中一个网壳结构倒塌而另一个网壳结构不倒塌的结果。显而易见，两个试验除了可分别实现前述试验目的外，还可作为对比，通过试验体现安全冗余对结构抵抗连续性倒塌能力的影响。

试验网壳模型的形式选为扇形三向型（Keiwitt型）网壳，此类网壳内力分布均匀，是大、中跨度穹顶最常用的形式之一；目前世界上跨度最大的新奥尔良超级穹顶即是此类网壳。Keiwitt网壳由 n（$n=6$、8、12……）根通长的经向杆先把球面分为 n 个对称扇形曲面，然后在每个扇形曲面内，再由纬向杆系和斜向杆系将此曲面划分为大小比较均匀的三向型网格。

6.1.1　试验概述

(1) 试验模型

综合试验室地锚孔的间距与排列、网壳尺寸与加工难度、网壳受力状况与试验荷载等因素，确定 Keiwitt 型网壳模型的形式为 K6-4 型，直径为 4.2m。K6-4 型单层球面网壳共有 61 个节点和 156 根杆件。现代球面网壳通常沿边缘设置连续支撑结构，使网壳整体力流符合薄膜理论；故模型设计时将最外层的 24 个节点均设置为支座节点，并相应取消最外层纬向杆系；此时试验网壳模型共有 37 个节点与 132 根杆件。为表述方便，对模型的所有节点与杆件命名。对于 K6 型网壳，共有 6 个完全相同的对称扇形分区，节点和杆件的命名可以据此进行。将网壳最顶部的节点命名为 JT，JT 为各分区公用。每一个分区的节点名称以 J*n* 开头（*n* 为分区号，初始失效杆件位于第 1 分区，其余分区按逆时针排序），后面加上该节点在分区内的位置：自顶部节点向支座，处于各纬向高度上的节点分别命名为 A、B1～B2 和 C1～C3，支座节点为 S1～S4（1、2、3……按逆时针排序，图 6-1）。每一个分区的杆件以 M*n* 开头（*n* 同样为分区号），连接 T 节点与 A 节点的杆件为 TA，连接 A 节点与两个 B 节点的杆件分别为 AB1～AB3，……，A 节点所在纬向杆件为 A，B 节点所在纬向杆件为 B1～B2，……（1、2、3……按逆时针排序，图 6-2）。

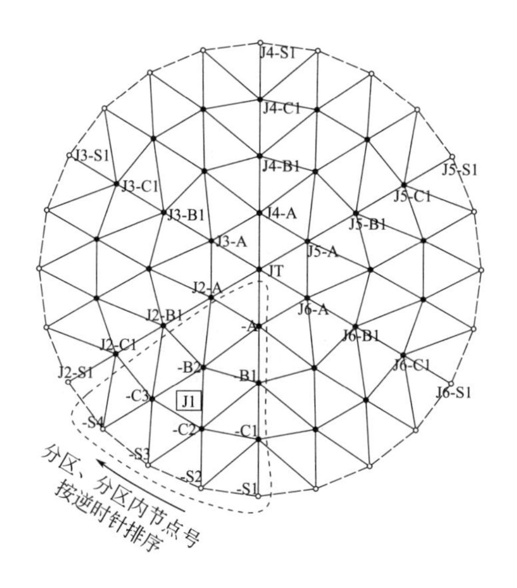

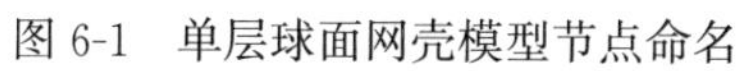
图 6-1　单层球面网壳模型节点命名

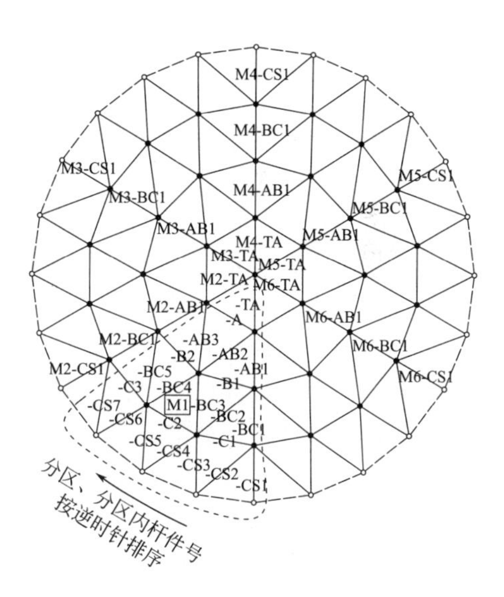

图 6-2　单层球面网壳模型杆件命名

网壳模型每一扇形曲面内的网格按经向杆件在水平投影面上等长划分，使试验模型在屋面活荷载和均布雪载等起控制作用的荷载作用下，各节点试验荷载值相同。网壳模型使用两种截面杆件制作，经向杆件 M*n*-AB1、M*n*-BC1 和 M*n*-

CS1 内力较大，最外层斜杆长度较长，故从单杆稳定性考虑，这些杆件使用 $\phi20\times1$ 截面圆管，其余杆件使用 $\phi16\times1$ 截面圆管。圆管材料与桁架模型试验所用材料相同，为 St35 级高精度精拔无缝钢管，其材性见表 6-1。

网壳模型杆件材料材性 **表 6-1**

杆件截面	屈服强度(MPa)	极限强度(MPa)	延伸率(%)
$\phi20\times1$	302	417	37
$\phi16\times1$	295	430	35

模型节点使用刚性连接的焊接球节点。区别于工程应用的空心焊接球节点，试验时为在节点处施加挂载，模型所用焊接球为中间开竖向圆柱通孔的实心钢球；通孔直径为 16mm，可内穿 $\phi16$ 全牙丝杆用于加载。实心钢球直径为 60mm，满足《空间网格结构技术规程》JGJ 7—2010[160]（以下简称为 JGJ 7 网格规程）对于球面上相邻杆件之间的净距不宜小于 10mm 的要求。网壳模型加工时，首先在水平地面上使用固定靠山模具加工各纬向杆系，而后将不同纬向杆系置于相应高度并临时固定，再焊接经向与斜向杆件，以保证加工精度。使用全站仪测量网壳模型各节点的实际坐标并计算初始缺陷，结果显示所有节点中初始缺陷绝对值最大值约为 13.24mm，小于 JGJ7 网格规程规定的网壳跨度的 1/300。

网壳结构的支座是上部网壳与下部支承结构的连接纽带，其设计需力求传力明确、安全可靠。大、中跨度的网壳结构计算时，支座节点均采用铰接假定；这种铰接连接属性应在发生显著大变形甚至完全翻转的整个连续性倒塌过程中始终保持。因此，为完成具有基准试验意义的网壳模型倒塌试验，模型支座节点的设计还需使网壳模型能符合计算分析所采取的全过程铰接这一假定条件。各类常用的网壳支座节点，无论是压力支座或是拉力支座，其所允许出现的转动角度相当有限，故无法应用于连续性倒塌模型试验。

鉴于此，设计并制作了内含向心关节轴承的支座节点（图 6-3）。所用向心关节轴承型号为 GEG45ES，安装并固定于座板之内；耳板内侧凸缘紧贴轴承内圈，轴承销轴穿过耳板，使耳板可同时传递垂直销轴的径向力与沿销轴方向的轴向力。支座节点在面内转动角度 245°、面外转动 27°的同时，可承受径向 100kN 与轴向 50kN 的联合荷载。支座节点所有部件均采用机械加工，耳板外侧使用沉孔螺栓安装可拆卸的“杆件连接端板”，使支座节点可重复利用。

(2) 试验装置

网壳模型的支座节点安装于图 6-4 所示的环梁支承结构上。环梁支承结构的设计主要考虑以下几点：第一，作为试验对象的较扁平且支座处未采用过渡曲线的球面网壳，其下部支撑处应设计拉力环梁，靠环梁承受水平推力或拱力的水平分量；第二，倒塌试验可能出现的完全翻转变形模式要求网壳模型下方应有足够

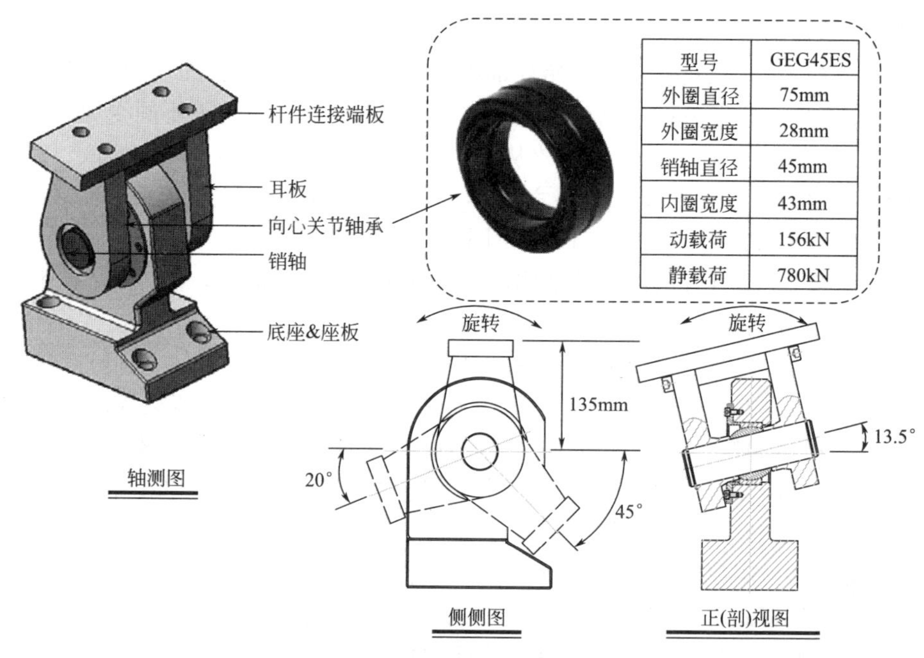

图 6-3　模型用向心关节轴承支座

的净空，故环梁上表面距地坪高度为 2m，以使节点挂载在模型完全翻转前不至于已坠落至地坪；第三，考虑试验室地坪上地锚孔 0.6m×0.6m 的矩阵排列，在环梁下方共设置两种类型共 8 个三角形反力架：4 个 0°反力架沿地锚孔的行、列方向，4 个 45°反力架沿斜线方向；第四，网壳模型直径 4.2m，下部支承结构的最外轮廓直径超过 7m，故将整个环梁支承结构分段加工，于试验室现场拼装；最后，出于可加工性及使反力架可为其他试验重复利用的目的，环梁的形式取为 16 段的分段直线，三角形反力架上方的环梁直线段两端设置端板，与连梁直线段通过端板连接，共有 8 个连梁。

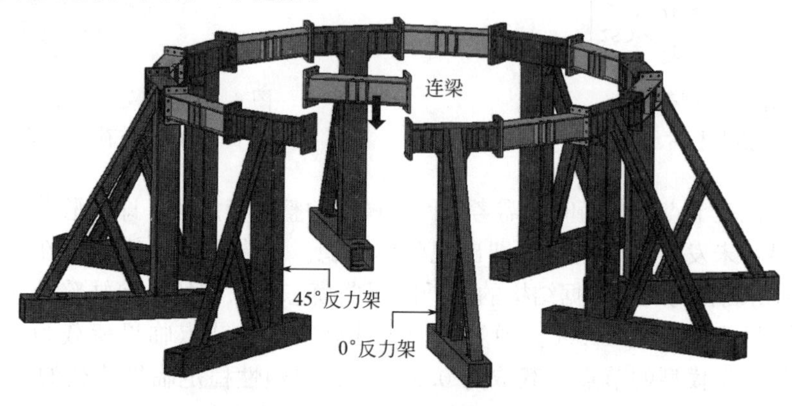

图 6-4　网壳模型下部环梁支承

(3) 试验荷载

在承受均布荷载且未发生初始局部破坏前，每个扇形分区的受力状态相同。另外，由于单个扇形分区内仍存在轴对称特征，网壳模型中处于不同受力状态的节点和杆件数量可进一步缩减。故从受力上看，网壳模型共有节点 JT、J1-A、J1-B1、J1-B2、J1-C1 和 J1-C2 共六种不同的节点，以及杆件 M1-TA、M1-A、M1-AB1、M1-AB2、……等共 14 根不同的杆件，见图 6-5。

采用 2.2.2 节开发的改进的结构连续性倒塌数值分析流程，使处于不同位置的 14 根杆件分别发生初始失效，研究局部破坏对整体结构产生的影响并探寻整体结构对不同位置初始破坏的敏感性。对于承受对称均布竖向荷载作用的试验模型，所有节点具有相同的节点荷载值。计算结果显示，在节点荷载为 1.2kN 且不考虑阻尼作用时，若初始破坏发生于杆件 M1-AB1 将触发整体结构的连续性倒塌；而初始破坏若发生于其他杆件，剩余结构则能重新获得稳定平衡状态。对于其余杆件，能触发网壳试验模型连续性倒塌的最小节点荷载见图 6-6，图中的荷载同样为未考虑阻尼时的节点荷载需求。由此可见，经向杆件 M1-AB1 具有最高的关键性；故将此杆件确定为两个模型试验的初始失效构件。若计算时在对应 0.2s 周期（杆件 M1-AB1 失效后剩余结构的自振周期）引入 3%阻尼比，杆件 M1-AB1 失效使整体结构发生倒塌的临界节点荷载将增加至 1.3kN。

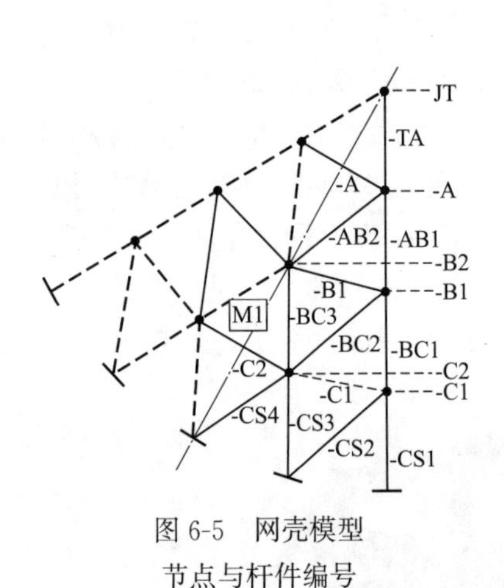

图 6-5 网壳模型节点与杆件编号

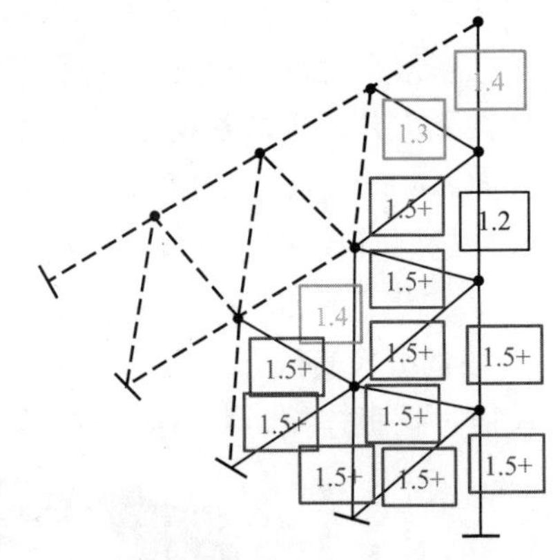

图 6-6 网壳模型单杆失效致倒塌的节点荷载需求

确定试验节点荷载值时尚需考虑网壳模型的整体稳定性，即试验荷载不能使网壳模型在未发生初始失效前即出现整体失稳。网壳模型整体稳定性计算时按 JGJ 7 网格规程的规定依据结构的最低阶屈曲模态引入初始几何缺陷分布，缺陷最大值取网壳跨度的 1/300。弹塑性稳定计算所得的节点临界荷载为 1.98kN。因此，第一个模型的节点荷载取为 0.8kN，为弹塑性稳定临界荷载的 40%，故将该模型命名为 dome-0.4。第二个模型的节点荷载确定为 1.5kN，为弹塑性稳定临界荷载的 75%，将该模型命名为 dome-0.75。

所施加试验荷载仍需满足单根杆件的稳定性要求。对于单层球面网壳试验模型，各位置杆件按《钢结构设计规范》GB50017—2003[161] 计算的折算应力列于表 6-2。网壳结构杆件以承受轴力为主，杆件内弯矩很小，表 6-2 仅列出按轴压计算的杆件稳定折算应力。对于 dome-0.4 模型，所有杆件的折算应力均小于材料的屈服应力。但对于 dome-0.75 模型，BC3 等 5 个位置杆件的稳定性则未能满足。然而，上述计算中杆件平面外计算长度系数按 JGJ 7 网格规程取为 1.6，该系数是考虑无法确定纬向杆系对经向与斜向压杆在端部的转动约束（纬向杆件可能受压、受拉或内力为零），仅考虑远端经向与斜向杆系的弹性转动约束而确定的。对于网壳试验模型所选用的矢跨比为 1/7 的具有较小矢跨比的网壳结构，所有纬向杆件之间存在力差，对经向与斜向压杆端部的平面外变形存在一定的约束作用，故可认为计算长度系数 1.6 是一个过于安全的取值，其大大减小了杆件的稳定系数。表 6-2 的右侧三列为取计算长度系数为两端铰接的 1.0 时，各位置杆件的轴压稳定系数及折算应力。此时 dome-0.75 模型所有杆件仍有较大承载能力富余。后面对 dome-0.75 模型的静力加载过程也表明，施加 1.5kN 节点荷载时所有杆件的应变均呈线弹性发展，未出现单杆失稳现象。

网壳模型各位置杆件的单杆稳定性校核（单位：N，mm）　　　表 6-2

位置	截面	编号	l	$\lambda\sqrt{\frac{f_y}{235}}$	φ	N-stress		$\lambda'\sqrt{\frac{f_y}{235}}$	φ'	N-stress(φ')
						−0.4	−0.75			−0.75
经向杆系	$\phi16\times1$	TA	526	179	0.25	170	318	112	0.56	144
	$\phi20\times1$	AB1	536	144	0.36	119	280	90	0.71	113
		BC1	556	149	0.34	114	271	93	0.69	106
		CS1	593	159	0.31	74	176	100	0.64	66
纬向杆系	$\phi16\times1$	A	525	178	0.25	173	323	112	0.55	146
		B1	544	185	0.23	169	317	116	0.52	141
		C1	547	186	0.23	140	263	116	0.52	116
		C2	547	186	0.23	99	187	116	0.52	82
斜向杆系	$\phi16\times1$	AB2	659	224	0.16	168	314	140	0.38	133
		BC2	713	242	0.14	161	298	151	0.33	125
		BC3	600	204	0.19	213	399	127	0.45	172
	$\phi20\times1$	CS2	759	204	0.19	112	266	127	0.45	90
		CS3	613	165	0.29	121	287	103	0.62	104
		CS4	672	181	0.24	126	299	113	0.54	105

注：$\lambda = 1.6l/i$，$\lambda' = l/i$，l 为杆件长度，i 为杆件截面回转半径。

对于所确定的网壳试验的节点荷载值（0.8kN 与 1.5kN）应有直观理解。实际工程采用的单层球面网壳屋盖的跨度通常小于 60m，故本模型可看作是一个直径为 42m 的原型网壳结构的 1∶10 缩尺模型。若试验模型使用焊接空心球节点，模型结构的整体重量约为 35kg；在缩尺的过程中需附加约 3.15kN 的自重补偿荷载。但实际的网壳试验模型节点使用了总重比空心球多约 20kg 的焊接实心球，故所需的总自重补偿配重约为 2.95kN。扣除了上述补偿配重后，dome-0.4 模型与 dome-0.75 模型对应的原型结构上的恒、活载的组合设计值分别约为 1.92kN/m^2 与 4.00kN/m^2。上述两个荷载值在常规荷载下均是很难达到的，故对于处于常规荷载作用下的此类单层球面网壳结构，单杆的初始失效难以触发整体结构的连续性倒塌。

(4) 试验流程

试验采用与平面桁架结构模型试验相同的试验流程，即以挂载的形式施加静力加载后，使用局部初始失效装置使 M1-AB1 发生突然的破断，并使用动态应变测量系统和高速摄影测量系统采集剩余结构的响应，详见 3.1.1（5）节。

6.1.2 试验结果

(1) dome-0.4 模型试验结果

经向杆件 M1-AB1 失效后，dome-0.4 模型并未发生明显的变形。有限的变形集中于初始失效杆件 M1-AB1 周围，且以其所在的经向杆系为对称轴左右对称。初始失效杆件 M1-AB1 两端节点具有远大于其余节点的竖向位移，二者之中节点 J1-B1 的竖向位移明显更大，但并未超过 10 mm（图 6-7、图 6-8）。

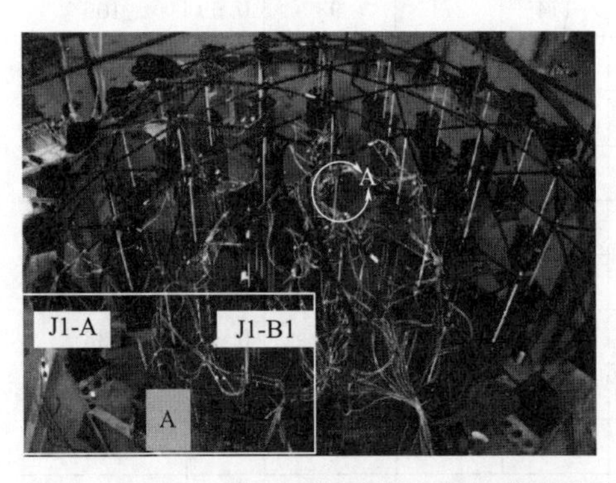

图 6-7 dome-0.4 模型局部破坏后无明显位形变化

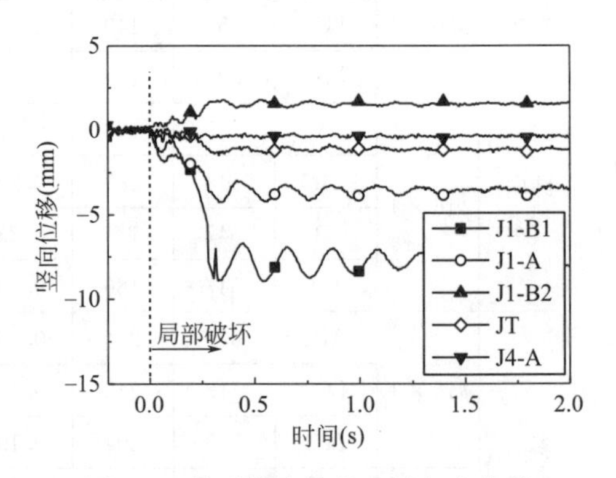

图 6-8 模型代表性节点的竖向位移

构件初始失效装置在本次网壳模型试验中同样展示出良好的工作性能。刚度退化曲线与图 2-4 展示的桁架模型曲线几近相同，杆件 M1-AB1 的轴向刚度在 0.01s 内退化至不足初始值的 5%（图 6-9）。然而，由于网壳模型试验中模型的变形方向与构件初始失效装置的方向接近垂直，不利于装置从模型上脱离，故杆件 M1-AB1 在初始破断装置启动 0.26s 后轴力才完全消失。但总体上而言，杆件 M1-AB1 的刚度退化速度仍是相当快的；且在装置未完全脱离之前，网壳模型已开始变形，内力已开始重分布。

试验中，100Hz 的采样频率同样足以完整采集模型杆件的动态应变变化（图 6-10）。故本书后面除特殊说明，单层球面网壳模型连续性倒塌试验所有应变数据均为由 DH3820 应力应变采集系统以 100Hz 频率获得的。

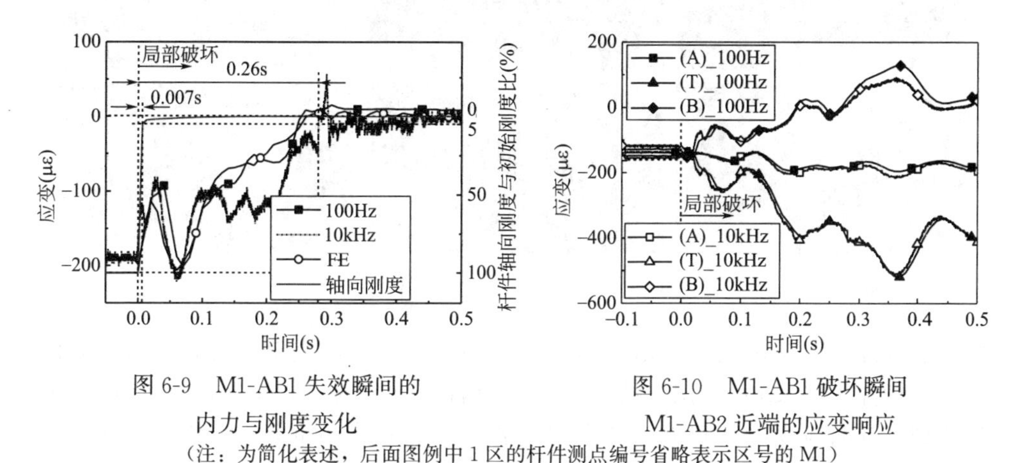

图 6-9 M1-AB1 失效瞬间的内力与刚度变化

图 6-10 M1-AB1 破坏瞬间 M1-AB2 近端的应变响应

（注：为简化表述，后面图例中 1 区的杆件测点编号省略表示区号的 M1）

（2）dome-0.75 模型试验结果

初始失效杆件 M1-AB1 瞬间破断后，dome-0.75 模型发生了自破坏局部向周围逐步扩展的连续性破坏。如图 6-11 所示，整个模型出现了自初始破坏位置起始的完全翻转的变形（支座节点向下转动），并导致了大量杆件的失稳和一系列杆件的断裂，最终部分结构坠落至地面。特别说明两点：其一，尽管 dome-0.4 模型与 dome-0.75 模型完全相同，且前者试验过程中局部破坏并未扩展，但鉴于初始局部破坏周围的某些杆件已部分进入塑性，故 dome-0.75 模型为另加工的一个全新的网壳模型，而未采用对 dome-0.4 模型重复利用的方式；其二，dome-0.75 模型试验中，初始失效杆件 M1-AB1 经过了 0.28s 后杆件内力完全消失，其失效过程与图 6-9 所示的 dome-0.4 模型试验中的初始失效大致相同。

在 dome-0.75 模型的倒塌过程中，模型整体变形基本上仍以失效杆件 M1-AB 所在经向杆系为对称轴呈左右对称。整体模型的变形过程具有显著的连续性倒塌特征，即变形与破坏自局部开始，逐渐扩展至全部结构。如图 6-12 所示，失效杆件两端节点之一的 J1-B1 最先大幅下挠，并带动其两侧的节点（节点 J1-B2）一起向下运动；而后，失效杆件另一端部节点 J1-A 也加入下挠行列，使网壳模型向下凹陷的区域向四周扩展，最终导致了整个模型向下翻转。图 6-12 中标识的 0.6s、0.8s、1.0s 等特定时刻的网壳模型变形实时照片见图 6-11。在初

图 6-11　dome-0.75 模型倒塌全过程

始失效杆件 M1-AB1 破坏开始后约 1.5s，网壳模型完成完全的翻转，最外侧的杆件（杆件 M3-CS1）内拉力持续增大。而后经过了约 0.05s，杆件 M3-CS1 发生断裂，轴向应变瞬间释放；与之相连的 M3-BC1 受到冲击，应变陡增（图 6-13）。断裂杆件范围快速扩展至整个 2 区、3 区和 4 区的几乎所有最外层杆件，模型跌落至试验室地坪。网壳模型发生连续性倒塌后的最终形态见图 6-14，左侧照片从失效杆件 M1-AB1 正对面的位置拍摄，可以更好地观察倒塌结构的最终形态及发生断裂杆件的位置。

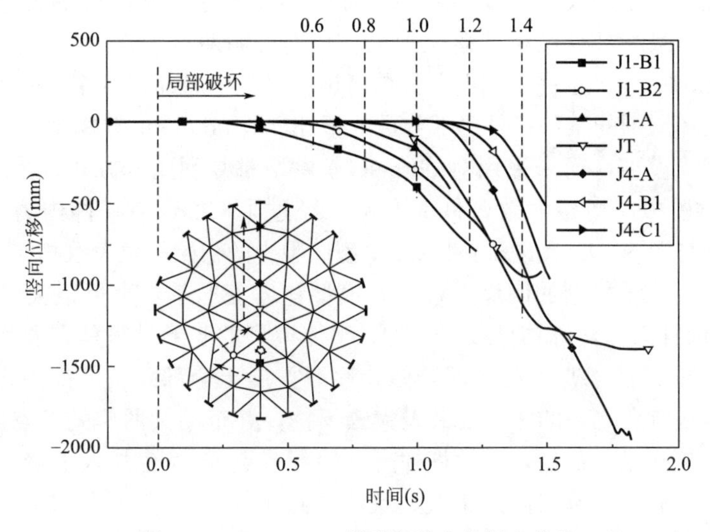

图 6-12　dome-0.75 模型各节点的竖向位移

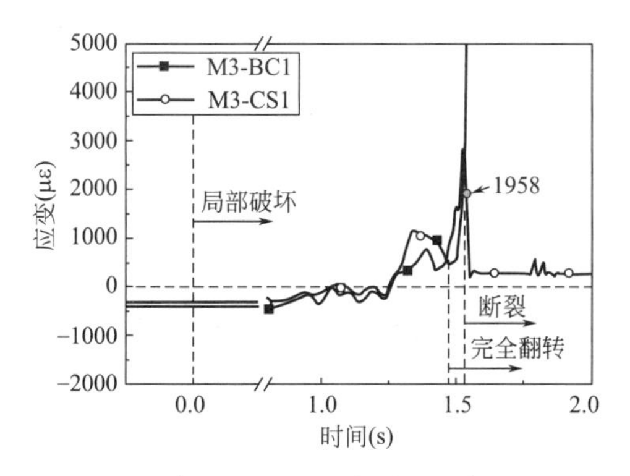

图 6-13　杆件 M3-BC1 的断裂及对邻杆的影响

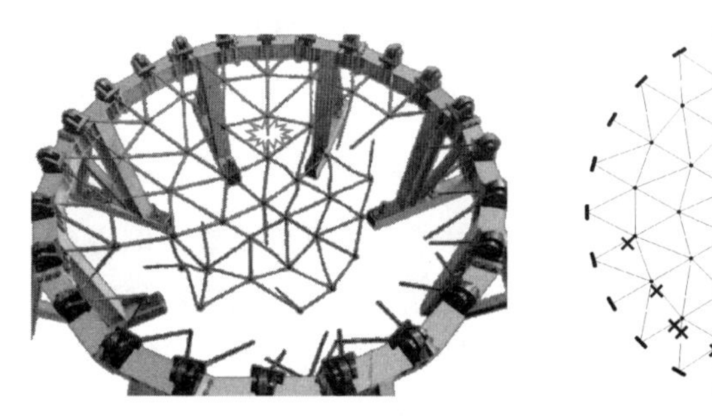
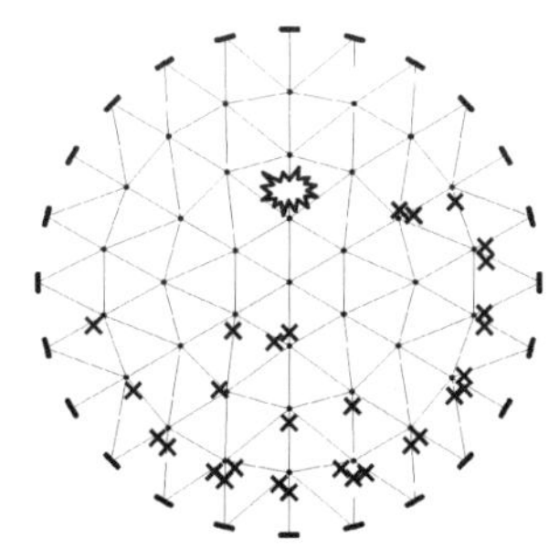
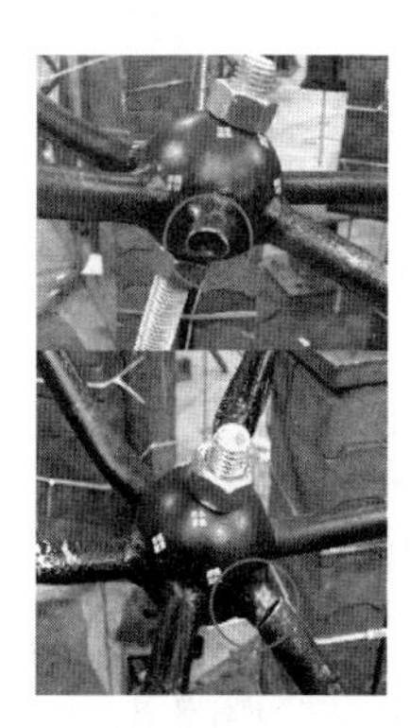

图 6-14　dome-0.75 模型倒塌的最终形态及断裂发生位置

6.2　单层球面网壳结构倒塌数值模拟

模型试验 dome-0.75 中出现了大量杆件断裂致相当部分结构坠落至地面的现象，这势必造成更大的人员伤亡与财产损失，是结构抗倒塌设计所应避免的。因此，本节对两个模型试验进行数值模拟，验证 2.2.3 节提出的圆钢管构件梁单元断裂算法，使对空间结构连续性倒塌的模拟具备模拟杆件断裂的能力，进而可以获得建筑结构倒塌后的最终形态，为工程技术鉴定提供重要手段。同时，还将通过数值模拟手段研究其他类型单层球面网壳结构在各种初始杆件失效工况下的抗倒塌性能，为后面系统地探究此类结构抗倒塌机制提供依据。

6.2.1　数值模型

在通用有限元程序 ABAQUS 中建立 dome-0.4 和 dome-0.75 的数值模型。

模型的几何尺寸、材料的材性、模型的支座条件及平面外的侧向约束等均按照试验实际情况确定。所有模型单元均为梁单元 B31，每根杆件至少划分为 10 个单元；单元数量足以模拟杆件可能出现的失稳现象。杆件在节点处刚接模拟实际的焊接空心球节点。模型支座节点处，约束所有的平动自由度，释放全部的转动自由度，模拟实际向心关节轴承提供的边界约束。模型挂载以节点惯性质量的形式添加。

使用 2.2.2 节的改进的连续性倒塌数值分析流程，实现重力与试验荷载的拟静力施加及杆件在稳态平衡后的突然破断。整个过程分为 4 个分析步：分析步 1 时长 0.1s，施加重力荷载及外荷载；分析步 2 时长同样为 0.1s，使用动力黏滞算法衰减振动；分析步 3 时长为 0.27s，使用单元删除算法使 M1-AB1 失效；分析步 4 时长为 2s，计算剩余结构响应。

使用 2.2.3 节的圆钢管构件梁单元断裂算法，以模拟网壳杆件在倒塌过程中出现的断裂。

6.2.2 倒塌试验的数值模拟结果

网壳 dome-0.4 的数值模拟结果与试验一样，未表现出局部或整体倒塌的迹象，也未发现杆件的断裂。图 6-15、图 6-16 分别展示了一些关键节点的竖向位移时程和关键杆件 M1-B1 的应变时程及它们与试验数据的比对；图例（A）、（T）、（B）分别为杆件轴向、上表面与下表面的应变。结果显示，对于未发生明显大变形的 dome-0.4 模型试验，数值模拟可很好的重现试验过程。

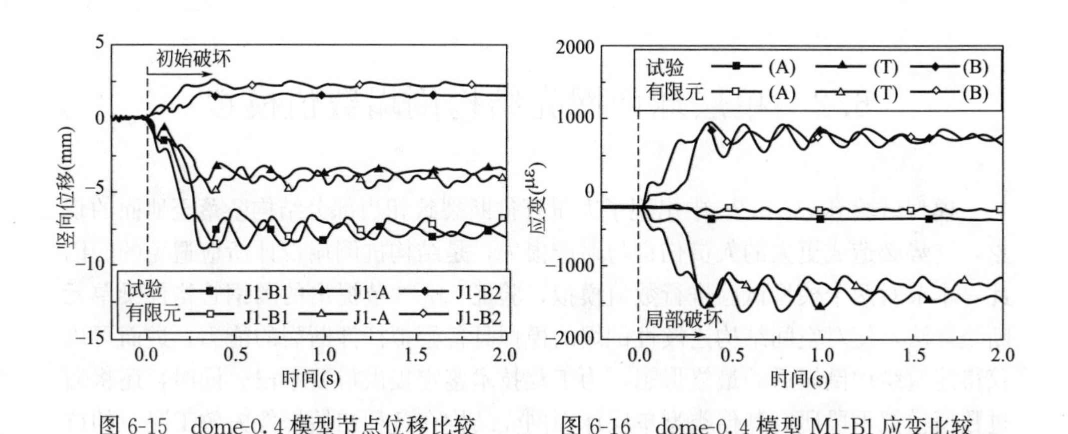

图 6-15 dome-0.4 模型节点位移比较　　图 6-16 dome-0.4 模型 M1-B1 应变比较

对于 dome-0.75 模型，数值计算得到的位移及应力、应变结果同样与试验有较好的吻合程度。图 6-17～图 6-19 分别展示了模型倒塌开始阶段关键节点的竖向位移和关键杆件的应变响应。数值模拟很好地再现了杆件 M1-AB1 失效后，杆件两端节点 J1-B1 和 J1-B2 首先出现大幅下挠，而后带动其他节点 J1-A 和 JT 依次向下运动的现象；特别地，节点 J1-B2 与节点 J1-A 之间竖向位移交替发展的先后关系，数值模拟都可体现。

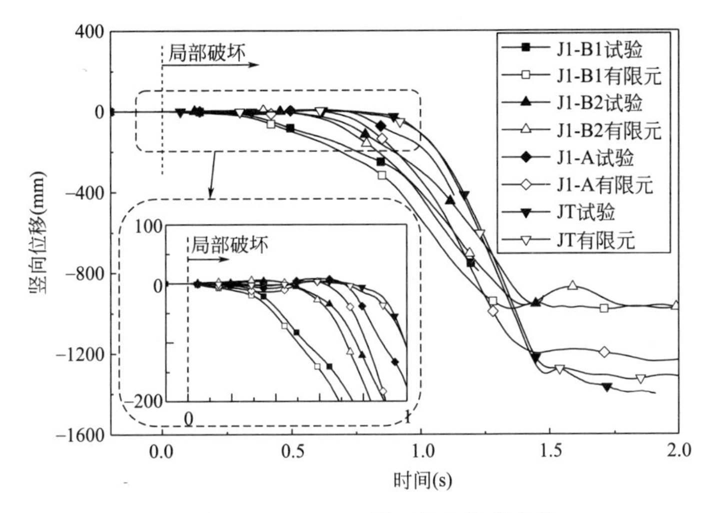

图 6-17　dome-0.75 模型节点位移比较

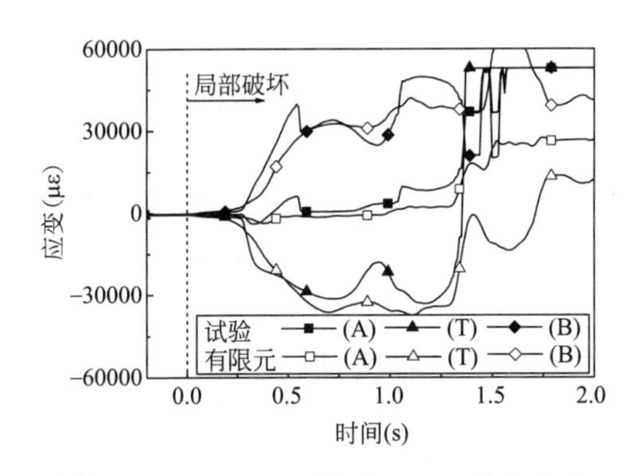

图 6-18　dome-0.75 模型 M1-B1 应变比较

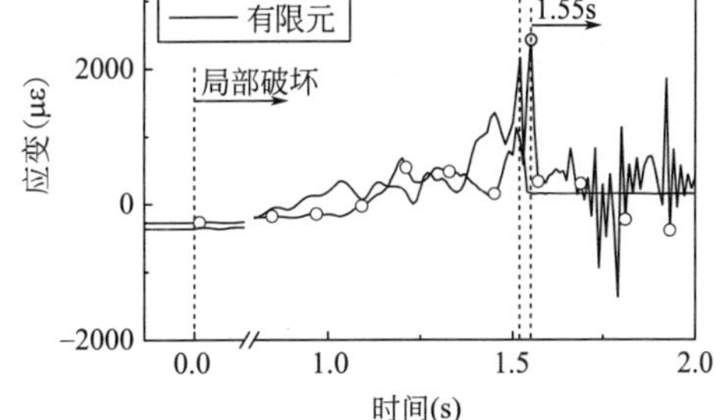

图 6-19　dome-0.75 模型 M4-BC1 应变比较

对于模型破坏范围在模型空间持续扩展直至一些最外层杆件断裂、模型触地的整个试验过程，数值模拟同样具有很好的可模拟性。图 6-20 展示的数值计算模型倒塌中后期的变形与图 6-11 显示的试验实时照片及图 6-14 显示的倒塌最终形态几近吻合；这种吻合包括一些关键现象的重要时间节点：1.5s 左右模型完全翻转、1.52s 左右开始出现杆件的断裂，及断裂出现的空间起始位置：3 区最外层杆件。特别是，断裂范围涵盖整个 2 区至 4 区的这种不对称的破坏形态，及网壳模型 4 区经向杆件 M4-CS1 未断裂、断裂反而出现在相连经向杆件 M4-BC1 和纬向杆件 M3-C3、M4-C1 这些看似可能源自偶然的现象，数值模拟都已重现，证明了钢管构件断裂算法的适用性与精度。

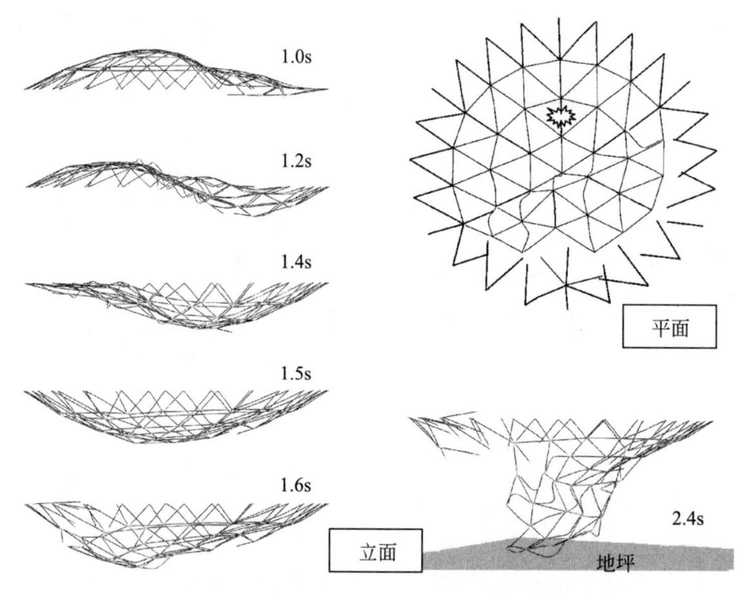

图 6-20　对 dome-0.75 模型倒塌过程的数值模拟

仍以 4 区经向杆件附近发生的断裂为例，研究圆钢管构件断裂算法在连续性倒塌过程中的应用表现及其导致的断裂行为。对于杆件 M4-BC1 靠近节点 J4-C 端（图 6-21），在网壳模型翻转后期杆端显著受弯、下边缘受拉，故截面下边缘材料点 3 率先断裂；且由于弯矩很大，材料点 3 在轴向塑性应变达到 0.20 时便发生断裂。下边缘起裂后，杆端变形集中加速，杆件抗弯承载能力降低（截面高度减小），以承受轴力为主；故材料点 1、2、7 几乎同时断裂，断裂时轴向塑性应变为 0.36。整个断裂过程持续 0.04s。杆件 M4-BC1 的完全断裂导致的荷载重分布使相邻纬向杆件 M3-BC1 受力增大，并使其靠近节点 J3-C3 端部的下边缘材料点 3 在 0.04s 后断裂（图 6-22）。纬向杆件受双向弯矩作用，故材料点 3 断裂后绕 1 轴的弯矩使材料点 5 代表的截面部分率先断裂，且断裂时轴向塑性应变等于 0.28。此后杆件几乎仅承受轴向拉力作用，材料点 1、7 在轴向塑性应变达到 0.36 时同时断裂。整个断裂过程持续 0.03s。上述分析可见，2.2.3 节所提出的基于梁单元的圆钢管构件断裂算法能很好地把握杆件的受力状态，可以模拟出因杆件局部断裂导致的截面受力状态变化及后续断裂的交互过程，具有很好的应用前景。

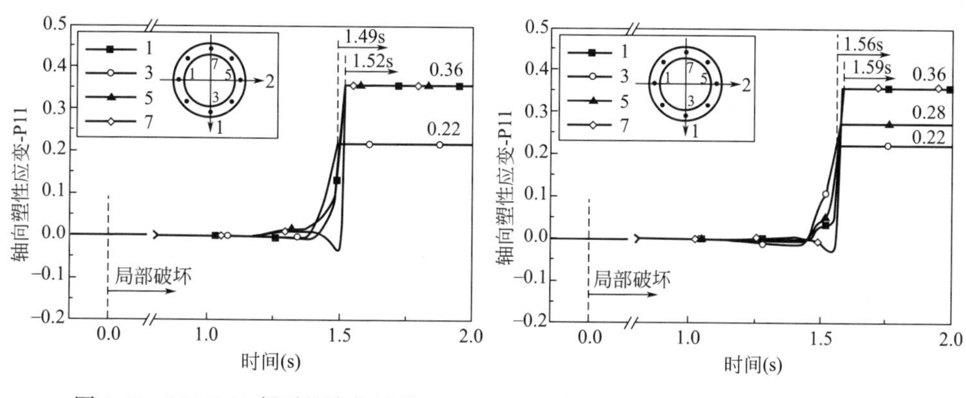

图 6-21　M4-BC1 断裂的演化过程　　　图 6-22　M3-C3 断裂的演化过程

作为对比，本书另对试验模型赋予恒定的轴向塑性应变值作为断裂判据并进行计算；目前，绝大多数基于梁单元的断裂模拟都采用此唯象化的断裂判据。结果显示（图 6-23），当 $\hat{\varepsilon}_{11}^{p}=0.3$ 时，网壳整体在翻转后未出现杆件的断裂而是在翻转的构型下获得稳定；说明将临界断裂应变设置为 0.3 已显然高估了材料的断裂应变了（即材料的名义断裂应变为 0.35）。然而，当 $\hat{\varepsilon}_{11}^{p}=0.2$ 时，网壳结构模型在翻转后确实可以出现杆件的相继断裂，但断裂的范围更大、扩展速度也明显快于试验现象；因此，统一取考虑弯矩占主导地位的断裂应变作为临界断裂应变同样是不合适的。相比较而言（0.2 与 0.3），因为网壳翻转过程中模型节点处必然存在很大的弯矩，故将 $\hat{\varepsilon}_{11}^{p}$ 设置为材料断裂应变的下限 0.2 时，模拟结果与实际情况相对更接近。但对其他倒塌过程中杆件弯矩不占主导地位的断裂模拟将出现很大偏差，且断裂应变下限的数值是经对圆钢管杆件的计算与分析获得的，若未经此过程而随意定义更小的断裂应变判据，例如 0.1 或 0.15 等，将很可能造成实际结构无断裂现象但模拟结果显示结构大范围断裂的情况。诚然，若能通过

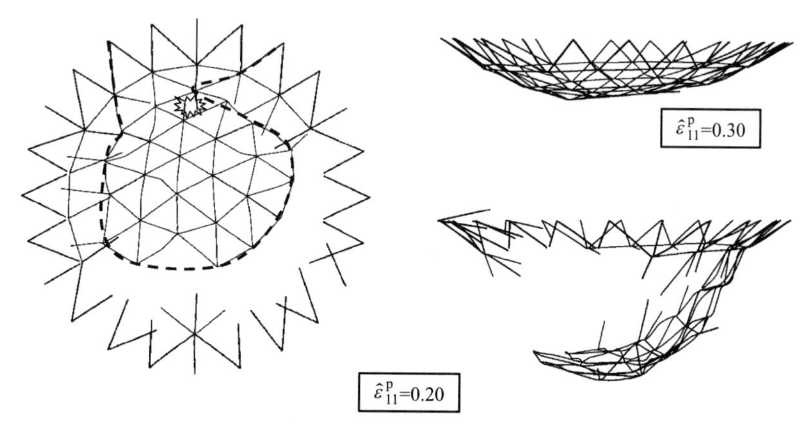

图 6-23　使用恒定轴向塑性应变作为断裂判据的计算结果（初始失效后 2.4s）

对圆钢管等构件的多尺度计算获得断裂应变的下限，显然已获得了使用断裂应变随杆件受力状态而变化的动态判据进行计算的能力，自然也无必要使用恒定的轴向塑性应变值判断材料是否发生断裂了。

6.2.3 不同类型单层球面网壳的倒塌模拟

6.1.1 节第（3）点确定网壳模型试验荷载时已指出，网壳模型的抗倒塌能力因初始失效位置的不同而异，即单层球面网壳中不同位置杆件的初始失效具有不同的关键程度。本书将那些失效后最易触发结构整体倒塌的杆件定义为“关键构件”。但由于试验采用的 K6-4 型网壳模型杆件数量较少，网壳结构的关键构件分布规律尚不能得到完全体现。故本节以直径 40m 的各类型单层球面网壳为计算与分析对象，通过数值模拟研究各类型单层球面网壳因局部初始破坏发生连续性破坏的过程，探究网壳结构的关键构件分布规律。借助增量动力分析概念，确定各杆件初始破坏诱发连续性倒塌的临界荷载。

（1）凯威特型网壳

凯威特网壳模型直径为 40m，矢跨比为 1/5。网壳每一扇形曲面内的网格按经向杆件等分弧长划分（图 6-24）。杆件截面有两种：经向杆件 M-AB1、M-BC1、M-CD1、M-DE1（杆件、节点的命名规则与网壳模型试验相同）使用 $\phi140\times5$，其余所有杆件为 $\phi127\times4$。杆件材料统一取为与表 6-1 中 $\phi16\times1$ 相同。

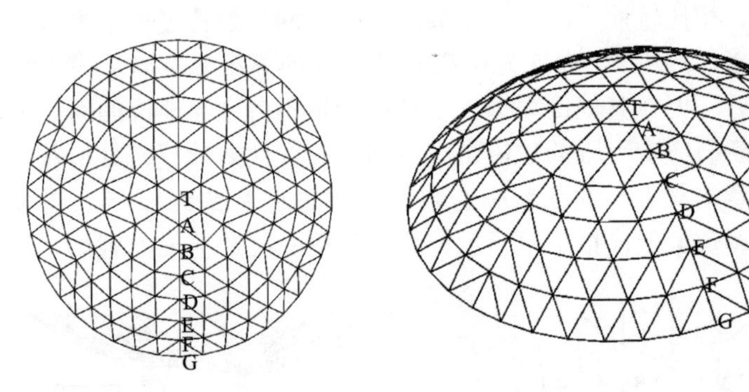

图 6-24 跨度 40m、矢跨比为 1/5 的凯威特型网壳计算模型

计算时，将均布屋面荷载按就近原则等效为节点集中质量施加于网壳节点。初始失效杆件的失效时间统一取为 0.1s。鉴于阻尼作用对各位置杆件破断后结构的响应影响基本趋同，计算时未考虑阻尼的影响。同时，若网壳结构发生整体性的翻转，则无论是否出现杆件的断裂，均可视作结构已发生连续性倒塌，故计算模型未引入材料的断裂损伤模型以节约计算时间。

数值计算结果显示，K6-7 型网壳的连续性倒塌过程与网壳模型试验 K6-4 型网壳所展现的过程基本一致：初始局部破坏后，破坏范围附近的节点开始向下运动并持续扩展，最终破坏快速扩展至结构整体，网壳出现整体的翻转（图 6-25）。

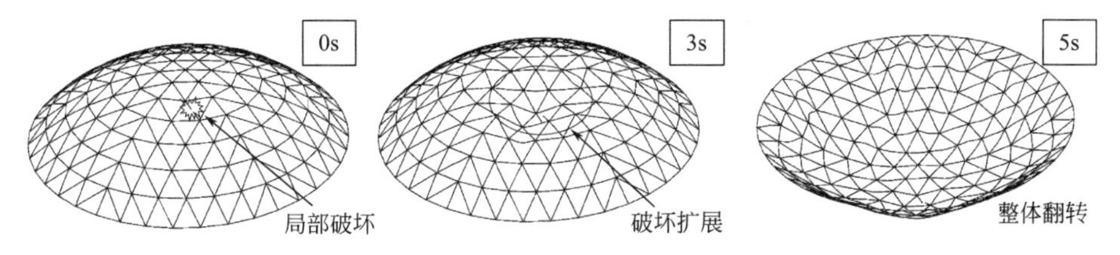

图 6-25 K6-7 模型 BC3 初始破坏后整体结构连续性倒塌过程

使局部破坏分别发生于各杆件处，结果显示，当等效屋面均布荷载为 4.25kN/m² 时，经向杆件 M-AB、M-BC 和纬向杆件 M-A 的失效均将触发整体结构的连续性倒塌，而其他杆件失效后结构能重获稳定平衡状态；即此网壳结构中以上三根杆件最为关键，将它们的关键等级定义为 I 级。当等效屋面均布荷载增大至 4.5kN/m² 时，经向杆件 M-CD1，纬向杆件 M-TA 和斜向杆件 M-BC3、M-CD3 的失效可以触发结构的整体倒塌，以上四根杆件的关键等级为 II 级。其余杆件失效致整体结构连续性倒塌的“临界”荷载及关键等级见图 6-26。定义关键等级，一方面可以直观掌握关键构件的分布规律，也可以为 6.4 节“单层球面网壳的关键构件判定”提供依据。本书仅根据数值计算得到的结构倒塌对应的临界等效屋面荷载定义关键等级，而没有据此计算“构件重要性系数”（构件重要性系数是一种衡量构件失效对整体结构影响的定量考察参数，不同文献对构件重要性系数的计算方法有不同的建议）的具体数值，其原因有三：首先，所计算屋面“临界”荷载其实是范围值（故打引号），例如关键等级为 II 级的四根杆件失效致倒塌的临界等效均布荷载介于 4.25kN/m² 与 4.5kN/m² 之间，具体数值难以也没有必要通过大量的增量动力计算确定；其次，初始缺陷对于不同位置杆件初始失效的影响是不一样的，即一致模态确定的初始缺陷未必对于所有位置杆件

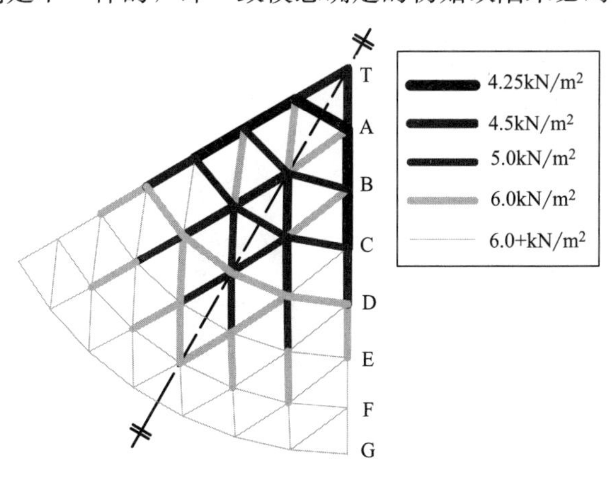

图 6-26 不同杆件失效致倒塌的临界荷载

的初始失效都是最不利的，故未破损完整结构的承载能力的确定没有确切依据；最后，使用未考虑初始缺陷的网壳稳定承载极限显然是不合适的，使用这一数值计算出来的关键等级也没有实际的工程借鉴意义。

(2) 肋环型网壳

肋环型网壳计算模型的几何外形与 K6-7 网壳计算模型相同，直径为 40m，矢跨比为 1/5。网壳经向、纬向杆系的数量分别为 30 与 7；经向杆系同样按等分弧长法划分（图 6-27）。杆件截面有两种：经向杆件 M-DE1、M-EF1、M-FG1 使用 $\phi 140\times 5$，其余经向杆件与全部纬向杆件使用 $\phi 127\times 4$。杆件材料与 K6-7 型网壳计算模型相同。

数值计算结果显示，肋环型网壳的连续性倒塌过程与凯威特型网壳所展现的过程基本一致：初始局部破坏后，破坏范围附近的节点开始向下运动并持续扩展，最终破坏快速扩展至结构整体，网壳出现整体的翻转。

肋环型网壳结构对经向杆件 M-FG 的初始失效最敏感，当等效屋面均布荷载为 2.5kN/m^2 时，它们之中任何一根杆件的失效都将触发整体结构的连续性倒塌；将它们的关键等级定义为 I 级。经向杆件 M-EF、环向杆件 M-D 和 M-C 的关键等级次之，它们失效触发整体倒塌的临界荷载为 2.75kN/m^2；以上三根杆件的关键等级为 II 级。其余杆件失效致整体结构连续性倒塌的临界荷载及关键等级见图 6-27。

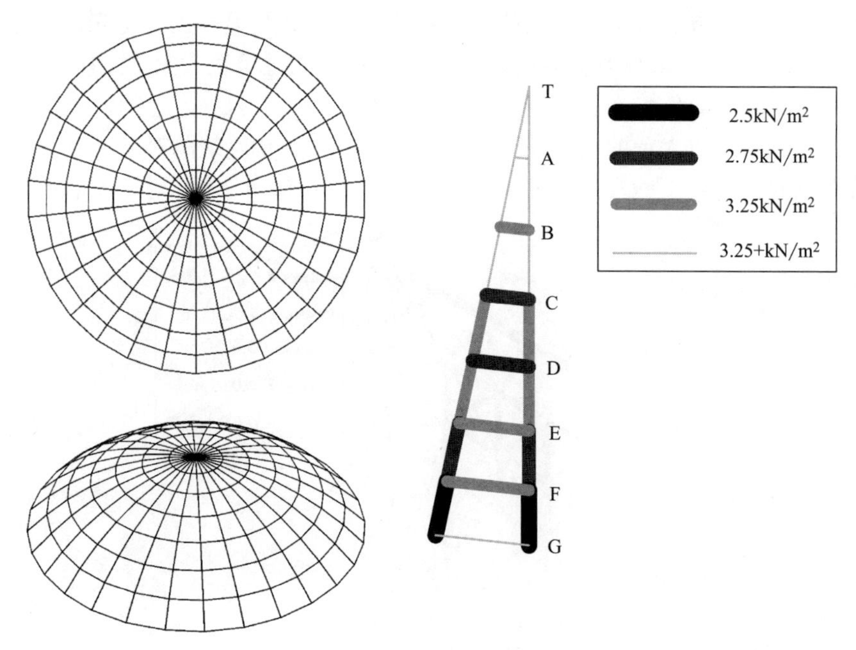

图 6-27 直径 40m、矢跨比 1/5 的肋环型网壳模型及杆件失效致倒塌临界荷载

(3) 施威德勒型网壳

在肋环型网壳基础上增加左斜单斜杆，形成施威德勒型单层球面网壳（图 6-28）；斜向杆件使用 $\phi 73\times 3$，杆件材料与其余杆件相同。

数值计算结果显示，施威德勒型网壳的连续性倒塌过程同样呈一种自局部破坏向周围逐渐扩展、最终导致网壳出现整体翻转的模式。同时，单斜杆的增加大幅地提高了网壳结构的抗倒塌承载能力。该施威德勒型网壳对经向杆件 M-DE1、M-EF1、M-FG1 的初始失效最敏感，但触发连续性倒塌的临界均布荷载已增至 4.0kN/m^2（作为对比，肋环型网壳触发倒塌的最低临界荷载仅为 2.75kN/m^2），将这些杆件的关键等级定义为 I 级。经向杆件 M-CD1、环向杆件 M-C 和 M-D 的关键等级次之，它们失效触发整体倒塌的临界荷载为 4.5kN/m^2；以上三根杆件的关键等级为 II 级。其余杆件失效致整体结构连续性倒塌的临界荷载及关键等级见图 6-28。

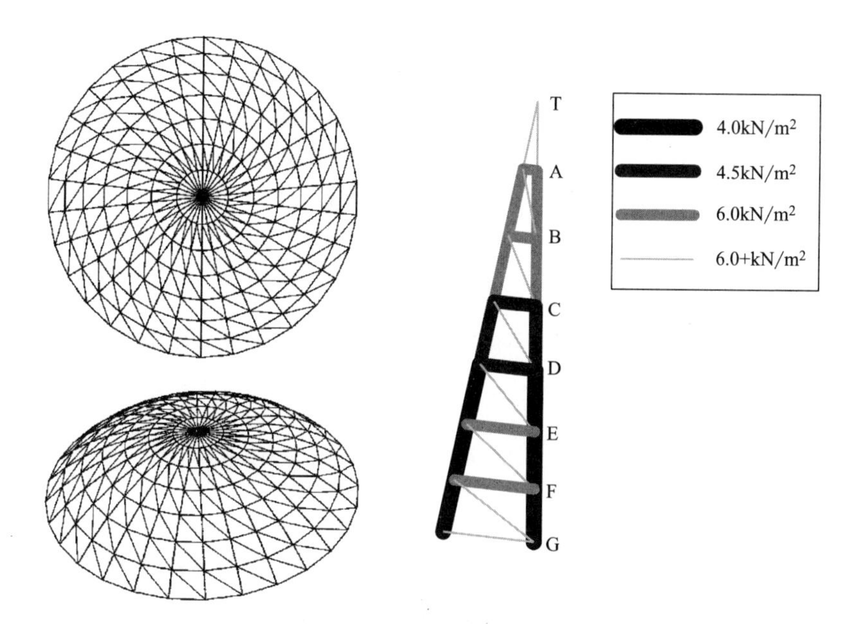

图 6-28　直径 40m、矢跨比 1/5 的施威德勒型网壳模型及杆件失效致倒塌临界荷载

(4) 联方型网壳

联方型单层球面网壳计算模型同样采用 40m 的跨度、1/5 的矢跨比和 7 个纬向杆系；每一个纬向杆系上有 30 个节点，即每一层有各 30 个左斜杆与右斜杆（图 6-29）。杆件统一采用 $\phi 127\times 4$ 截面，材料与凯威特型网壳、施威德勒型网壳相同。

数值计算结果显示，联方型网壳的连续性倒塌过程同样呈一种自局部破坏向周围逐渐扩展、最终导致网壳出现整体翻转的模式。网壳结构对经向杆件 M-FG

的初始失效最敏感，当等效屋面均布荷载为 5.0kN/m² 时，它失效可触发整体结构的连续性倒塌；将它的关键等级定义为 I 级。斜向杆件 M-EF 和环向杆件 M-F 的关键等级次之，它们失效触发整体倒塌的临界荷载为 5.5kN/m²；以上两根杆件的关键等级为 II 级。其余杆件失效致整体结构连续性倒塌的临界荷载及关键等级见图 6-29。

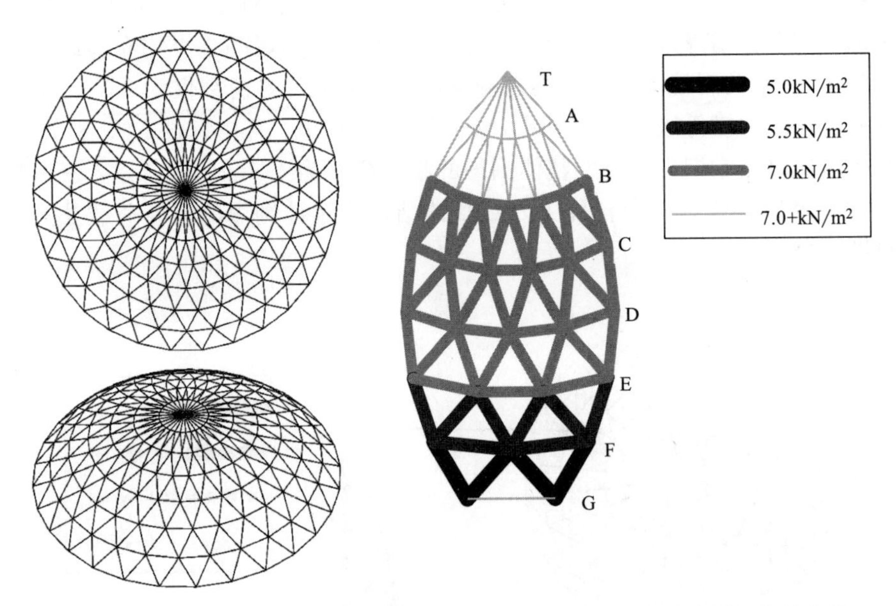

图 6-29　直径 40m、矢跨比 1/5 的联方型网壳模型及杆件失效致倒塌临界荷载

6.3　单层球面网壳结构抗连续性倒塌机制

模型试验中，dome-0.4 在局部初始失效后能够重获稳定平衡状态，而 dome-0.75 则发生了自初始破坏局部至整体的连续性破坏现象，说明前者完成了 3.3.1 节提出的局部破坏后的局部与全局内力重分布，而后者未能完成。因此，对两个模型试验的深层数据解读可直观地探究单层球面网壳结构的内力重分布方法，即结构的抗连续性倒塌机制。

6.3.1　局部与全局内力重分布机制

在平面桁架结构的研究中，给出了局部内力重分布与全局内力重分布的定义：局部内力重分布是指，与初始破坏直接相连的节点处因初始破坏而出现的不平衡力的重新分配；全局内力重分布是指，初始破坏导致的整体结构的力流乃至受力模式的重新调整（见 3.3.1 节）。遭遇初始局部破坏的结构，均需完成此两方面的内力重分布方可重新获得稳定平衡状态，否则将导致连续性倒塌的发生。

对于单层球面网壳模型，杆件 M1-AB1 未失效前通过杆件的轴压参与网壳的薄膜传力，承担两端节点竖向外荷载的同时将上部结构的荷载传递至支座。在它失效后，局部上，失效杆件两端节点 J1-A 和 J1-B1 处因杆件 M1-AB1 的缺失而出现不平衡力，该不平衡力的重新分配即为局部内力重分布；全局上，杆件 M1-AB1 的失效相当于在整体薄膜力流上开了一个“空洞”，薄膜力流进行调整，使原本通过杆件 M1-AB1 传递的上部荷载经其他路径传递至支座和支承环梁的过程就是全局内力重分布。从试验结果上看，dome-0.4 模型成功地完成了局部与全局的内力重分布。

单层球面网壳结构整体上在薄膜效应下，其杆件以承受轴压为主；故在节点外荷载作用下，节点局部可视作垂直于网壳球面的空间拱（对于单层球面网壳结构中某一节点所在局部，以这一节点作为顶点，与其相连六根杆件所形成的垂直于网壳球面的一个拱形结构）。失效杆件 M1-AB1 的破断削弱了节点 J1-A 与 J1-B1 处的拱效应，为弥补拱效应的减弱以获得节点处的力的平衡，与节点相连的杆件开始提供竖向剪力以部分承担节点的外荷载（图 6-30）。此处，将初始失效构件两端的两个节点，即初始失效构件破坏后，发生局部内力重分布的两个节点（对于模型试验即节点 J1-A 与 J1-B1）定义为“自由节点”。这两个节点显然是不可以自由运动的，但相比其他节点，失去初始失效杆件的支撑与约束使这两个节点有了相对更“自由”的运动空间和变形范围。

对于 dome-0.4 试验，根据式（6-1）的计算，剩余结构达到稳定平衡状态时，与自由节点 J1-A 相连的经向、纬向和斜向杆件内剪力分别约为 7.3N、28.8N、26.6N，总和为 118N；与节点 J1-B1 相连的经向、纬向和斜向杆件内剪力分别约为 17.9N、126.7N、24.3N，总和为 320N。对比节点处的竖向外荷载 800N 可知，节点 J1-A 处有约 15％的竖向荷载由相连各杆件的剪力承担，而节点 J1-B1 处剪力承担竖向荷载的比例则高达 40％。以上数据表明，尽管自由节点处局部的拱效应因失效杆件的破断而减弱，但节点外荷载仍主要由剩余杆件所构成的局部空间拱的拱效应承担，即剩余杆件的拱效应提供了主要的局部内力重分布能力；与自由节点相连各杆件的竖向剪力也很重要，对于某些情况，竖向剪力承载比例甚至可接近拱效应承载。同时需注意，节点 J1-B1 依靠杆件提供剪力承载的比例明显高于节点 J1-A，说明杆件 M1-AB1 的失效对前者处的拱效应产生更大的削弱。图 6-31 的示意可以对这一现象进行定性的解释：杆件 M1-AB1 的破断的确削弱了自由节点 J1-A 处的拱效应，但在局部空间拱顶点（节点 J1-A）下方仍有两根杆件 M1-AB2 与 M6-AB3 参与拱效应传力，削弱程度有限；而杆件 M1-AB1 的破断对自由节点 J1-B1 处的拱效应产生的影响则不同，杆件 M1-

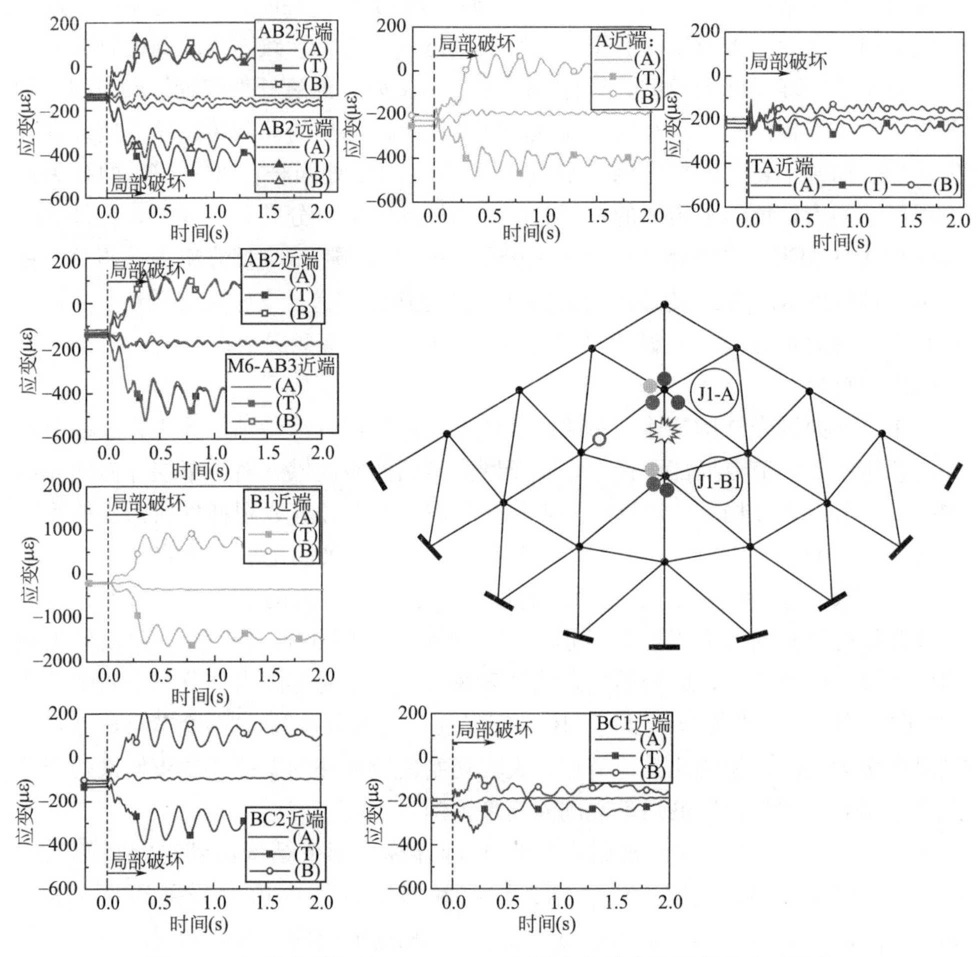

图 6-30 初始失效杆件（M1-AB1）两端自由节点的局部内力重分布

AB1 作为局部空间拱顶点（节点 J1-B1）上方唯一的杆件，其失效将使此方向的拱效应削弱严重，约 150°的角度范围内无支撑杆件。失效杆件对拱效应的影响分析将在 6.4 节详细讨论。

$$M^{\mathrm{N}}=W\cdot\varepsilon_{\mathrm{M}}^{\mathrm{N}}=EW\cdot\frac{\varepsilon_{(\mathrm{T})}^{\mathrm{N}}-\varepsilon_{(\mathrm{B})}^{\mathrm{N}}}{2}\tag{6-1a}$$

$$M^{\mathrm{F}}=W\cdot\varepsilon_{\mathrm{M}}^{\mathrm{F}}=EW\cdot\frac{\varepsilon_{(\mathrm{T})}^{\mathrm{F}}-\varepsilon_{(\mathrm{B})}^{\mathrm{F}}}{2}\tag{6-1b}$$

$$V=\frac{M^{\mathrm{N}}-M^{\mathrm{F}}}{l'}\tag{6-1c}$$

式中 $\varepsilon_{(\mathrm{T})}^{\mathrm{N}}$、$\varepsilon_{(\mathrm{B})}^{\mathrm{N}}$——分别为杆件靠近自由节点的应变测点处的上、下表面应变值；

M^{N}、$\varepsilon_{\mathrm{M}}^{\mathrm{N}}$——分别为杆件靠近自由节点的应变测点处的弯矩和弯曲应变；

$\varepsilon_{(\mathrm{T})}^{\mathrm{F}}$、$\varepsilon_{(\mathrm{B})}^{\mathrm{F}}$——分别为杆件远离自由节点的应变测点处的上、下表面应变值；

M^{F}、$\varepsilon_{\mathrm{M}}^{\mathrm{F}}$——分别为杆件远离自由节点的应变测点处的弯矩和弯曲应变；

l'——杆件两端应变测点之间的距离；

V——杆件内的剪力。

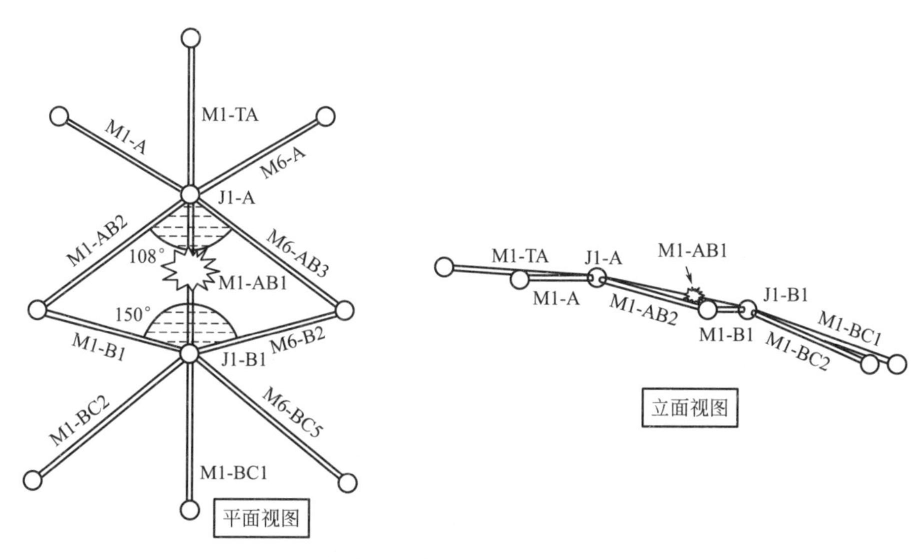

图 6-31　M1-AB1 的失效对节点 J1-B1 处的局部拱效应削弱更大

从网壳模型全局的角度上看，尽管局部的薄膜效应遭到破坏，模型在全局上依然保持了依靠杆件轴力在网壳球面内传力的特征，即力流绕过失效的杆件 M1-AB1，转而从临近的其他杆件传递。如图 6-32 所示，失效杆件 M1-AB1 两侧的杆件 M1-AB2、M1-BC3 和 M1-BC4 的轴力都获得了一定程度的增加，说明力流在失效杆件 M1-AB1 内的传递受到阻断后转向这些杆件；而正下方的杆件 M1-BC1、M1-BC2 和 M1-CS1 等杆件的轴力都有所减小，这正是失效杆件 M1-AB1 不再传递上部荷载的结果。而且，网壳模型的力流分配调整不仅仅出现在初始破坏局部，空间上相当范围内都有一定的调整。例如对于顶部节点 JT，杆件 M1-AB1 初始失效前其竖向荷载向各经向杆件的传力基本相同；但在 M1-AB1 失效后，明显地，节点 JT 的竖向荷载由 M1-TA 传递的部分减少了一些，荷载更多的向网壳模型的其他部分传递（图 6-32）。

因此，网壳结构的全局内力重分布所依靠的仍是结构的薄膜效应，这一过程主要使参与杆件出现轴力的增减。但实际上，由于网壳结构杆件众多，力流的局

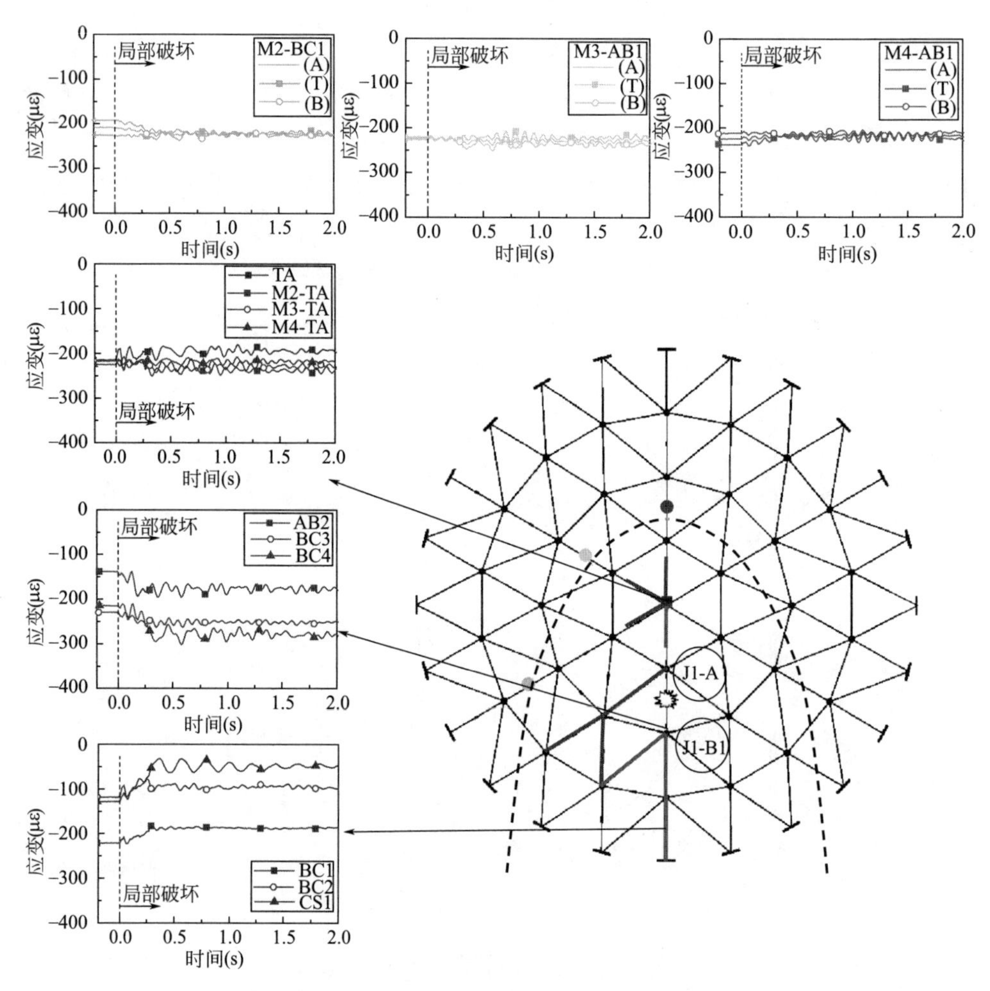

图 6-32 全局内力重分布：临近杆件轴力增加提供初始破坏跨越能力

部变化扩展至更大范围时将因更多杆件的参与而稀释，故此种结构内的全局力流重新分配有一定范围：杆件 M2-BC1、M3-AB1 和 M4-AB1 等的轴力几乎没有受到杆件 M1-AB1 失效的影响，即全局的内力重分布主要集中在图中黑色虚线划定的区域内。同时，由于参与全局内力重分布的网壳结构杆件众多，全局内力重分布导致的杆件轴力的变化往往很小；受影响最大的杆件 M1-AB2 的轴力仅增大了 27%，距离初始失效位置很近的杆件 M4-TA 的轴力仅增大了 2%。因此，通常不会出现在远离初始破坏的位置因全局内力重分布而率先出现后继破坏的情况，初始破坏对单层球面网壳结构的影响主要体现在初始破坏周围的局部内力重分布过程。通过杆件剪力承载对自由节点是危险的，因为剪力的发挥需要一定的垂直于网壳球面的位移，而自由节点过分的位移发展将使拱效应失效，并很可能将局部的破坏扩展至相邻节点、杆件甚至整体结构；这正是 dome-0.75 模型试验中所发生的。

6.3.2 连续性倒塌原因与模式

网壳 dome-0.75 模型发生了连续性倒塌，故可以结合该试验与 dome-0.4 模型试验，研究单层球面网壳发生连续性倒塌的原因与模式。初始破坏对单层球面网壳结构的影响主要体现在初始破坏周围的局部内力重分布过程，自由节点处的拱效应受到削弱，位形与内力的变化集中在自由节点周围。dome-0.75 模型在失效杆件 M1-AB1 破断后初期的表现也是如此；但由于所施加外荷载近前者一倍，故总体上将加重前者所呈现的局部位形与内力变化趋势。图 6-33 与图 6-34 分别展示了自由节点 J1-A 与 J1-B1 相邻的节点位移与杆件内力时程。在杆件 M1-AB1 失效初期，节点 J1-A 周围杆件仍以承压为主，且有部分剪力/弯矩发展，但总体上所有杆件仍均处于弹性状态；相较而言，节点 J1-B 周围则存在明显更大的变形与内力变化，且依靠相连杆件剪力提供竖向外荷载承载能力的趋势更明显（杆件 M1-B1 的弯曲最大），此现象与 dome-0.4 模型相同。

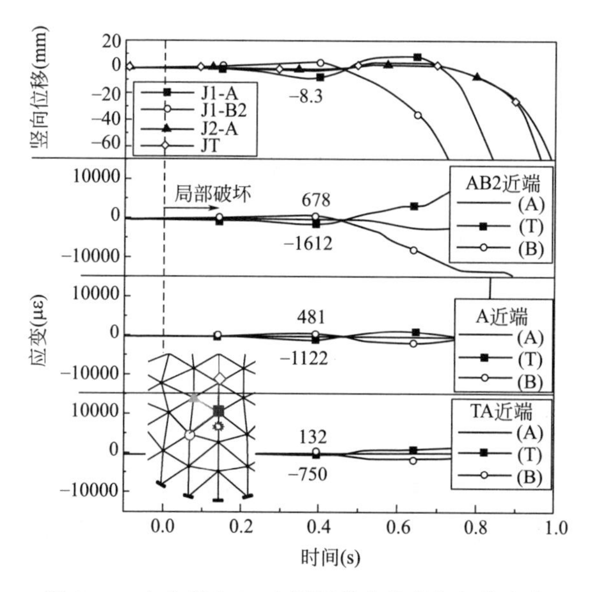

图 6-33 自由节点 J1-A 周围节点位移与杆件内力

将 dome-0.75 模型与 dome-0.4 模型相比，如果说自由节点 J1-A 周围变形与内力的增大是非线性的量变，另一自由节点 J1-B1 周围的变化已因量变的累积转为质变。图 6-34 显示，在局部失效开始后 0.4～0.5s 的时间范围内，节点 J1-B1 周围的节点保持原有位置不变或仅有少量的位移，但节点 J1-B1 本身向下的移动却超过 50mm；结合图 6-35 知，此时以自由节点 J1-B1 为顶点的局部空间拱已翻

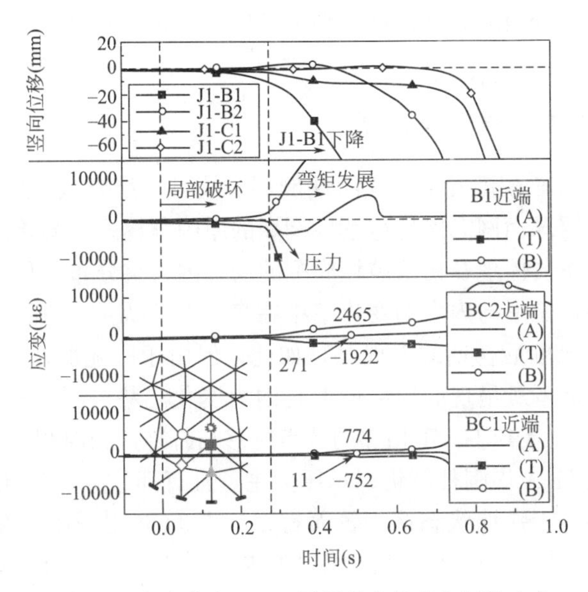

图 6-34　自由节点 J1-B1 周围节点位移与杆件内力

转，顶点 J1-B1 已运动至局部空间拱支座平面的下方。自由节点 J1-B1 的“点失稳”在 dome-0.4 模型试验中未曾出现，这便是前文提到的质变。节点 J1-B1 的点失稳使与其连接的杆件内轴力由压转拉：图 6-34 显示在 0.5s 时，杆件 M1-B1、M1-BC1、M1-BC2 内轴力均已转为拉力，且以杆件 M1-B1 为最大。将自由节点 J1-B1 的点失稳视作引发结构倒塌的质变因素是因为有充足的试验数据证明，恰是自由节点 J1-B1 的点失稳导致的相连杆件的受拉触发了其他关键节点局部空间拱的点失稳及后续整体结构的倒塌。图 6-35 将倒塌开始的整个过程细分为以下三个阶段。

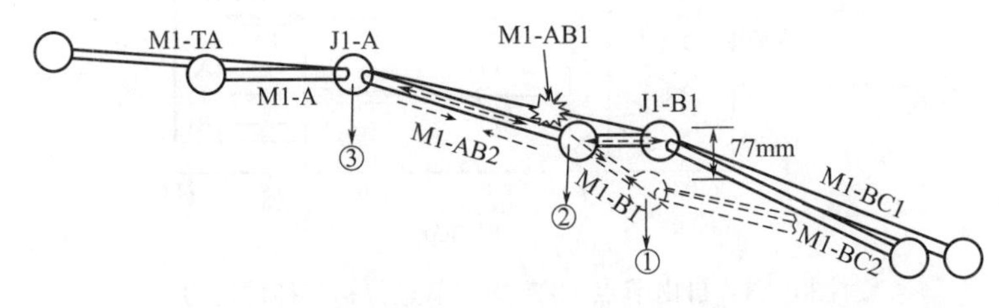

图 6-35　自由节点 J1-B1 的下移触发了整体结构位形与内力的连续性变化

阶段Ⅰ开始于 0.28s，此时失效杆件 M1-AB1 完全破断，自由节点 J1-B1 开始大幅下挠；结束于自由节点 J1-B1 的点失稳致杆件 M1-B1 内开始出现拉力的 0.42s。此阶段整体结构无明显位形与内力变化，变化集中于失效杆件 M1-AB1 的局部周围，如已在前文中所介绍。

阶段Ⅱ从0.42s起始，杆件M1-B1内开始出现拉力；与此同时，节点J1-B2开始向下运动。对于节点J1-B2的局部空间拱，当杆件M1-B1不再藉由压力为节点在竖向荷载下的受力平衡提供支撑，反而向下拉动该节点时，节点J1-B2的局部平衡被打破而开始向下移动。因此，杆件M1-B1内轴力由压转拉与节点J1-B2的下移存在直接的因果关系。需要特别强调的是，连续性倒塌工况下节点的点失稳与无破损完好单层球面网壳的局部点失稳模式不同，后者通常不会诱发整体的倒塌。对于完好网壳结构，某节点的点失稳也使它周围的节点受到向下的拉力，但周围节点所在局部空间拱在仅缺少了单根撑杆的情况下剩余撑杆仍能提供较强的支撑约束而保持节点的平衡。然而对于诸如dome-0.75模型这样的已存在局部破坏的网壳结构，与节点J1-B2相连的节点之中，除已发生点失稳的节点J1-B1外，节点J1-A也同为自由节点；自由节点在网壳球面外的刚度较其他节点小很多，能为节点J1-B2提供的支撑相当有限。图6-36显示，与节点J1-B2开始下移同步，节点J1-A因受到节点J1-B2下移的挤压却无法保持原有位置而开始向上运动，连接两节点的杆件M1-AB2轴力减小，已无法为节点J1-B2提供有效的支

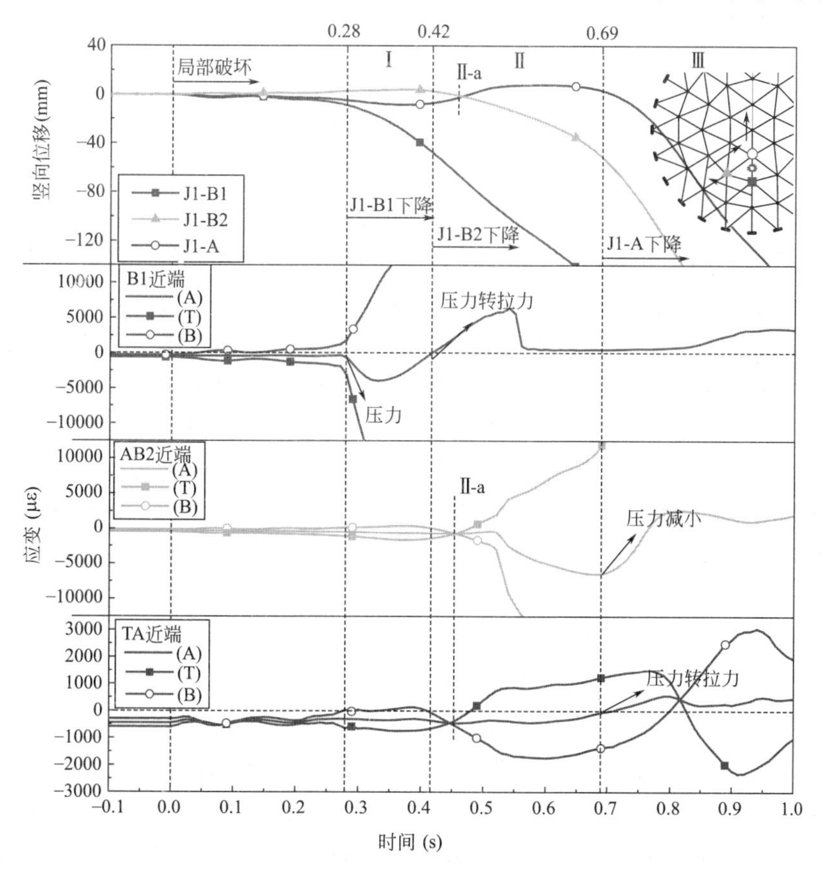

图6-36　dome-0.75模型倒塌的原因-连续出现承压杆件向受拉的转变

撑约束。而且更糟糕的是，两个自由节点位于节点 J1-B2 同侧，使节点 J1-B2 在杆件 M1-AB2 无法提供有效支撑的情况下受到杆件 M1-B1 的向下拉动，节点 J1-B2 的点失稳无可避免。这也是节点 J1-B2 是自由节点 J1-B1 周围众多节点中最易受其点失稳影响而率先发生后继点失稳的原因。由上述分析可得，若某一自由节点发生点失稳，最易发生后继失稳的节点为与两个自由节点均相接的节点。当然，尽管自由节点 J1-A 相连杆件提供的面外约束相对薄弱，但其向上的运动仍有一定限制：随着节点 J1-B2 的持续下沉，0.52s 后杆件 M1-AB2 中开始出现轴压力与弯矩。

在失效杆件 M1-AB1 破断初期，自由节点 J1-A 因局部拱效应削弱而向下运动，杆件 M1-AB2 和 M1-TA 靠近自由节点的截面下边缘受拉。然而如前面分析，当节点 J1-B2 开始下移后，自由节点 J1-A 受其挤压反而向上升起；故在图 6-36 所示的Ⅱ-a 时刻以后，节点 J1-B2 的下移反而大于节点 J1-A，造成节点 J1-A 周围杆件、特别是杆件 M1-AB2 出现反向弯曲。这种变化以及Ⅱ-a 这一特定时刻对网壳模型的整体倒塌行为并无特殊意义，但足以说明结构的变形与内力的这种互为因果的相关性及位移测试与应变测试的精确程度。

阶段Ⅲ开始于 0.69s 时，此时节点 J1-B2 的向下位移多达 50mm。此位移已超过以节点 J1-B2 为顶点的局部空间拱的“矢高”，此后杆件 M1-AB2 等与节点 J1-B2 相连的杆件内的轴压力都将减小，且节点 J1-B2 也将发生点失稳。杆件 M1-AB2 内轴压力减小的直接后果是与自由节点 J1-A 的相互支撑作用减弱，节点 J1-A 将开始向下运动。与自由节点 J1-B1 在点失稳完全完成直至杆件内出现拉力才导致节点 J1-B2 开始下移的情形不同，节点 J1-B2 点失稳过程中轴压力开始减小便已导致节点 J1-A 的下挠。这是因为自由节点 J1-A 本身已缺少了失效杆件 M1-AB1 的支撑，故在节点下方对杆件 M1-AB2 与 M6-AB3 的轴压支撑有很高的依赖程度；此支撑的失效可轻易地导致节点 J1-A 的下挠及后续的破坏。

经过上述三个阶段，垮塌部位持续扩大，更多的节点将失去支撑并受到与已失稳节点相连杆件的向下拉动而出现后继失稳，如多米诺骨牌一样将倒塌范围扩展下去（图 6-37）。由此可见，触发整个倒塌过程的最核心因素正是阶段Ⅰ中发生的自由节点 J1-B1 的点失稳；阶段Ⅱ与阶段Ⅲ中节点 J1-B2 与 J1-A 的点失稳都是节点 J1-B1 点失稳的必然结果。因此，对自由节点所在局部空间拱的稳定性分析将是单层球面网壳结构抗倒塌研究的主要对象及对关键构件判定的关键；关键构件判定分析将在下一节中详细讨论。

同时需指出，自由节点的点失稳标志着局部内力重分布的失败；即未能完成局部内力重分布是单层球面网壳结构连续性倒塌的原因。这与平面桁架结构不同，节点刚接桁架 truss-RJ 因节点转动能力达不到实现全局内力重分布的悬链线大变形的要求而发生连续破坏，初始破坏发生于桁架下弦时也有可能因整体拱机制的失效而倒塌，即平面桁架结构的连续性倒塌主要是由于整体内力重分布失效导致的。因此，对于大跨度空间结构，两种内力重分布机制的失败均可能导致连续性倒塌的发生；对此类结构的连续性倒塌研究需从两种内力重分布的角度同时开展，缺一不可。

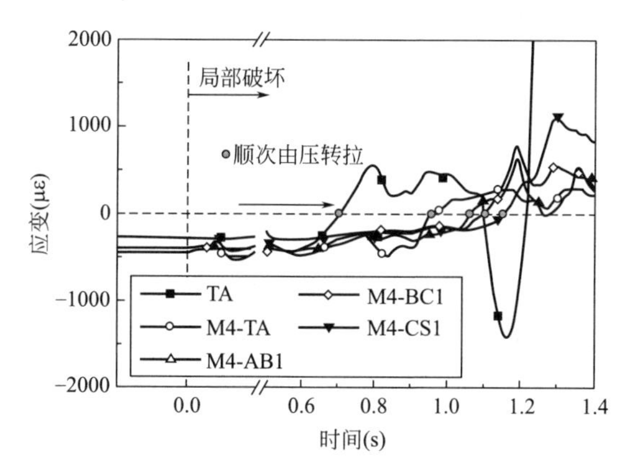

图 6-37　逐点失稳对相邻节点下拉使倒塌范围扩展

6.4　单层球面网壳结构的关键构件判定

两个模型试验现象的显著差异说明了承载能力冗余对空间结构抗连续性倒塌能力的有益影响。此直观概念对于空间结构的抗倒塌设计是重要的，这意味着存在某一阈值，当结构外荷载低于该值时，任何单根构件的失效都不会触发结构的连续性倒塌。可将该阈值称作空间结构的“抗倒塌承载力”，并作为抗倒塌设计的目标。目前尚未有计算抗倒塌承载力或诸如临界荷载等类似概念的方法；但如1.3.2节所述，可采用基于备用荷载路径方法的动力非线性计算获得任一构件失效对应的倒塌临界荷载，并取所有临界荷载的最小值作为抗倒塌承载力。鉴于此，本节将基于单层球面网壳连续性倒塌源于自由节点的点失稳这一认识，通过分析影响自由节点稳定承载能力的因素，给出定量判断单层球面网壳关键杆件的方法，结合2.2.2节的改进的连续性倒塌数值分析流程，作为此类结构抗倒塌设计的基础。

6.4.1　稳定抗力指标 *BR*

图6-38为取自由节点与其相邻杆件为隔离体的简化计算模型。自由节点受竖向荷载 P 的作用；相连杆件远端在网壳球面内接近固支，而垂直球面的约束相对薄弱，平动与转动刚度未知。如前所述，此计算模型下进行稳定临界荷载的

解析计算是不现实的，故本节基于某一位置杆件失效后，影响两个自由节点点失稳的主要因素，将该杆件的重要性表达为便于计算的公式形式。

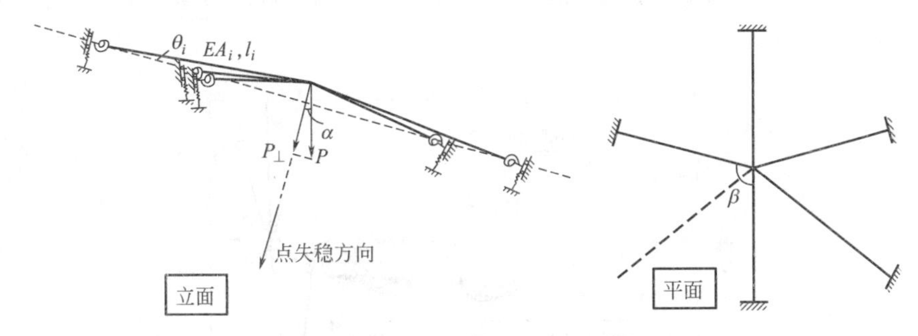

图 6-38　自由节点处简化模型

（1）自由节点相连杆件的刚度特性。如图 6-38 所示，单层球面网壳节点与相连杆件在垂直网壳球面方向所构成的空间拱比较扁平，故在受外荷载作用时发生失稳的模式类似扁拱的跃越失稳，正如模型试验与数值分析所显示的。使用指标 BR_1（Buckling Resistance）表达自由节点相连杆件的轴向刚度对自由节点跃越失稳的影响（式 6-2a）。BR_1 表达式在数值上等于斜置的两端固支杆件、一端发生竖向移动时的刚度，数值越大说明自由节点受载时向下的挠度越小，更有利于避免点失稳的发生。自由节点与相邻节点均位于球面上，故对于通常情况下网格采用等弧划分的球面网壳，BR_1 的表达式可简化为（6-2b）。若球面网壳有 m 个纬向杆系，则 θ 可由式（6-2c）计算。

$$BR_1 = \sum_{i=1}^{5} \frac{EA_i}{l_i} \sin^2\theta_i \tag{6-2a}$$

$$BR_1 = \sin^2\theta \cdot \sum_{i=1}^{5} \frac{EA_i}{l_i} \tag{6-2b}$$

$$\theta = \frac{\arcsin \dfrac{4}{4f/L + L/f}}{2m} \tag{6-2c}$$

式中，f/L 为网壳的矢跨比。相连杆件刚度对自由节点稳定承载的影响是显而易见的。例如若杆件 M-B1 失效，自由节点 J-B2 相连的 5 根杆件全部为 $\phi127\times4$，而自由节点 J-B1 相连的 5 根杆件中有 2 根为 $\phi140\times5$；故在两个自由节点处于相同的纬向高度且杆件 M-AB1 和 M-BC2 夹角与杆件 M-AB2 和 M-BC3 夹角相同的情况下（后面将讨论自由节点所在纬向高度及杆件夹角对自由节点稳定承载能力的影响），自由节点 J-B2 将首先失稳，与数值模拟结果吻合。

（2）自由节点所在网壳纬向高度的影响。自由节点处于不同的纬向高度对其发生点失稳时的临界荷载产生两方面的影响。其一，竖向外荷载 P 沿点失稳方

向的分量为 $P \cdot \cos\alpha$，α 为节点与网壳球面球心连线与竖直向外荷载方向的夹角；即靠近底部的节点，其竖向外荷载有更多的分量作用于刚度很大的网壳球面内，对节点的点失稳贡献很小。其二，与自由节点相连杆件的远端约束作用在不同的高度也有所不同，网壳底部支座对附近节点提供了约束，使靠近底部节点的运动受到更强的限制；这种限制很难定量评价，从公式构造形式简洁的角度出发，同样用 $\cos\alpha$ 表达这种约束强弱的差异。如此，自由节点所在网壳相对高度位置的影响可用指标 BR_2 表示（式 6-3a）。对于处于自上而下第 n_i 个纬向杆系的自由节点，α 可用式（6-3b）计算。所在纬向高度造成的稳定承载差异也可在数值模拟结果中得到体现，例如对于杆件 M-BC1 与 M-CD1，所处纬向高度相对更高的前者触发网壳整体倒塌的临界荷载明显小于后者。

$$BR_2 = \frac{1}{\cos^2\alpha} \tag{6-3a}$$

$$\alpha = 2\theta \cdot m_i \tag{6-3b}$$

（3）杆件失效导致自由节点处杆件夹角的增大。（1）、（2）点体现的是杆件失效在自由节点垂直球面网壳方向的影响，而杆件失效时与自由节点相连的杆件在网壳球面内的几何拓扑对自由节点的稳定承载同样存在较大的影响。如图 6-38 右侧平面示意图所示，失效杆件的缺失在自由节点处原本与该杆件相邻的两根杆件之间形成了一个相对很大的“空缺”，削弱了自由节点局部沿此方向的平面刚度，自由节点有朝此方向运动的趋势；若失效杆件相邻两根杆件的夹角过大，此方向的刚度削弱将更为严重，使自由节点更易发生失稳。取极端情况，若杆件失效后造成与之相邻杆件的夹角为 360°（所有 5 根杆件汇集在一侧成一条线），则自由节点将无任何稳定承载能力；而若相邻杆件的夹角为 0°，则失效杆件的缺失不会对自由节点的稳定承载造成任何影响。故将这种影响用 BR_3 表示（式 6-4），β 为与失效杆件相邻的两杆件之间的夹角。

$$BR_3 = \left(1 - \frac{\beta}{2\pi}\right)^2 \tag{6-4}$$

综合上面的分析，将杆件失效致自由节点失稳的临界荷载影响表达为稳定抗力指标 BR（式 6-5）；BR 越低的杆件，结构对其初始失效的敏感性越高，杆件的关键性越高。

$$BR = BR_1 \cdot BR_2 \cdot BR_3 = \sum_{i=1}^{5} \frac{EA_i}{l_i} \cdot \left[\frac{\sin\theta}{\cos\alpha}\left(1 - \frac{\beta}{2\pi}\right)\right]^2 \tag{6-5}$$

上式中的 θ 可通过式（6-2c）确定，对于模型任意杆件失效的情况均是相同的，仅需计算一次；α 可由（6-3b）计算，对于处于相同纬向高度的自由节点是相同的，仅需计算 m 次（m 为纬向杆系个数）。因此，对任一根杆件失效的稳定抗力指标的计算，仅需确定与自由节点相连杆件的截面积 A_i、长度 l_i 及与失效杆件相邻杆件间的夹角 β，计算是非常方便的。

6.4.2 稳定抗力指标判定关键构件的应用

本小节将稳定抗力指标 *BR* 应用于 6.2.3 节数值计算的四个类型的单层球面模型，确定网壳中的关键构件，并与数值计算得到的关键等级结果进行比对，验证使用稳定抗力指标判定关键构件的准确性。

(1) 凯威特型网壳

稳定抗力指标计算结果显示（表 6-3），40 根杆件中，稳定抗力指标排名前 10%的 4 根杆件全部集中于数值计算显示关键等级为Ⅰ级与Ⅱ级杆件范围内；而排名前 30%的 12 杆件则涵盖了所有的关键等级为Ⅰ级与Ⅱ级的 7 根杆件。因此，应用式（6-5）可优选出失效对整体结构产生最大破坏的杆件，进而大幅降低后续基于数值计算的抗倒塌设计的时间成本。

凯威特型单层球面网壳不同杆件的倒塌模拟结果及三种关键等级判断结果汇总 **表 6-3**

杆件	倒塌模拟		稳定抗力指标判断					轴力判断		振型判断	
	关键等级	点失稳节点	排名	指标	点失稳节点	10%	30%	10%	30%	10%	30%
M-AB1	Ⅰ	J-B1	1	42.9	J-B1	●	●	●	●		
M-BC1	Ⅰ	J-C1	2	43.0	J-C1	●	●	●	●		
M-A	Ⅰ	J-A	7	51.1	J-A		●		●		
M-BC3	Ⅱ	J-B2	3	44.7	J-B2	●	●		●		
M-CD3	Ⅱ	J-C2	4	46.6	J-C2	●	●		●		
M-CD1	Ⅱ	J-D1	6	47.4	J-D1		●	●	●		
M-TA	Ⅱ	J-A	11	53.7	J-A		●				
M-B1	Ⅲ	J-B2	5	46.9	J-B2		●		●		
M-C1	Ⅲ	J-C2	10	52.9	J-C2		●		●		
M-C2	Ⅲ	J-C2	12	55.2	J-C2		●				
M-DE3	Ⅲ	J-D2	13	55.4	J-D2				●		
M-CD4	Ⅲ	J-C2	15	58.3	J-C2						
M-DE5	Ⅲ	J-D3	18	61.5	J-D3						
M-AB2	Ⅳ	J-A	8	51.4	J-A		●				
M-BC2	Ⅳ	J-C2	9	52.4	J-C2		●				
M-DE1	Ⅳ	J-E1	14	56.4	J-E1			●	●		
M-D2	Ⅳ	J-D2	16	61.0	J-D2						
M-D1	Ⅳ	J-D2	17	61.4	J-D2						

续表

杆件	倒塌模拟		稳定抗力指标判断					轴力判断		振型判断	
	关键等级	点失稳节点	排名	指标	点失稳节点	10%	30%	10%	30%	10%	30%
M-EF3	Ⅳ	J-E2	20	67.6	J-E2				●		●
M-DE4	Ⅳ	J-D2	21	72.6	J-D2						
M-EF5	Ⅳ	J-E3	22	73.4	J-E3						●
M-EF6	Ⅳ	J-E4	26	81.2	J-E4					●	●
M-EF1	Ⅴ		19	64.6	J-F1				●		●
M-E1	Ⅴ		23	76.1	J-E2						
M-CD2	Ⅴ		24	79.0	J-D2						
M-E2	Ⅴ		25	79.4	J-E2						
M-E3	Ⅴ		27	94.4	J-E3						
M-F1	Ⅴ		28	97.3	J-F1						
M-DE2	Ⅴ		29	97.7	J-E2						
M-EF4	Ⅴ		30	101.4	J-E2						●
M-F2	Ⅴ		31	102.4	J-F2						
M-F3	Ⅴ		32	103.9	J-F4						
M-FG3	Ⅴ		33	106.9	J-F2						●
M-FG7	Ⅴ		34	107.1	J-F4					●	●
M-FG5	Ⅴ		35	107.2	J-F3					●	●
M-FG6	Ⅴ		36	109.9	J-F3					●	●
M-FG4	Ⅴ		37	112.0	J-F2						●
M-FG2	Ⅴ		38	112.7	J-F1						●
M-EF2	Ⅴ		39	113.3	J-E1						●
M-FG1	Ⅴ		40	131.1	J-F1						

文献［69］曾对凯威特型单层球面网壳进行分析，认为“高敏感度的结构杆件与网壳特征值屈曲分析中高响应杆件基本上是对应关系”。本章也对K6-7网壳数值计算模型进行特征值屈曲分析，结果显示高响应杆件多为在靠近结构下部的斜向杆件（图6-39），与结构杆件的关键等级无任何相关性（见表6-3）。相比较而言，使用静载下杆件所受的轴力作为关键构件判定准则相对更准确一些；因为在承受常规荷载作用时，轴力更大的杆件在保持节点局部扁空间拱稳定的过程中起更重要的作用，其失效造成的负面影响更大。但总体而言，使用轴力进行的判断仍不及式（6-5）准确（表6-3）。

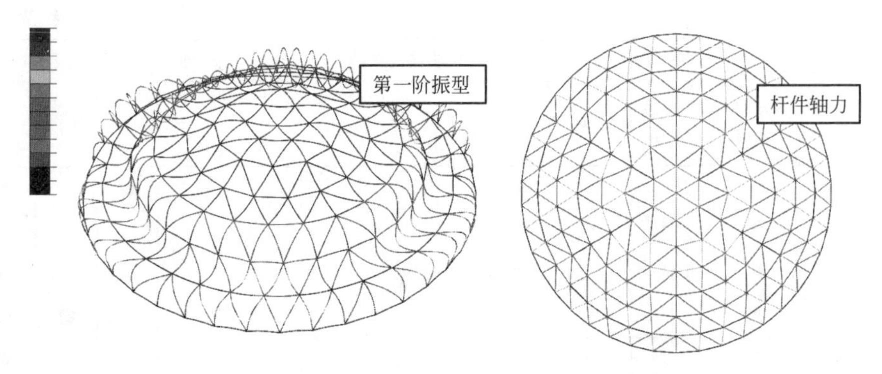

图 6-39 凯威特型网壳计算模型的特征值屈曲与静载计算结果

(2) 肋环型单层球面网壳

稳定抗力指标的计算结果显示（表 6-4），13 根杆件中稳定抗力指标排名前 10%的 1 根杆件正是数值计算关键等级为Ⅰ级的杆件，而排名前 40%的 5 根杆件（由于对称杆件总数较少，故取 40%）除关键等级为Ⅰ级的杆件外，还涵盖了关键等级为Ⅱ级的 3 根杆件中的 2 根；印证了对肋环型单层球面网壳使用稳定抗力指标判定关键构件的可行性。

肋环型单层球面网壳不同杆件的倒塌模拟结果及三种关键等级判断结果汇总 **表 6-4**

杆件	倒塌模拟		稳定抗力指标判断					轴力判断		振型判断	
	关键等级	点失稳节点	排名	指标	点失稳节点	10%	40%	10%	40%	10%	40%
M-FG	Ⅰ	J-F	1	34.3	J-F	●	●	●	●		
M-EF	Ⅱ	J-E	2	35.4	J-E		●		●		
M-D	Ⅱ	J-D	4	44.3	J-D		●				●
M-C	Ⅱ	J-C	7	51.3	J-C				●	●	●
M-DE	Ⅲ	J-D	3	37.1	J-D		●		●		
M-E	Ⅲ	J-E	5	45.1	J-E		●				
M-F	Ⅲ	J-F	6	46	J-F						
M-CD	Ⅲ	J-C	8	52.4	J-C						●
M-B	Ⅲ	J-B	10	85.1	J-B				●		●
M-BC	Ⅳ		9	68.4	J-C						●
M-AB	Ⅳ		11	127.8	J-B						
M-A	Ⅳ		12	252.9	J-A						
M-TA	Ⅳ		13	335.8	J-A						

同样对该肋环型网壳模型进行特征值屈曲分析及静力计算（图 6-40、表 6-4）。结果显示，应用杆件轴力判定杆件关键等级的方法与稳定抗力指标的判定结果准确度相同，而使用第一阶振型高响应杆件的判定再次显示出多次的错误判断，尽管已比表 6-3 中对凯威特型网壳杆件关键等级的判断有了一定的提高。

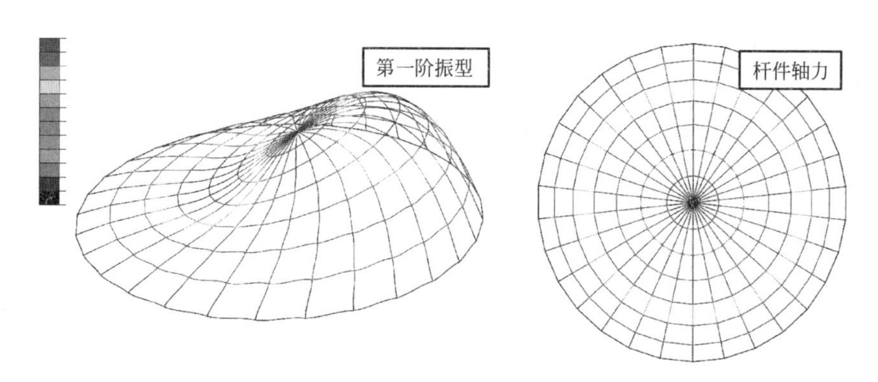

图 6-40　肋环型网壳计算模型的特征值屈曲与静载计算结果

（3）施威德勒型单层球面网壳

稳定抗力指标的计算结果显示（表 6-5），19 根杆件中稳定抗力指标排名前 10％的 2 根杆件均为数值计算关键等级为Ⅰ级的杆件，而排名前 40％的 8 根杆件则涵盖了所有的关键等级为Ⅰ级与Ⅱ级的 6 根杆件；印证了对施威德勒型单层球面网壳使用稳定抗力指标判定关键杆件的可行性。对比特征值屈曲分析及静力计算结果（图 6-41、表 6-5），应用杆件轴力判定杆件关键等级的方法与稳定抗力指标的判定结果准确度相同，而使用第一阶振型高响应杆件的判定再次显示出多次的错误判断。

施威德勒型单层球面网壳不同杆件的倒塌模拟结果及三种关键等级判断结果汇总　　**表 6-5**

杆件	倒塌模拟		稳定抗力指标判断					轴力判断		振型判断	
	关键等级	点失稳节点	排名	指标	点失稳节点	10％	40％	10％	40％	10％	40％
M-FG1	Ⅰ	J-F1	1	52.9	J-F1	●	●	●	●	●	●
M-EF1	Ⅰ	J-E1	2	57.9	J-E1	●	●	●	●		●
M-DE1	Ⅰ	J-D1	3	65.2	J-D1		●		●		●
M-D	Ⅱ	J-D2	4	67.5	J-D2		●		●		
M-C	Ⅱ	J-C2	5	71.4	J-C2		●		●		
M-CD1	Ⅱ	J-D1	8	94.7	J-C1		●		●	●	●

续表

杆件	倒塌模拟		稳定抗力指标判断					轴力判断		振型判断	
	关键等级	点失稳节点	排名	指标	点失稳节点	10%	40%	10%	40%	10%	40%
M-E	Ⅲ	J-E2	7	73.2	J-E2		●				●
M-F	Ⅲ	J-F2	6	73.1	J-F2		●				
M-B	Ⅲ	J-B2	9	105.8	J-B2				●		
M-BC1	Ⅲ	J-C1	13	130.4	J-C1				●		
M-AB1	Ⅲ	J-B1	17	258.7	J-B1						
M-FG2	Ⅳ		10	122.4	J-F1						
M-EF2	Ⅳ		11	123	J-E1						●
M-DE2	Ⅳ		12	128	J-D1						●
M-CD2	Ⅳ		14	139.9	J-D2						●
M-BC2	Ⅳ		15	174.6	J-C2						
M-A	Ⅳ		16	252.9	J-A2						
M-AB2	Ⅳ		18	309.5	J-B2						
M-TA	Ⅳ		19	335.8	J-A						

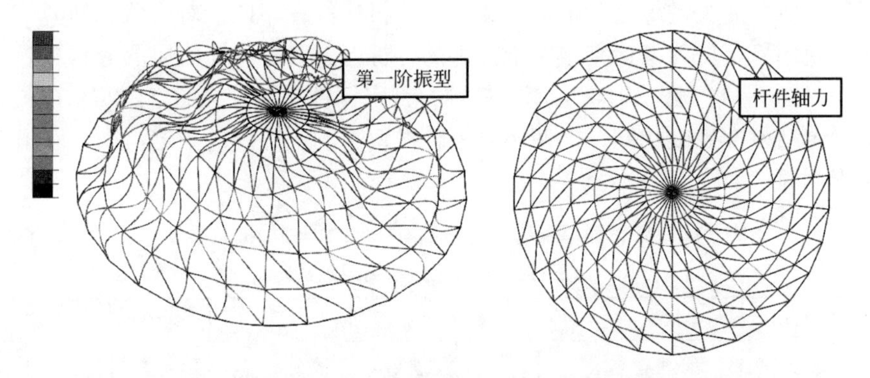

图 6-41 施威德勒型网壳计算模型的特征值屈曲与静载计算结果

(4) 联方型单层球面网壳

该类型网壳无经向杆系，可验证基于稳定抗力指标 *BR* 的关键构件判定方法对无经向杆系的单层球面网壳的适用性。稳定抗力指标的计算结果显示（表 6-6），13 根杆件中稳定抗力指标排名前 10%的 1 根杆件正是数值计算关键等级为Ⅰ级的杆件 M-FG，而排名前 40%的 5 根杆件则涵盖了所有的关键等级为Ⅰ级与Ⅱ级的 3 根杆件。对比特征值屈曲分析及静力计算结果（图 6-42、表 6-6）。此次，使用杆件轴力判断关键等级时出现了较大的误判，轴力最大杆件的关键等级仅为Ⅲ级，且排名前 5 的杆件以关键等级为Ⅲ级的杆件为主；而使用第一阶振型高响应杆件的判定方法虽然成功地确定了关键等级最高的杆件，但排名前 5 的杆件的总体准确性仍不及稳定抗力指标 *BR* 方法。因此，对于联方型单层球面网壳这类无经向杆系的网壳结构形式，使用稳定抗力指标判定关键杆件仍具有其他方法所不及的准确性。

联方型单层球面网壳不同杆件的倒塌模拟结果及三种关键等级判断结果汇总 **表 6-6**

杆件	倒塌模拟		稳定抗力指标判断					轴力判断		振型判断	
	关键等级	点失稳节点	排名	指标	点失稳节点	10%	40%	10%	40%	10%	40%
M-FG	Ⅰ	J-F	1	66.9	J-F	●	●		●	●	●
M-EF	Ⅱ	J-E	2	73.4	J-E		●		●		●
M-F	Ⅱ	J-F	5	86.6	J-F		●				
M-D	Ⅲ	J-D	4	78.9	J-D		●				●
M-E	Ⅲ	J-E	3	78.6	J-E		●				●
M-B	Ⅲ	J-B	9	132.3	J-B			●	●		
M-DE	Ⅲ	J-D	6	88.9	J-D				●		●
M-C	Ⅲ	J-C	7	91.3	J-C				●		
M-CD	Ⅲ	J-C1	8	108.4	J-D						
M-BC	Ⅲ	J-C	10	156.3	J-C						
M-A	Ⅳ		11	286.9	J-A						
M-AB	Ⅳ		12	293.6	J-B						
M-TA	Ⅳ		13	448	J-A						

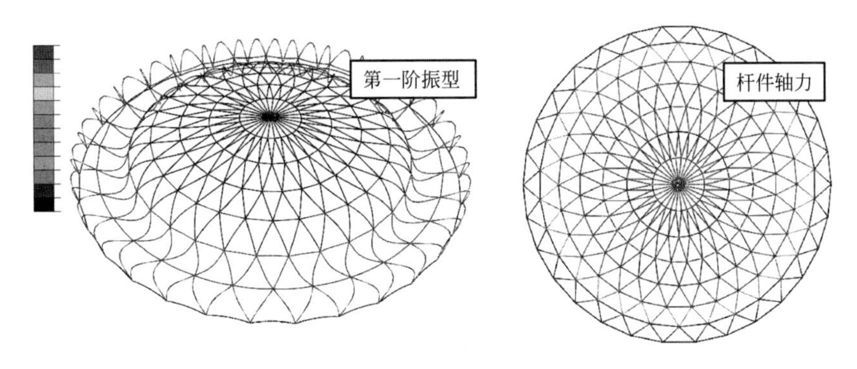

图 6-42 联方型网壳计算模型的特征值屈曲与静载计算结果

由前述的分析与计算知，使用稳定抗力指标可高效、准确地判定各类单层球面网壳结构中的关键构件。如本节前面所述，在确定少数最关键的杆件后，借助2.2节建立的结构连续性倒塌算法进行基于备用荷载路径方法的动力非线性计算，便可获得任一单层球面网壳结构的“抗倒塌承载力”；当结构外荷载低于该抗倒塌承载力时，任何单根构件的失效都不会触发结构的连续性倒塌。

6.5 单层球面网壳结构抗连续性倒塌概念设计

单层球面网壳结构中，初始失效致自由节点“局部拱效应”削弱导致的点失稳是连续性倒塌的根本原因；综合考虑式（6-5）体现的影响网壳结构抗倒塌性能的几个关键因素，本节提出几个提高单层球面网壳结构抗连续性倒塌能力的概念性设计方法。

（1）提高网壳矢跨比

对于形式已确定的单层球面网壳结构，假定保持结构纬向杆系数量 n 与杆件截面尺寸 EA_i 不变，对于某一特定位置出现的初始局部破坏，失效杆件相邻杆件间的夹角 β 也是确定的。此时，由式（6-5）知 BR 为 $\sin^2\theta\ \cos^2\alpha/\sum l_i$ 的函数，进而可以表达为矢跨比 f/L 的函数（图6-43，图中 l^* 为考虑矢跨比变化带来的杆件长度变化，以 $f/L=1/5$ 时为单位长度1）；即随着矢跨比的降低，不同高度位置杆件的 BR 指标均呈降低趋势，也即结构的抗倒塌能力是提高的。本章也曾对一矢跨比为1/4、采用与试验模型完全相同截面杆件的K6-4单层球面网壳进行分析，当施加与dome-0.75相同的外荷载并使杆件M1-AB1破断时，网壳结构并未发生连续性倒塌。可见，过于平坦的单层球面网壳结构除易于出现整体失稳外，遭遇局部破坏时同样具有更大的发生连续性倒塌的风险。

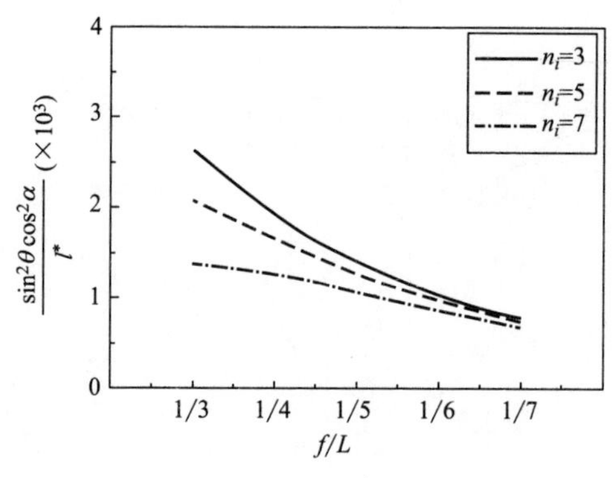

图6-43 不同矢跨比单层球面网壳的 $\sin^2\theta\cos^2\alpha/l^*$ 指标的变化（以纬向杆系数 $n=10$ 为例）

(2) 局部杆件加强

对于关键等级较高的杆件，加大杆件自身的截面当然可以减少杆件发生初始失效的可能；但基于初始失效不可避免的基本思想，除关键等级较高的杆件外，仍需对与关键等级较高杆件相连的杆件进行加强，即增大 EA_i 。由式（6-5）知，减小杆件长度 l_i 同样可以增大承载指标 BR；但鉴于杆件的长度（网格疏密）对单层网壳结构的整体稳定有较大影响，网格较疏的网壳具有更大的刚度，由一定网格组成的网壳结构的弹性临界荷载几乎是由相同截面杆件构成的加倍网格数网壳的一倍[154]，故不建议通过减小杆件长度的方式增大结构抗连续性倒塌的能力。

(3) 局部双层方式

通过在关键等级较高的分布路径上采用局部双层设置可增大垂直球面方向的刚度，进而提高网壳结构的抗倒塌能力。以 6.2.3 节中的 K6-7 型单层球面网壳为例，对关键等级较高的经向杆系下方设置了厚度为 1m 的局部桁架，屋面均布荷载为 5.0kN/m²。由于局部双层所在位置垂直球面的刚度有很大的提高，故若初始失效发生于此（图 6-44，杆件 M-AB1)，自由节点不会发生点失稳。而若初始失效发生于单层部位（杆件 M-BC3)，虽然自由节点 J-B2 的点失稳仍不可避免，但因与自由节点 J-B2 相连的部分节点受局部双层的加强，可阻断点失稳的继续扩展，防止了连续性倒塌的发生。

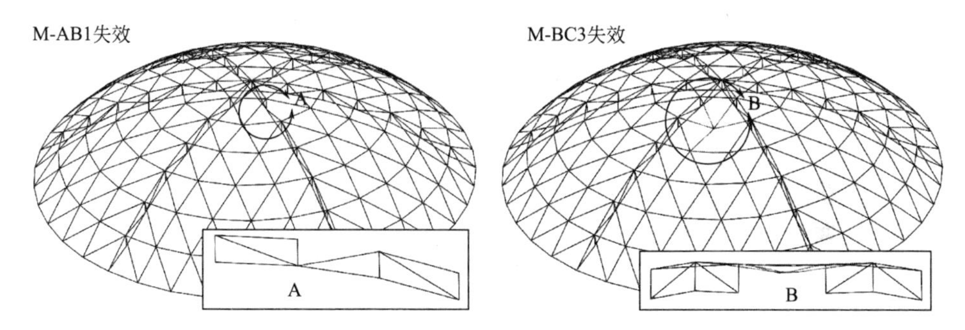

图 6-44 经向杆系局部双层的 K6-7 型单层球面网壳遭遇局部失效后具有很好的抗倒塌能力

参考文献

[1] ASCE 7-05 Minimum Design Loads for Buildings and Other Structures [S]. Washington DC: American Society of Civil Engineers, 2005.

[2] Levy M, Salvadori M. 建筑生与灭：建筑物为何倒下去 [M]. 顾天明，吴省斯（译）. 天津：天津大学出版社，2002：51-70.

[3] Starossek U. Typology of progressive collapse [J]. Engineering Structures, 2007, 29 (9): 2302-2307.

[4] 日本钢结构协会，美国高层建筑和城市住宅 D 理事会. 高冗余度钢结构倒塌控制设计指南 [M]. 陈以一，赵宪忠（译）. 上海：同济大学出版社，2007：61-62.

[5] 易伟建，何庆锋，肖岩. 钢筋混凝土框架结构抗倒塌性能的试验研究 [J]. 建筑结构学报，2007，28（5）：104-109.

[6] Yi WJ, He QF, Xiao Y, et al. Experimental study on progressive collapse-resistant behavior of reinforced concrete frame structures [J]. ACI Structural Journal, 2008, 105 (4): 433-439.

[7] 何庆锋. 钢筋混凝土框架结构抗倒塌性能试验研究 [D]. 长沙：湖南大学，2010：91-123.

[8] Yi W, Zhang F, Kunnath S. Progressive Collapse Performance of RC Flat Plate Frame Structures [J]. Journal of Structural Engineering, 2014, 140 (9): 4014048.

[9] 熊进刚，吴赵强，何以农，等. 钢筋混凝土空间框架结构连续倒塌性能的试验研究 [J]. 南昌大学学报（工科版），2012，34（3）：229-232.

[10] Sasani M, Bazan M, Sagiroglu S. Experimental and analytical progressive collapse evaluation of actual reinforced concrete structure [J]. ACI Structural Journal, 2007, 104 (6): 731-739.

[11] Sasani M, Sagiroglu S. Progressive collapse resistance of Hotel San Diego [J]. Journal of Structural Engineering-ASCE, 2008, 134 (3): 478-488.

[12] Song B, Sezen H. Experimental and analytical progressive collapse assessment of a steel frame building [J]. Engineering Structures, 2013, 56: 664-672.

[13] 陈俊岭，彭文兵，黄鑫. 二层钢框架—组合楼板体系抗倒塌试验研究 [J]. 同济大学学报（自然科学版），2012，40（9）：1300-1305.

[14] Sadek F, Main J A, Lew H S, et al. Testing and Analysis of Steel and Concrete Beam-Column Assemblies under a Column Removal Scenario [J]. Journal of Structural Engineering, 2011, 137 (9): 881-892.

[15] Rölle L, Kuhlmann U. Partial-strength and highly ductile steel and composite joints as robustness measure: Nordic Steel Construction Conference 2009, Malmo, 2009 [C].

[16] Yang B. The Behaviour of Steel and Composite Structures under a Middle-column-removal Scenario [D]. Singapore: Nanyang Technological University, 2013.

[17] Demonceau J F, Jaspart J P. Experimental Test Simulating a Column Loss in a Composite

Frame [J]. Advanced Steel Construction, 2010, 6 (3): 891-913.

[18] Kozlowski A, Gizejowski M, Sleczka L, et al. Experimental investigations of the joint behavior-Robustness assessment of steel and steel-concrete composite frame: EuroSteel2011, Budapest, 2011 [C].

[19] Liu C, Tan K H, Fung T C. Dynamic behaviour of web cleat connections subjected to sudden column removal scenario [J]. Journal of Constructional Steel Research, 2013, 86 (0): 92-106.

[20] Karns J E, Houghton D L, Hall B E, et al. Analytical Verification of Blast Testing of Steel Frame Momnet Connection Assemblies: Structures Congress 2007, Long Beach, 2007 [C].

[21] Karns J, Houghton D L, Hong J, et al. Behavior of Varied Steel Frame Connection Types Subjected to Air Blast, Debris Impact, and/or Post-Blast Progressive Collapse Load Conditions: Structures Congress 2009, Austin, 2009 [C].

[22] Karns J E, Houghton D L, Hall B E, et al. Blast Testing of Steel Frame Assemblies to Assess the Implications of Connection Behavior on Progressive Collapse: Structures Congress 2006, St. Louis, 2006 [C]

[23] Schmidt L C, Morgan P R, Clarkson J A. Space trusses with brittle type strut buckling [J]. Journal of Structural Division-ASCE, 1976, 102 (7): 1479-1492.

[24] ChenYY, Zhao XZ, Wang L, et al. Study on the progressive collapse of large span truss-beam structures induced by initial member break [C] //The 3rd International Forum on Advances in Structural Engineering: Advances in Research and Practice of Steel Structures. Beijing, China: China Architecture & Building Press, 2009: 346-357.

[25] 王磊. 桁架结构体系的连续性倒塌试验与数值仿真研究 [D]. 上海: 同济大学, 2010: 73-107.

[26] 熊进刚, 钟丽媛, 张毅, 等. 网架结构连续倒塌性能的试验研究 [J]. 南昌大学学报 (工科版), 2012 (04): 369-372.

[27] 周列武. 正放四角锥网架结构连续倒塌机理与抗倒塌设计研究 [D]. 徐州: 中国矿业大学, 2014.

[28] 武啸龙. 大跨度张弦桁架结构连续倒塌数值模拟及试验研究 [D]. 东南大学, 2016.

[29] Wang X, Chen Z, Yu Y, Liu H. Numerical and experimental study on loaded suspendome subjected to sudden cable failure [J]. Journal of Constructional Steel Research, 2017, 137.

[30] Liu R, Li X, Xue S, Marijke Mollaert, Ye J. Numerical and experimental research on annular crossed cable-truss structure under cable rupture [J]. Earthquake Engineering and Engineering Vibration, 2017, 16 (03): 557-569.

[31] Shekastehband B, Abedi K, Dianat N, Chenaghlou M R. Experimental and numerical studies on the collapse behavior of tensegrity systems considering cable rupture and strut collapse with snap-through [J]. International Journal of Non-Linear Mechanics, 2012, 47 (7).

［32］ 陆新征，江见鲸. 世界贸易中心飞机撞击后倒塌过程的仿真分析［J］. 土木工程学报，2001，24（6）：8-10.

［33］ 陆新征，李易，叶列平. 混凝土结构防连续性倒塌理论与设计方法研究. 北京：中国建筑工业出版社，2011.

［34］ 马人乐，林国铎，陈俊岭，等. 水平分布柱间支撑对多高层框架抗连续倒塌性能的影响. 东南大学学报（自然科学版），2009，39（6）：1200-1205.

［35］ Tsai Meng-Hao，Liu B. Investigation of progressive collapse resistance and inelastic response for an earthquake-resistant RC building subjected to column failure. Engineering Structure，2008，30（12）：3619-3628.

［36］ Fu F. Progressive collapse analysis of high-rise building with 3-D finite element modeling method［J］. Journal of Constructional Steel Research，2009，65（6）：1269-1278.

［37］ 李玲. 基于结构连续性倒塌的钢框架梁柱节点性能研究［D］. 上海：同济大学，2014.

［38］ 江晓峰. 大跨桁梁结构体系的连续性倒塌机理与抗倒塌设计研究［D］. 上海：同济大学，2008：41-133.

［39］ 丁阳，汪明，李忠献. 爆炸荷载作用下平板网架结构破坏倒塌分析［J］. 土木工程学报，2010，43（增刊）：34-41.

［40］ 蔡建国，王蜂岚，冯健，等. 新广州站索拱结构屋盖体系连续倒塌分析［J］. 建筑结构学报，2010，31（7）：103-109.

［41］ 余佳亮. 无站台柱张弦桁架雨棚结构性能分析与倒塌模拟研究［D］. 杭州：浙江大学，2012.

［42］ 朱奕锋，冯健，蔡建国，等. 梅江会展中心张弦桁架抗连续倒塌分析［J］. 建筑结构学报，2013，34（3）：45-53.

［43］ 张微敬，张鹏. 弦支穹顶结构连续倒塌仿真分析［C］//第十二届全国现代结构工程学术研讨会论文集. 天津：天津大学，2012：424-429.

［44］ 陈志华，孙国军. 拉索失效后的弦支穹顶结构稳定性能研究［J］. 空间结构，2012，18（01）：46-50.

［45］ Mlakar P F. The Pentagon building performance study［J］. Journal of Performance of Constructed Facilities，2005，19（3）：188-188.

［46］ Astaneh-Asl A. Progressive collapse prevention in new and existing buildings［C］// Proceedings of the 9th Arab Structural Engineering Conference-Emerging Technologies in Structural Engineering，AbuDhabi，UAE，2003.

［47］ Kim J，An D. Evaluation of progressive collapse potential of steel moment frames considering catenary action［J］. Structural Design of Tall and Special Buildings，2009，18（4）：455-465.

［48］ 王伟，李玲，陈以一. 方钢管柱-H形梁栓焊混合连接节点抗连续性倒塌性能试验研究［J］. 建筑结构学报，2014（04）：92-99.

［49］ 江晓峰，陈以一. 大跨桁架体系的连续性倒塌分析与机理研究［J］. 工程力学，2010，27（1）：76-83.

［50］ 高扬，刘西拉. 结构鲁棒性评价中的构件重要性系数［J］. 岩石力学与工程学报，2008，

27 (12): 2575-2584.

[51] 叶列平，程光煜，陆新征. 论结构抗震的鲁棒性 [J]. 建筑结构，2008，38 (6): 11-15.

[52] 李娜，李爱群. 大跨空间结构连续倒塌分析与控制设计研究进展 [A]. 陈肇元，钱稼茹主编. 建筑与工程结构抗倒塌分析与设计 [C]. 北京：中国建筑工业出版社，2010: 114-122.

[53] 傅学怡，黄俊海. 结构抗连续倒塌设计分析方法探讨 [J]. 建筑结构学报，2009，30 (增刊): 195-199.

[54] 蔡建国，王蜂岚，冯健. 大跨空间结构抗连续性倒塌概念设计 [J]. 建筑结构学报，2010，31 (增刊): 283-287.

[55] Lind N C. Vulnerability of damage-accumulating systems [J]. Reliability Engineering & System Safety，1996，53 (2): 217-219.

[56] Lind N C. A measure of vulnerability and damage tolerance [J]. Reliability Engineering & System Safety，1995，48 (1): 1-6.

[57] Ziha K. Redundancy and robustness of systems of events [J]. Probabilistic Engineering Mechanics，2000，15 (4): 347-357.

[58] Ziha K. Event oriented analysis of series structural systems [J]. Structural Safety，2001，23 (1): 1-29.

[59] 朱南海，叶继红. 基于结构易损性理论的网壳失效模式分析初探 [J]. 振动与冲击，2011，30 (6): 248-255.

[60] Baker J，Schubert M，Faber M H. On the assessment of robustness [J]. Structural Safety，2008，30 (3): 253-267.

[61] 柳承茂，刘西拉. 基于刚度的构件重要性评估及其冗余度的关系 [J]. 上海交通大学学报，2005，39 (5): 746-750.

[62] BeebyAW. Safety of structures and a new approach to robustness [J]. The Structural Engineer，1999，77 (4): 16-21.

[63] 方召欣，李惠强. 基于能量观点的结构安全性与鲁棒性 [J]. 建筑结构学报，2007，28 (增刊): 269-273.

[64] Kim J，Park J. Design of steel moment frames considering progressive collapse [J]. Steel and Composite Structures，2008，8 (1): 85-98.

[65] Dusenberry D O，Hamburger R O. Practical means for energy-based analyses of disproportionate collapse potential [J]. Journal of Performance of Constructed Facilities，2006，20 (4): 336-348.

[66] Lee C H，Kim S，Han K H，et al. Simplified nonlinear progressive collapse analysis of welded steel moment frames [J]. Journal of Constructional Steel Research，2009，65 (5): 1130-1137.

[67] Izzuddin B A，Vlassis A G，Elghazouli A Y，et al. Progressive collapse of multi-storey buildings due to sudden column loss-Part 1: Simplified assessment framework [J]. Engineering Structures，2008，30 (5): 1308-1318.

[68] Vlassis A G，Izzuddin B A，Elghazouli A Y，et al. Progressive collapse of multi-storey

buildings due to sudden column loss-Part 2：Application [J]. Engineering Structures，2008，30 (5)：1424-1438.

[69] 徐公勇. 单层球面网壳抗连续倒塌分析 [D]. 成都：西南交通大学，2011.

[70] 韩庆华，王晨旭，徐杰. 大跨双层球面网壳结构连续倒塌失效机理研究 [J]. 空间结构，2014 (02)：29-36

[71] Frangopol D，Curley J. Effects of Damage and Redundancy on Structural Reliability [J]. Journal of Structural Engineering，1987，113 (7)：1533-1549.

[72] Pandey P C，Barai S V. Structural sensitivity as a measure of redundancy [J]. Journal of Structural Engineering-ASCE，1997，123 (3)：360-364.

[73] Lu Z，Woodman N J，Blockley D I. A theory of structural vulnerability [J]. The Structural Engineering，1999，77 (18)：17-24.

[74] Agarwal J，Blockley D I，Woodman N J. Vulnerability of 3-dimensional trusses [J]. Structural Safety，2001，23 (3)：203-220.

[75] Pinto J T，Blockley D I，Woodman NJ. The risk of vulnerable failure [J]. Structural Safety，2002，24 (2)：107-122.

[76] Agarwal J，Blockley D I，Woodman N J. Vulnerability of structural systems [J]. Structural Safety，2003，25 (3)：263-286.

[77] Jiang XF，Chen YY. Progressive Collapse Analysis and Safety Assessment Method for Steel Truss Roof [J]. Journal of Performance of Constructed Facilities，2012，26 (3)：230-240.

[78] 胡晓斌，钱稼茹. 结构连续倒塌分析改变路径法研究 [J]. 四川建筑科学研究，2008，34 (4)：8-13.

[79] 张雷明，刘西拉. 框架结构能量流网络及其初步应用 [J]. 土木工程学报，2007，40 (3)：45-49.

[80] 李航. 钢结构高塔的连续性倒塌分析 [D]. 上海：同济大学，2008.

[81] U. S. General Services Administration. Progressive collapse Analysis and Design Guidelines for New Federal Office Buildings and Major Modernization Projects [S]. Washington D C，USA，2003.

[82] U. S. Department of Defense. UFC 4-023-03 Design of Buildings to Resist Progressive Collapse [S]. Washington D C，USA，2005.

[83] U. S. Department of Defense. UFC 4-023-03 Design of Buildings to Resist Progressive Collapse [S]. Washington D C，USA，2009.

[84] U. S. National Institute of Standards and Technology. Fire protection of structural steel in high-rise buildings [R]. Reston，VA，USA，2004.

[85] U. S. National Institution of Standard and Technology. Best Practice for Reducing the Potential for Progressive Collapse in Buildings [R]. Gaithersburg，Md. USA，2007.

[86] BSI. BS 8110-1：1997 Structural use of concrete-Part 1：Code of practice for design and construction [S]. London，UK，2002

[87] BSI. BS 5950-1：2000 Structural use of steelwork in building-Part 1：Code of practive for

design-Rolled and welded section [S]. London，UK，2001.

[88] 王英. 偶然荷载下钢筋混凝土框架结构抗连续性倒塌设计方法研究 [D]. 上海：同济大学，2014.

[89] Mlakar P F，Dusenberry D O，Harris J R，et al. Conclusions and recommendatins from the pentagon crash [J]. Journal of Performance of Constructed Facilities，2005，19 (3)：220-221.

[90] 田志敏，张想柏，杜修力. 防恐怖爆炸重要建筑物的概念设计 [J]. 土木工程学报，2008，41 (6)：1-8.

[91] Salim H，Dinan R，Townsend P T. Analysis and experimental evaluation of in-fill steel-stud wall systems under blast loading [J]. Journal of Structural engineering，2005，131 (8)：1216-1225.

[92] 沈祖炎，赵宪忠，陈以一，等. 大型空间结构整体模型静力试验的若干关键技术 [J]. 土木工程学报，2001，34 (4)：102-106.

[93] Liu X，Tong X，Yin X，et al. Videogrammetric technique for three-dimensional structural progressive collapse measurement [J]. Measurement，2015，63：87-99.

[94] Li Y，Lin F，Gu X，et al. Numerical research of a super-large cooling tower subjected to accidental loads [J]. Nuclear Engineering & Design，2014，269 (4)：184-192.

[95] Chen Y，Wang L，Yan S，et al. Study on the Progressive Collapse of Large Span Truss-beam Structures Induced by Initial Member Break [C] // IABSE Symposium Report. 2015：112-119.

[96] Tong X，Gao S，Liu S，et al. Monitoring a progressive collapse test of a spherical lattice shell using high - speed videogrammetry [J]. Photogrammetric Record，2017，32 (159)：230-254.

[97] Zhang Z. A flexible new technique for camera calibration [J]. IEEE Transactions on PatternAnalysis and Machine Intelligence，2000，Vol. 22 (11)：1330-1334

[98] Heikkilä J，Silvén O. A four-step camera calibration procedure with implicit image correction [C] // Proceedings of IEEE Computer Society Conference on Computer Vision and-Pattern Recognition，1997：1106-1112.

[99] 姚振纲. 建筑结构实验 [M]. 上海：同济大学出版社，1996.

[100] 中国工程建设标准化协会. CECS392-2014 建筑结构抗倒塌设计规范 [S]. 北京：中国计划出版社，2014.

[101] Powell G. Progressive Collapse：Case studies Using Nonlinear Analysis [C] // Structures Congress. 2005：1-14.

[102] ABAQUS Inc. ABAQUS Release 6. 5 Documentation [M]. Providence，RI：ABAQUS Inc.，2004.

[103] Chopra A K. 结构动力学理论及其在地震工程中的应用 [M]. 谢立礼，吕大刚等 (译). 北京：高等教育出版社，2007：121-124.

[104] Hallquist J O. LS-DYNA Theory Manual [M]. Livermore，CA：LivermoreSoftware Technology Corporation，1998.

[105] MSC SoftwareCorporation. MSC. MARC User's Manual [M]. Palo Alto, CA: MSC Co. Ltd, 2007.

[106] Lemaitre J, Chaboche J L. Mechanics of Solid Materials [M]. Cambridge: Cambridge University Press, 1990.

[107] Lemaitre J. A continuous damage mechanics model for ductile fracture [J]. Journal of Engineering Materials and Technology, 1985, 107 (1): 83-89.

[108] Rice J R, Tracey DM. On the ductile enlargements of voids in the triaxial stress fields [J]. Journal of Mechanics and Physics of Solids, 1969, 17 (3): 201-217.

[109] Hancock J W, Mackenzie A C. On the mechanics of ductile failure in high-strength steel subjected to multi-axial stress-states [J]. Journal of Mechanics and Physics of Solids, 1976, 24 (2-3): 147-169.

[110] Gurson L. Continuum theory of ductile rupture by void nucleation and growth: Part 1: Yield criteria and flow rules for porous ductile media [J]. Journal of Engineering Materials and Technology, 1977, 99 (1): 2-15.

[111] Tvergaard V. Influence of voids on shear band instabilities under plane-strain conditions [J]. International Journal of Fracture, 1981, 17 (4): 389-407.

[112] Tvergaard V, Needleman A. Analysis of the cup-cone fracture in a round tensile bar [J]. ActaMetallurgica, 1984, 32 (1): 157-169.

[113] Cundall P A. A computer model for simulating progressive large-scale movement in blocky rock system [C] //Proceedings of the International Symposium on Rock Mechanics. Nancy, France: International Society of Rock Mechanics, 1971: 129-136.

[114] Shi GH, Goodman R E. Discontinuous deformation analysis [C] // Proceedings of 25th US Symposium on Rock Mechanics. New York: Society of Mining Engineers of AIME, 1984: 269-277.

[115] 宣纲，顾祥林，吕西林，等.强震作用下混凝土框架结构倒塌过程的数值分析 [J]. 地震工程与工程振动，2003，23 (6)：24-30.

[116] 王强，吕西林.框架结构在地震作用下倒塌的离散单元法仿真分析 [J]. 地震工程与工程振动，2006，26 (6)：77-82.

[117] Bank L C, Yin JS. Failure of web-flange junction in postbuckledpultruded I-beams [J]. Journal of Composites for Construction, 1993, 3 (4): 177-184.

[118] Kaewkulchai G, Williamson E B. Beam element formulation and solution procedure for dynamic progressive collapse analysis [J]. Computers and Structures, 2004, 82 (7-8): 639-651.

[119] 张雷明，刘西拉.框架结构倒塌分析中的几个问题 [J]. 上海交通大学学报，2001，35 (10)：1578-1582.

[120] Komori K. Simulation of shearing by node separation method [J]. Computers and Structures, 2001, 79 (2): 197-207.

[121] Resnyansky A D. DYNA-modeling of the high-velocity impact problems with a split-element algorithm [J]. International Journal of Impact Engineering, 2002, 27 (7):

709-727.

[122] 邱峰，丁桦. 具有单元分裂功能的间断有限元方法 [J]. 力学与实践，2006，28 (6)：54-59.

[123] Bittencourt E，Creus G J. Finite element analysis of three-dimensional contact and impact in large deformation problems [J]. Computers and Structures，1998，69 (2)：219-234.

[124] Solberg J M，Papadopoulos P. A finite element method for contact/impact [J]. Finite Elements in Analysis and Design，1998，30 (4)：297-311.

[125] Lin FH，Tseng A A. A finite element analysis of elasto-plastic contact problems in metal forming [J]. Materials and Design，1998，19 (3)：99-108.

[126] Vasudevan S，Okada H，Atluri S N. Development of a new frame finite element for crash analysis using a mixed variational principle and rotations as independent variables [J]. Finite Element in Analysis and Design，1996，23 (2-4)：155-171.

[127] 王福军. 冲击接触问题有限元法并行计算及其工程应用 [D]. 北京：清华大学，2000：37-71.

[128] Hughes T JR，Taylor R L. A finite element method for large displacement contact-impact problems [J]. Computer Methods in Applied Mechanics and Engineering，1977，8 (3)：249-276.

[129] Zavarise G，Wriggers P，Schrefler B A. A method for solving contact problems [J]. International Journal for Numerical Methods in Engineering，1998，42 (3)：473-498.

[130] Oldenburg M，Nilsson L. The position code algorithm for contact searching [J]. International Journal for Numerical Methods in Engineering，1994，37 (3)：359-386.

[131] Hallquist J O，Goudreau G L，Benson D J. Sliding interface with contact-impact in large-scale lagrangian computations [J]. Computer Methods in Applied Mechanics and Engineering，1985，51 (1-3)：107-137.

[132] Zavarise G，Wriggers P. Contact with friction between beams in 3-D space [J]. International Journal for Numerical Methods in Engineering，2000，49 (8)：977-1006.

[133] Litewka P，Wriggers P. Contact between 3D beams with rectangular cross-sections [J]. International Journal for Numerical Methods in Engineering，2002，53 (9)：2019-2041.

[134] 张雷明，刘西拉. 钢筋混凝土结构倒塌分析的前沿研究 [J]. 地震工程与工程振动，2003，23 (3)：47-52.

[135] Cherepanov G P. Mechanics of the WTC collapse [J]. International Journal of Fracture，2006，141 (1-2)：287-289.

[136] 吴佰建，李兆霞，汤可可. 大型土木结构多尺度模拟与损伤分析——从材料多尺度力学到结构多尺度力学 [J]. 力学进展，2007，37 (3)：321-336.

[137] Khandelwal K. Multi-scale computational simulation of progressive collapse of steel frame [D]. Ann Arbor：University of Michigan，2008：255-260.

[138] 陆新征，林旭川，叶列平. 多尺度有限元建模方法及其应用 [J]. 华中科技大学学报

（城市科学版），2008，25（4）：76-80.

[139] Fish J. "Discrete-to-continuum scale bridging" [A]. In Sih G C（eds.），Multiscaling in Molecular and Continuum Mechanics：Interaction of Time and Size from Macro to Nano [M]. Springer，2007：85-102.

[140] Michopoulos J G，Farhat C，Fish J. Modeling and simulation of multi-physics systems [J]. Journal of Computing and Information Science in Engineering，2005，5（3）：198-213.

[141] Liu WK，Hao S，Vernerey F J，et al. Multiscale analysis and design in heterogeneous system [C] // Proceeding of 7th International Conferences on Computational Plasticity. Barcelona，Spain：CIMNE，2003：1-22

[142] 孙正华，李兆霞，陈鸿天. 大型土木结构的结构行为一致多尺度模拟——模拟方法与策略 [J]. 计算力学学报，2009，26（6）：886-892.

[143] Khandelwal K，El-Tawil S. Collapse behavior of steel special moment resisting frame connections [J]. Journal of Structural Engineering-ASCE，2007，133（5）：646-655.

[144] Khandelwal K，El-Tawil S，Kunnath S K，et al. Macromodel-based simulation of progressive collapse：steel frame structures [J]. Journal of Structural Engineering-ASCE，2008，134（7）：1070-1078.

[145] Khandelwal K，El-Tawil S，Sadek F. Progressive collapse analysis of seismically designed steel braced frames [J]. Journal of Constructional Steel Research，2009，65（3）：699-708.

[146] Bao Y，Kunnath S K，El-Tawil S，et al. Macromodel-based simulation of progressive collapse：RC frame structures [J]. Journal of Structural Engineering-ASCE，2008，134（7）：1079-1091.

[147] 许金泉. 材料强度学 [M]. 上海：上海交通大学出版社，2009.

[148] Johnson G R，Cook W H. Fracture characteristics of three metals subjected to various strains，strain rates，temperatures and pressures [J]. Engineering Fracture Mechanics，1985，21：31-48.

[149] Kanvinde A M，Deierlein G G. Void growth model and stress modified critical strain model to predict ductile fracture in structural steels [J]. Journal of Structural Engineering-ASCE，2006，132（12）：1907-1918.

[150] ASTM international. ASTM E8/E8M-13a Standard Test Methods for TensionTesting of Metallic Materials [S]. West Conshohocken，PA，United States，2011.

[151] 中华人民共和国国家质量监督检疫总局，中国国家标准化管理委员会. GB/T 228.1—2010 金属材料拉伸试验 第 1 部分：室温试验方法 [S]. 北京：中国建筑工业出版社，2010.

[152] Yan S，Zhao X，Wu A. Ductile fracture simulation of constructional steels based on yield-to-fracture stress-strain relationshipand micromechanism-based fracture criterion [J]. Journal of Structural Engineering ASCE，2018，144（3）：699-708.

[153] Yan S，Zhao X. A fracture criterion for fracture simulation of ductile metals based on

micromechanisms [J]. Theoretical and Applied Fracture Mechanics, 2018, 95: 127-142.

[154] 董石麟，罗尧治，赵阳，等. 新型空间结构分析、设计与施工 [M]. 北京：人民交通出版社，2006.

[155] 中国建筑标准设计研究院. 国家建筑标准设计图集 06SG515-1：轻型屋面梯形钢屋架（圆钢管、方钢管）[M]. 北京：中国计划出版社，2007.

[156] American Institute of Steel Construction (AISC). Specification for Structural SteelBuildings. AISC360-10. Chicago: American Institute of Steel Construction; 2010.

[157] Oberg E, Jones FD, Horton H L, Ryffel H H. Machinery's Handbook. 29th ed. NewYork: Industrial Press; 2012.

[158] Khuyen H T, Iwasaki E. An approximate method of dynamic amplification factor foralternate load path in redundancy and progressive collapse linear static analysis forsteel truss bridges. Case Stud StructEng 2016; 6: 53-62.

[159] Rex C O, Easterling W S. Behavior and modeling of a bolt bearing on a single plate. JStructEng 2003; 129 (6): 792-800.

[160] 中华人民共和国住房和城乡建设部. JGJ 7—2010 空间网格结构技术规程 [S]. 北京：中国建筑工业出版社，2010.

[161] 中华人民共和国建设部. GB 50017—2003 钢结构设计规范 [S]. 北京：中国计划出版社，2003.